5G 无线网络优化

王 强 刘海林 黄 杰 林 延 张文俊 龚陈宝◎编著

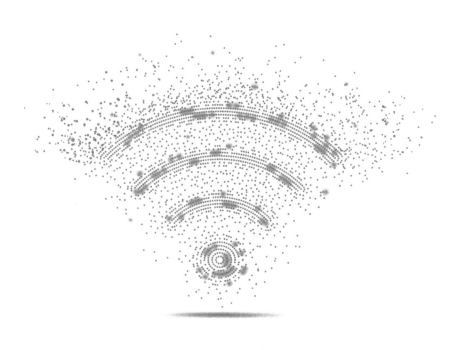

人民邮电出版社

北 京

图书在版编目（ＣＩＰ）数据

5G无线网络优化 / 王强等编著. -- 北京 ：人民邮
电出版社，2020.8（2023.7重印）
ISBN 978-7-115-54200-7

Ⅰ．①5… Ⅱ．①王… Ⅲ．①无线电通信－移动网
Ⅳ．①TN929.5

中国版本图书馆CIP数据核字（2020）第096742号

内 容 提 要

  本书围绕 5G 网络优化的重点和难点，结合国内外众多商用网络的经验和案例，从 5G 的基本原理入手，全面、深入地介绍 5G 系统的 NSA/SA 信令流程、关键算法和典型参数设置，并阐述无线网络优化的方法和流程，分析路测、切换、掉话、吞吐率等专题，最后阐述、分析未来网络演进和 6G 的研究进展。

  本书是一部综合 5G 无线网络原理与优化实战经验的专业性著作，可作为无线通信领域研究人员和工程技术人员的参考用书，也可作为高等院校通信专业高年级本科生或研究生的教学参考用书。

◆ 编　著　王　强　刘海林　黄　杰　林　延　张文俊　龚陈宝
  责任编辑　赵　娟
  责任印制　彭志环

◆ 人民邮电出版社出版发行　　北京市丰台区成寿寺路 11 号
  邮编　100164　　电子邮件　315@ptpress.com.cn
  网址　https://www.ptpress.com.cn
  北京天宇星印刷厂印刷

◆ 开本：800×1000　1/16
  印张：17　　　　　　　　　　2020 年 8 月第 1 版
  字数：340 千字　　　　　　　2023 年 7 月北京第 9 次印刷

定价：99.00 元
读者服务热线：(010)81055493　印装质量热线：(010)81055316
反盗版热线：(010)81055315
广告经营许可证：京东市监广登字 20170147 号

策划委员会

殷 鹏 郁建生 朱 强 袁 源 朱晨鸣

编审委员会

石启良 葛卫春 芮晓玲 戴春雷 周 斌 刘海林 王 丽

唐怀坤 蒋晓虞 徐啸峰 施红霞

前言
PREFACE

"信息随心至，万物触手及。"移动通信的发展从模拟通信到数字通信，从 2G 时代到 3G 时代，再到 4G 时代，每一次变革都给人们的生活带来了翻天覆地的变化，5G 万物互联时代更是如此。在新一代信息技术的革命浪潮中，5G 是真正实现万物互联的基础技术，成为领衔新一轮基础设施建设的"排头兵"。在 2020 年新冠肺炎疫情防控期间，5G 的丰富应用已初露锋芒，而 5G 更大的价值在于其与云计算、大数据、人工智能、区块链等数字技术的深度融合，以及与各行业应用的深度结合，以促进经济社会的数字化转型，助力网络强国、数字中国和智慧社会的发展。

作为数字经济新引擎，5G 一端连接着巨大的投资与需求，另一端连接着不断升级的消费市场。用 5G 推动传统产业转型升级并培育发展新业态，已成为当今世界大国的战略制高点。从目前世界范围内的 5G 发展进程来看，中国、美国、韩国和日本位列第一梯队。2019 年 6 月，工业和信息化部向中国电信集团有限公司、中国移动通信集团公司、中国联合网络通信集团有限公司、中国广播电视网络有限公司发放 5G 牌照，中国正式步入 5G 商用元年。随着最终完整版本 5G 标准 R16 计划的冻结，5G 的规模商用在 2020 年全面展开。

自新冠肺炎疫情发生后，随着数字技术在疫情防控期间的普及运用，人们越发感受到数字产业化的新型基础设施的重要性。国家多次表态要求加快 5G 网络等新型基础设施的建设进度，工业和信息化部也多次在会议中强调加快推进 5G 发展。5G 网络作为"新基建"中重要的一环，是当前"稳投资"的重要抓手之一，以 5G、数据中心、人工智能、工业互联网等为代表的"新基建"正在成为新的投资布局方向，并为接下来的中国经济增长带来历史性机遇。

本书的第 1 章介绍了移动通信的发展史、5G 网络的发展现状和商用情况，以及 5G

频谱资源的分配；第 2 章介绍了 5G 网络的关键应用、网络架构、面临的挑战等；第 3 章重点分析了无线侧和核心网侧的信令流程；第 4 章介绍了 NR 新空口技术、毫米波技术、大规模 MIMO 技术、超密度异构组网技术等；第 5 章介绍了小区选择和重选、小区接入、切换等算法与参数释义，并重点介绍了 PCI 规划方法与原则；第 6 章介绍了网络优化项目的准备与启动流程、单站验证优化，以及簇优化流程中的射频优化、参数优化等；第 7 章介绍了路测数据如何采集及统计，并重点介绍了如何针对路测数据中的问题进行分析，制订有效的优化方案；第 8 章介绍了 5G 网络中的接入性能指标、移动性能指标、资源负载指标、业务质量指标等；第 9 章、第 10 章分别介绍了 5G 网络上下行吞吐率问题的定位及优化，以及覆盖与干扰问题的定位及优化；第 11 章介绍了中国电信集团有限公司与中国联合网络通信集团有限公司共建共享的设计原则及思路，并列举了实际工作中的案例；第 12 章介绍了未来网络的发展及演进，以及现阶段 6G 网络的研究进展。

本书作者均为中通服咨询设计研究院从事移动通信的专业技术人员。在编写本书的过程中，我们融入了自己在长期从事移动通信网络优化工作中积累的经验和总结的心得，可以帮助读者更好地理解移动通信的演进以及 5G 的标准组织、网络架构、关键技术、信令流程、网络优化思路、测试数据分析、专题优化、共建共享等知识。我们编撰本书的目的是想为读者呈现一本有关 5G 网络优化的体系化的、理论结合实际的参考书。我们相信，本书中关于 5G 网络优化的信令流程、关键参数、路测分析、性能指标体系、优化专题等方案和理念将给读者带来醍醐灌顶之感，从事 5G 工作的读者定会受益匪浅。

本书由王强策划，刘海林负责把控全书的体系结构和具体内容。参与本书编写的人员有黄杰、林延、张文俊、龚陈宝。

本书在编写期间得到了周旭等同仁的支持和帮助，在此谨向他们表达衷心的感谢。

由于时间仓促，加上编者水平有限，书中难免有疏漏和不当之处，恳请广大读者批评指正。

编者

2020 年 4 月于南京

目录
CONTENTS

第1章 5G 简介

移动通信（Mobile Communication）是移动体之间的通信或移动体与固定体之间的通信。移动体可以是人，也可以是汽车、火车、轮船等处在移动状态中的物体。

移动通信是进行无线通信的现代化技术，这种技术是电子计算机与移动互联网发展的重要成果之一。移动通信技术经过第一代、第二代、第三代、第四代技术的发展，目前已经迈入第五代技术（5G 移动通信技术，简称 5G）的发展时代。5G 是目前改变世界的几种主要技术之一。

现代移动通信技术可以分为低频、中频、高频、甚高频和特高频几个频段。在这几个频段中，技术人员可以利用移动台技术、基站技术、移动交换技术连接移动通信网络内的终端设备，满足人们的移动通信需求。从模拟制式的移动通信系统、数字蜂窝通信系统、移动多媒体通信系统到目前的高速移动通信系统，移动通信技术的传输速率不断提升，时延与误码现象减少，技术的稳定性与可靠性不断提升，为人们的生产、生活带来了多种灵活的通信方式。

在过去的半个世纪中，移动通信的发展对人们的生活、生产、工作、娱乐乃至经济和文化都产生了深刻的影响。30 年前人们幻想的无人机、智能家居、网络视频、网上购物等均已成为现实。移动通信技术经历了模拟通信、数字通信、多媒体业务、移动互联网以及万物互联 5 个发展阶段，如图 1-1 和图 1-2 所示。

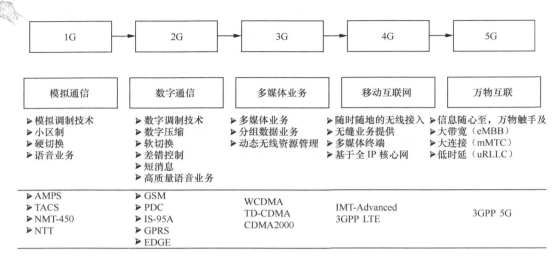

图1-1 移动通信技术发展

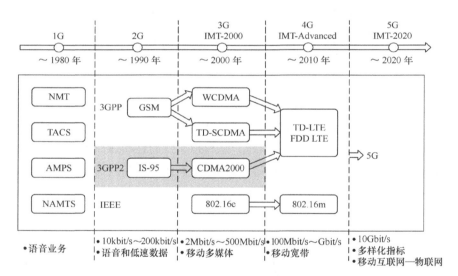

图1-2 移动通信发展阶段

1.1 移动通信系统技术演进

1.1.1 第一代移动通信系统

第一代移动通信技术（1G）是指最初的模拟、仅限语音的蜂窝电话标准，制定于20

世纪 80 年代。美国的先进移动电话系统（Advanced Mobile Phone System，AMPS）、英国的全接入通信系统（Totak Access Communication System，TACS）以及日本的 JTAGS、法国的 Radiocom 2000 和意大利的 RTMI 是其中的代表。1G 主要采用的是模拟技术和频分多址（Frequency Division Multiple Access，FDMA）技术。由于受到传输带宽的限制，1G 不支持移动通信的长途漫游，只支持区域性的移动通信。1G 有多种制式，我国主要采用的是 TACS 制式。1G 也有很多不足，例如，容量有限、制式太多、互不兼容、保密性差、通话质量不高、不能提供数据业务和自动漫游等。

1G 主要用于提供模拟语音业务。

美国摩托罗拉公司的工程师马丁·库珀于 1976 年首先将无线电应用于移动电话。同年，国际无线电大会批准了 800MHz/900MHz 频段用于移动电话的频率分配方案。在此之后一直到 20 世纪 80 年代中期，许多国家都开始建设基于 FDMA 和模拟调制技术的 1G。

1978 年年底，美国贝尔试验室成功研制了全球第一个移动蜂窝电话系统——AMPS。5 年后，这套系统在芝加哥正式投入商用并迅速在全美推广，获得了巨大成功。

同一时期，欧洲各国也不甘示弱：瑞典等北欧四国在 1980 年成功研制了 NMT-450 移动通信网并投入使用；联邦德国在 1984 年完成了 C 网络（C-Netz）；英国则于 1985 年开发出频段在 900MHz 的 TACS。

中国的 1G 于 1987 年 11 月 18 日在广东第六届全运会上开通并正式商用，采用的是英国 TACS 制式。从中国电信集团有限公司（以下简称"中国电信"）1987 年 11 月开始运营模拟移动电话业务到 2001 年 12 月底中国移动通信集团公司（以下简称"中国移动"）关闭模拟移动通信网，1G 系统在中国的应用长达 14 年，用户数最高曾达到 660 万。如今，1G 时代像砖头一样的手持终端——"大哥大"已经成为很多人的回忆。

由于采用的是模拟技术，1G 的容量有限。此外，安全性和抗干扰性也存在较大的问题。由于 1G 先天不足，它无法真正大规模地普及和应用，价格非常昂贵，成为当时的一种奢侈品和财富的象征。与此同时，不同国家各自为政也使 1G 的技术标准各不相同，即只有"国家标准"，没有"国际标准"，国际漫游成为一个突出的问题。这些缺点都随着第二代移动通信系统的到来得到了很大的改善。

1.1.2　第二代移动通信系统

第二代移动通信系统（2G）是以数字技术为主体的移动通信网络。在中国，2G 标准

是以全球移动通信系统（Global System for Mobile Communication，GSM）为主，以 IS-95 码分多址（Code Division Multiple Access，CDMA）为辅。

20 世纪 80 年代以来，世界各国加速开发数字移动通信技术，其中采用时分多址（Time Division Multiple Access，TDMA）方式的代表性制式有欧洲 GSM/DCS1800、美国 ADC、日本 PDC 等数字移动通信系统。

1982 年，欧洲邮电管理委员会（Confederation of European Posts and Telecommunications，CEPT）成立了一个新的标准化组织移动通信特别小组（Group Special Mobile，GSM），其目的是制订欧洲 900MHz 数字 TDMA 蜂窝移动通信系统（GSM 系统）的技术规范，从而使欧洲的移动电话用户能在欧洲地区自动漫游。1988 年，欧洲电信标准协会（European Telecommunication Standards Institute，ETSI）成立。1990 年，GSM 第一期规范确定，系统试运行。英国政府发放许可证建立个人通信网（Personal Communication Network，PCN），将 GSM 标准推广应用到 1800MHz 频段，改为 DCS1800，频宽为 2×75MHz。1991 年，GSM 系统在欧洲开通运行；DCS1800 规范确定，可以工作于微蜂窝，与现有系统重叠或部分重叠覆盖。1992 年，北美 ADC（IS-54）投入使用，日本 PDC 投入使用；FCC 批准了 CDMA（IS-95）系统标准，并继续进行现场实验；GSM 被重新命名为全球移动通信系统（Global System for Mobile Communications，GSM）。1993 年，GSM 已经覆盖欧洲、澳大利亚等地区，67 个国家已成为 GSM 成员。1994 年，CDMA 系统开始商用。1995 年，DCS1800 开始推广应用。

当今世界市场的第二代数字无线标准，如 GSM、D-AMPS、PDC、IS-95CDMA 等均是窄带通信系统。现存的移动通信网络主要以第二代的 GSM 和 CDMA 为主，采用 GSM GPRS、CDMA 的 IS-95B 技术，数据提供能力可达 115.2kbit/s，GSM 采用增强型数据速率（Enhanced Data Rate for GSM Evolution，EDGE）技术，速率可达 384kbit/s。

2G 系统主要采用的是数字的 TDMA 技术和 CDMA 技术，主要业务是语音，主要特性是提供数字化的语音业务及低速数据业务。它克服了模拟移动通信系统的弱点，语音质量、保密性能大幅提高，可进行省内、省际自动漫游。

2G 系统替代 1G 系统完成模拟技术向数字技术的转变，但由于 2G 系统采用不同的制式、移动通信标准不统一，用户只能在同一制式覆盖的范围内漫游，因而无法进行全球漫游。由于 2G 系统的带宽是有限的，这限制了数据业务的应用，而且无法实现高速率的业务，例如，移动的多媒体业务。

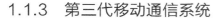

1.1.3　第三代移动通信系统

1995 年问世的第一代数字制式手机只能进行语音通话；1996 到 1997 年出现的 GSM、TDMA 等数字制式手机就增加了接收数据的功能，例如，接收电子邮件或网页；第三代移动通信技术（3G）与前两代的主要区别是提升了传输声音和数据的速率，它能够在全球范围内更好地实现无缝漫游，并且处理图像、音乐、视频流等多种媒体形式，提供网页浏览、电话会议、电子商务等多种信息服务。

1.1.3.1　第三代移动通信的基本特征

第三代移动通信有以下基本特征：

（1）在全球范围内设计，与固定通信网络业务及用户互连，无线接口的类型尽可能少且具有高度兼容性；

（2）具有与固定通信网络相比拟的高语音质量和高安全性；

（3）具有在本地采用 2Mbit/s 高速率接入和在广域网采用 384kbit/s 接入速率的数据率分段使用功能；

（4）具有 2GHz 左右的高效频谱利用率，并且能最大限度地利用有限带宽；

（5）移动终端可连接固定通信网络和卫星通信网络，可移动使用和固定使用，也可与卫星业务共存和互连；

（6）能够处理包括国际互联网和视频会议、高数据率通信和非对称数据传输的分组和电路交换业务；

（7）既支持分层小区结构，也支持用户向不同地点通信时浏览国际互联网的多种同步连接；

（8）语音只占移动通信业务的一部分，大部分业务是非语音数据和视频信息；

（9）一个共用的基础设施可支持同一个地方的多个公共的和专用的电信运营公司；

（10）手机体积小、重量轻，具有真正的全球漫游能力；

（11）具有根据数据量、服务质量和使用时间为收费参数，而不是以距离为收费参数的新收费机制。

1.1.3.2　宽带CDMA、窄带CDMA以及GSM的主要区别

IMT-2000 的主要技术方案是宽带 CDMA，并同时兼顾在 2G 系统中应用广泛的 GSM 与窄带 CDMA 系统的兼容问题。那么，支撑 3G 系统的宽带 CDMA 与在 2G 系统中运行的

窄带 CDMA 和 GSM 在技术与性能方面有什么区别呢？

第一，更大的通信容量和覆盖范围。 宽带 CDMA 可以使用更宽的信道，是窄带 CDMA 的 4 倍，可以提供更大的容量。更大的带宽可以改善频率分集的效果，从而降低衰减问题，还可为更多的用户提供更好的统计平均效果。在宽带 CDMA 的上行链路中使用相干解调，可提供 2dB ～ 3dB 的解调增益，从而有效地改善覆盖范围。由于宽带 CDMA 的信道更宽，衰减效应较小，因此可改善功率控制精度。其上下行链路中的快速功率控制还可抵消衰减，降低平均功率水平，从而提高容量。

第二，具有可变的高速数据率。 宽带 CDMA 同时支持无线接口的高低数据传输速率，其全移动的 384kbit/s 数据率和本地通的 2Mbit/s 数据率不仅可以支持普通语音，还可支持多媒体数据，满足具有不同通信需求的各类用户。通过使用可变正交扩频码，能实现发射功率的自适应，使高速数据率可变。在应用中，用户会发现宽带 CDMA 要比窄带 CDMA 和 GSM 具有更好的应用性能。

第三，可同时提供高速电路交换和分组交换业务。 虽然在窄带 CDMA 与 GSM 的移动通信业务中，只有也只需要与语音相关的电路和交换，但分组交换所提供的与主机应用始终"联机"而不占用专用信道的特性，可以实现只根据用户所传输数据的多少来付费，而不是像 2G 那样，只根据用户连续占用时间的长短来付费的新收费机制。另外，宽带 CDMA 还有一种优化分组模式，对于不太频繁的分组数据可提供快速分组传播，在专用信道上也支持大型或比较频繁的分组。同时，分组数据业务对于建立远程局域网和无线国际互联网接入的经济高效应用也是非常重要的。当然，高速的电话交换业务仍然非常适应像视频会议这样的实时应用。

第四，宽带 CDMA 支持多种同步业务。 每个宽带 CDMA 终端均可同时使用多种业务，因而可以使每个用户在连接到局域网的同时还能接收语音呼叫，即当用户被长时间数据呼叫占据时也不会出现像 2G 系统那样常见的忙音现象。

第五，宽带 CDMA 技术还支持其他系统的改进功能。 3G 系统中的宽带 CDMA 还将引进其他可改进系统的相关功能，以达到进一步提高系统容量的目的。具体内容主要是支持自适应天线（Adaptive Antenna Array，AAA），该天线可利用天线方向图对每个移动电话进行优化，可提供更加有效的频谱和更高的容量。AAA 要求下行链路中的每个连接都有导频符号，而宽带 CDMA 系统中的每个小区中都使用一个公共导频广播。

无线基站再也不需要全球定位系统来同步。由于宽带 CDMA 拥有一个内部系统来同步无线电基站，所以它不像 GSM 移动通信系统那样在建立和维护基站时需要全球定位系统（Global Positioning System，GPS）来同步。因为无线基站的安装依赖 GPS 卫星覆盖，在购物中心、地铁等地区的实施会比较困难。

支持分层小区结构（Hierarchical Cell Structure，HCS），宽带 CDMA 的载波可引进一种被称为"移动辅助异频越区切换（Mobile Auxiliary Inter-Frequency Handover，MAIFHO）"的新切换机制，使其能够支持分层小区结构。这样，移动台可以扫描多个码分多址载波，使移动通信系统可在热点地区部署微小区。

支持多用户检测，因为多用户检测可以消除小区中的干扰并且提高容量。

TD-SCDMA（Time-Division Synchronous Code Division Multiple Access）是由我国原信息产业部（现工业和信息化部）电信科学技术研究院提出并与德国西门子股份公司联合开发的。其主要技术特点是采用同步码分多址技术、智能天线技术和软件无线技术。它采用时分双工（Time Division Duplex，TDD）模式，载波带宽为 1.6MHz。TDD 是一种优越的双工模式，因为在第三代移动通信系统中，需要大约 400MHz 的频谱资源，在 3GHz 以下是很难实现的。而 TDD 则能使用各种频率资源，不需要成对的频率，能节省紧张的频率资源，而且设备成本相对比低，比频分双工（Frequency Division Duplex，FDD）系统的成本低 20%～50%。特别是对上下行不对称、不同传输速率的数据业务来说，TDD 更能显示出其优越性。也许这是它能成为三种标准之一的重要原因。另外，TD-SCDMA 独特的智能天线技术能大幅提高系统的容量，特别是能增加 50% 的 CDMA 系统容量，而且降低了基站的发射功率，减少了干扰。TD-SCDMA 软件无线技术能利用软件修改硬件，在设计、测试方面非常方便，不同系统间的兼容性也易于实现。当然，TD-SCDMA 也存在一些缺陷，它在技术的成熟性方面比另外两种技术要欠缺一些。另外，它在抗衰落和终端用户的移动速度方面也有一定的缺陷。

宽带码分多址（Wide band Code Division Multiple Access，WCDMA）是一种 3G 蜂窝网络。WCDMA 使用的部分协议与 2G 的 GSM 标准一致。具体而言，WCDMA 是一种利用码分多址复用技术的宽带扩频的 3G 移动通信系统。

WCDMA 源于欧洲和日本几种技术的融合。WCDMA 采用直扩模式，载波带宽为 5MHz，数据传送速率可达 2Mbit/s（室内）和 384kbit/s（移动空间）。它采用直扩 FDD 双工模式，与 GSM 网络有良好的兼容性和互操作性。作为一项新技术，它在技术成熟性方面虽然不及 CDMA2000，但其优势在于 GSM 的广泛采用能为其升级带来便利，因此也倍受各大厂商的青睐。WCDMA 采用最新的异步传输模式（Asynchronous Transfer Mode，ATM）微信元传输协议，允许在一条线路上传送更多的语音呼叫，呼叫数由 30 个提高到

300 个，即使在人口密集的地区，线路也不容易堵塞。

另外，WCDMA 还采用自适应天线和微小区技术，大幅提高了系统的容量。

CDMA2000 是由美国高通（Qualcomm）公司提出的。它采用多载波方式，载波带宽为 1.25MHz。CDMA2000 共分为两个阶段：第一阶段提供 144kbit/s 的数据传送速率，第二阶段提供 2Mbit/s 的数据传送速率。CDMA 2000 和 WCDMA 一样支持移动多媒体服务，是 CDMA 发展 3G 的最终目标。CDMA 2000 和 WCDMA 在原理上没有本质的区别，都起源于 CDMA（IS-95）系统。但 CDMA2000 做到了完全兼容 CDMA（IS-95）系统，为技术的延续带来了明显的好处：成熟性和可靠性比较有保障，同时也使 CDMA 2000 成为 2G 向 3G 平稳过渡的一种技术。但是 CDMA 2000 的多载传输方式与 WCDMA 的直扩模式相比，对频率资源有极大的浪费，而且它所处的频段与 IMT-2000 规定的频段也产生了矛盾。

1.1.3.3　第三代移动通信系统增加的新业务

第三代移动通信系统增加的新业务如下所述。

（1）高速电路交换数据（High-Speed Circuit-Switched Data，HSCSD）业务是 GSM 向 3G 演进的一种软件解决方案，它把单个业务信道的数据速率从 9.6kbit/s 提高到 14.4kbit/s，并把 4 条信道复用在一个时隙中，从而使数据经营者能够提供高达 57.6kbit/s 的传输速率。

（2）通用分组无线业务（General Packet Radio Service，GPRS）是由诺基亚开发的基于 IP 解决方案的可使 GSM 运营商迈向多媒体无线业务、从而向 3G 演进的另一项新技术，可提供高达 115kbit/s 的数据传输速率。

（3）增强型数据速率（EDGE）业务是由 GSM 和 TDMA 厂商合作开发的基于未来移动通信系统的应用平台，它能为未来移动通信系统 IMT-2000 提供高达 384kbit/s 的移动速率业务。

在 3G 通信标准 IMT-2000 中，对频谱和业务的基本要求被提出，也就是有名的 2GHz 频段、384kbit/s 广域网、2Mbit/s 本地网数据传输速率业务等。显然，要实现 3G 系统中的基本要求，首先必须解决频谱、核心网络和无线接入三大技术难题。

第一，必须确定全球统一的频谱段。IMT-2000 标准确定在 2GHz 左右的频段，而美国联邦通信委员会却在 1994 年就把 PCS 定位在 1.9GHz 并已拍卖，使 3G 建立统一频谱出现了裂痕。

第二，必须建立统一的核心网络系统。3G 标准是在 2G 核心网络的基础上逐步将电路交换演变成高速电路交换与分组交换相结合的核心网络。当时世界上存在两大移动通信系统核心网络，即 GSM-MAP 和 ANSI-41，国际电信联盟（International Telecommunication Union，ITU）决定将两大网络都定为第三代核心网络。因此，要实现全球漫游，就必须通过信令转换器把它们连接起来，形成逻辑上的统一核心网络系统。

第三，必须考虑多频谱的无线接入方案。ITU 称之为无线传输技术（Radio Transmission Technology，RTT）的无线接入方案，可以分为两大类：一类是建立在现有频段上把现有无线接入技术革新演变成能为 3G 提供业务的 RTT，这里最重要的是考虑反向兼容要求，其中工作频段在 900MHz/1800MHz/1900MHz 的 GSM、北美的 D-AMPS 和窄带 CDMA（IS-95）都在考虑向第三代过渡的反向兼容性；另一类是直接在新的频段上工作，即在 IMT-2000 制订的 2GHz 频段上为 3G 开发出新的无线传输技术，即宽带 CDMA 技术。

给 3G 带来天翻地覆变化的当然是 3G 中所采用的多种高新技术。这些高新技术是 3G 的精髓，也是制订 3G 标准的基础，了解这些技术就了解了 3G。下面我们就专门介绍几种应用于 3G 的技术。

TD-SCDMA 技术。TD-SCDMA 是中国唯一提交的关于 3G 的技术，它使用了 2G 和 3G 通信中的所有接入技术，包括 TDMA、CDMA 和空分复用接入（Space Division Multiple Access，SDMA），其中最关键的创新部分是 SDMA。SDMA 可以在时域／频域之外用来增加容量和改善性能，SDMA 的关键技术就是利用多天线估计空间参数，对下行链路的信号进行空间合成。另外，将 CDMA 与 SDMA 技术结合起来也起到了相互补充的作用，尤其是当几个移动用户靠得很近并使 SDMA 无法分出时，CDMA 就可以很轻松地起到分离作用了，而 SDMA 本身又可以使 CDMA 用户间的相互干扰降至最小。SDMA 技术的另一个重要作用是可以大致估算出每个用户的距离和方位，可应用于 3G 用户的定位，并能为越区切换提供参考信息。总之，TD-SCDMA 具有价格便宜、容量较高、性能优良等优点。

智能天线技术。智能天线技术是中国标准 TD-SDMA 中的重要技术之一，是基于自适应天线原理的一种适用于 3G 的新技术。它结合了自适应天线技术的优点，利用天线阵列波束的汇成和指向产生多个独立的波束，可以自适应地调整其方向图以跟踪信号的变化，同时可以对干扰方向调零以减少甚至抵消干扰信号，增加系统的容量和频谱效率。智能天线的特点是能够以较低的代价换得天线覆盖范围、系统容量、业务质量、抗阻塞、抗掉话等性能的提高。智能天线在干扰和噪声环境下，通过其自身的反馈控制系统改变辐射单元的辐射方向图、频率响应及其他参数，使接收机输出端有最大的信噪比。

WAP 技术。无线应用协议（Wireless Application Protocol，WAP）已经成为数字移动电话和其他无线终端上无线信息和电话服务的世界标准。WAP 可提供相关服务和信息，提供其他用户连接时的安全、迅速、灵敏和在线的交互方式。WAP 驻留在互联网上的 TCP/IP 环境和蜂窝传输环境之间，但是独立于其所使用的传输机制，可用于通过移动电话或其他无线终端来访问和显示多种形式的无线信息。

WAP 规范既利用了现有技术标准中适用于无线通信环境的部分，又在此基础上进行了新的扩展。由于 WAP 技术位于 GSM 网络和互联网之间，一端连接现有的 GSM 网络，一端连接互联网。因此，只要用户具有支持 WAP 的媒体电话就可以进入互联网，实现一体化的信息传送。而厂商使用该协议则可以开发出无线接口独立、设备独立和完全可以交互操作的手持设备互联网接入方案，从而使厂商的 WAP 方案能最大限度地利用用户对 Web 服务器、Web 开发工具、Web 编程和 Web 应用的既有投资，保护用户现有的利益，同时也解决无线环境所带来的新问题。目前，全球各大移动电话制造商都能提供支持 WAP 的无线设备。

快速无线 IP 技术。快速无线互联网技术将是未来移动通信发展的重点，宽频带多媒体业务是最终用户的基本要求。根据 ITM-2000 的基本要求，3G 可以提供较高的传输速率（2Mbit/s，移动 144kbit/s）。现代的移动设备（手机、笔记本电脑、iPad 等）越来越多，剩下的好像就是网络是否可以移动，无线 IP 技术与 3G 技术的结合是否会实现这个愿望。由于无线 IP 主机在通信期间需要在网络上移动，其 IP 地址就有可能经常变化，传统的有线 IP 技术将导致通信中断，但 3G 技术因为利用了蜂窝移动电话的呼叫原理，完全可以使移动节点采用并保持固定不变的 IP 地址，一次登录即可实现在任意位置上或在移动中保持与 IP 主机的单一链路层连接，完成移动中的数据通信。

软件无线电技术。在不同工作频率、不同调制方式、不同多址方式等多种标准共存的 3G 中，软件无线电技术是最有希望解决这些问题的技术之一。软件无线电技术可以使模拟信号的数字化过程尽可能地接近天线，即将 AD 转换器尽量靠近射频前端，利用数字信号处理器（Digital Signal Processor，DSP）的强大处理能力和软件的灵活性完成信道分离、调制解调、信道编码、译码等工作，从而为 2G 向 3G 的平滑过渡提供一个良好的无缝解决方案。

3G 需要很多的关键技术，软件无线电技术基于同一硬件平台，通过加载不同的软件就可以获得不同的业务特性，这对于系统升级、网络平滑过渡、多频多模的运行情况来讲相对简单容易、成本低廉，因此对于 3G 的多模式、多频段、多速率、多业务、多环境的特殊要求特别重要，所以在未来移动通信中有着广泛的应用意义，不仅可以改变传统观念，还将为移动通信的软件化、智能化、通用化、个人化和兼容性带来深远影响。

多载波码分多址（Multi Carrier-Code Division Multiple Access，MC-CDMA）技术。MC-CDMA 是 3G 中使用的一种新技术。MC-CDMA 技术早在 1993 年的 PIMRC（Personal, Indoor and Mobile Radio Communications）会议上就被提出来了。目前，MC-CDMA 作为一种有着良好应用前景的技术，已经吸引了许多公司对此进行深入研究。MC-CDMA 技术的研究内容大致有两类：一类是用给定扩频码来扩展原始数据，再用每个码片来调制不同的载波；另一类是用扩频码来扩展已经进行了串并变换后的数据流，再用每个数据流来调制不同的载波。

多用户检测技术。在 CDMA 系统中，码间不正交会引起多址干扰（Multiple Access Interference，MAI），而 MAI 将会限制系统的容量。为了消除 MAI 的影响，人们提出了利用其他用户的已知信息去消除多址干扰的多用户检测技术。多用户检测技术分为线性多用户检测和相减去干扰检测。在线性多用户检测中，对传统的解相器软输出的信号进行一种线性的映射（变换），以期产生新的一组有希望提供更好性能的输出；在相减去干扰检测中，可产生对干扰的预测并使之减小。目前，CDMA 系统中的多用户检测技术还存在一定的局限，主要表现在：多用户检测只是消除了小区内的干扰，但无法消除小区间的干扰；算法相当复杂，不易在实际系统中实现。多用户检测技术的局限是暂时的，随着数字信号处理技术和微电子技术的发展，降低复杂性的多用户检测技术必将在 3G 中得到广泛的应用。

1.1.4 第四代移动通信系统

第四代的移动通信技术（4G）使图像的传输速率更快，图像的质量更清晰。4G 以之前的 2G、3G 为基础，在其中添加了一些新型技术，使无线通信的信号更加稳定，还提高数据的传输速率，而且兼容性也更平滑，通信质量也更高。而且 4G 使用的技术也比 2G、3G 先进，使信息通信的速率更快。

4G 的创新使其与 3G 相比具有更大的竞争优势：首先，4G 在图片、视频传输上能够实现原图、原视频高清传输，其传输质量与电脑画质不相上下；其次，利用 4G 下载软件、文件、图片、音视频，其速率最高可达到几十兆比特每秒，这是 3G 无法实现的，同时这也是 4G 的一个显著优势。

1.1.4.1 4G关键技术

1. 正交频分复用（Orthogonal Frequency Division Multiplexing，OFDM）技术

频移键控（Frequency Shift Keying，FSK）具有一点抗干扰性，编码采用的是单极性不归零码：当发送端发送的编码为"1"的时候，表示处于高频；当发送端发送的编码为"0"的时候，表示处于低频；当发送端发送的编码是"1011010"时，编码形成的波形会表现出周期性浮动。利用 OFDM 技术传输的信号会有一定的重叠部分，技术人员会依据处理器对其进行分析，根据频率的细微差别划分不同的信息类别，从而保证数字信号的稳定传输。

2. 多输入多输出（Multi Input Multi Output，MIMO）技术

MIMO 利用的是映射技术，发送设备会将信息发送到无线载波天线上，天线在接收信息后会迅速对其进行编译，并将编译之后的数据编成数字信号，分别发送到不同的映射区，再利用分集和复用模式对接收到的数据信号进行融合，获得分级增益。

3. 智能天线技术

智能天线技术是将时分复用与波分复用技术有效融合起来的技术。在 4G 中，智能天线可以对传输的信号实现全方位覆盖，每个天线的覆盖角度是 120°。为了保证全面覆盖，发送基站都会至少安装 3 根天线。另外，智能天线技术可以调节发射信号，获得增益效果，增大信号的发射功率。需要注意的是，这里的增益调控与天线的辐射角度没有关联，只是在原来的基础上增大了传输功率而已。

4. 软件定义无线电（Software Defination Radio，SDR）技术

SDR 技术是无线通信技术常用的技术之一，其技术思想是将宽带模拟数字变换器或数字模拟变换器充分靠近射频天线，编写特定的程序代码完成频段选择，抽样传送信息后进行量化分析，可实现信道调制方式的差异化选择，并完成不同的保密结构、控制终端的选择。

1.1.4.2 4G网络构架

1. EPON 网络构架

EPON 组网结构一共由 3 个部分组成，在用户和电信运营商之间分别有终端设备、交换设备和局端设备。在传输线路中一共有 64 个传输帧，而每个传输帧又包括 24 字节，也就是 192 比特数据，这个传输结构最大的传输距离可以达到 20 千米。而 EPON 传输线

路又分为上下两层：上层线路应用时分复用方式进行传输，交换设备会在不同的传输时间将不同的信息传输到终端设备，以避免各种信息发生混淆；而下层线路则采用广播传输的方式实时传输，终端设备甄别不同的信息，选择实时需要的信息接收。

2. TD-LTE 网络构架

TD-LTE 主要是从 3 个层面对网络信息进行布点规划：核心层为了提高传输数据的速率，减少用户端到基站的传输时间；业务层为了完成数据的处理和交换，在 4G 通信业务中需要传输的数据信息非常多，业务层可以有效提升原来的传输速率，减少接收数据的时延；传输层主要是用来引用无源光网络，在光线路终端（Optical Line Terminal，OLT）和光网络单元（Optical Network Unit，ONU）之间实现分光。其中 ONU 在上行端口应采用双无源光网络（Passive Optical Network，PON）传输模式，在局端设备附近形成一个保护网，避免数据流失。

1.1.4.3 4G的优势

1. 显著提升通信速率

相比 3G，4G 的最大优势就是显著提升了通信速率，让用户有了更佳的使用体验，同时这也推动了我国通信技术的发展。通信技术的发展是一个漫长的过程：1G 只有语音系统；2G 的通信速率只有 10kbit/s；当发展到 3G 时，通信速率也没有一个质的飞跃，只有 2Mbit/s。这都是阻碍我国通信事业发展的因素，但是 4G 的出现很明显在通信速率方面有了一个质的飞跃。

2. 通信技术更加智能化

4G 相较于之前的移动通信系统，已经在很大的程度上实现了智能化操作。这更符合我们当下的需求，我们日常生活中使用的手机就是 4G 智能化的一个很好的体现。智能化的 4G 可以根据人们在使用过程中的不同指令来做出更加准确无误的回应，对搜索出来的数据进行分析、处理、整理后再传输到用户的手机上。4G 手机作为人们越来越离不开的一个通信工具，极大地方便了人们的生活。

3. 提升兼容性

软件、硬件之间相互配合的程度就是平时我们所说的兼容性。如果软件、硬件之间的冲突减少，就会表现成兼容性的提高；如果冲突多，那么兼容性就会降低。4G 的出现极大地提高了兼容性，减少了软件、硬件在工作过程中的冲突，让软件、硬件之间的配合更加默契，这也在很大的程度上避免了故障的发生。4G 在很大的程度上提高兼容性的

一个表现就是我们很少再会遇到之前经常出现的卡顿、闪退等多种故障，这让人们在使用通信设备的过程中更加顺畅。

1.1.5　第五代移动通信系统

第五代移动通信技术（5G）是最新一代蜂窝移动通信技术，即 4G（LTE-A、WiMax）、3G（UMTS、LTE）和 2G（GSM）系统的延伸。5G 的性能目标是高数据速率、低时延、节省能源、降低成本、提高系统容量和大规模设备连接。5G 第一阶段标准版本 Release-15 是为了适应早期的商业部署。5G 第二阶段标准版本 Release-16 将于 2020 年完成，作为 IMT-2020 技术的候选提交给 ITU。ITU IMT-2020 规范要求传输速率高达 20Gbit/s，可以实现宽信道带宽和大容量 MIMO。

2019 年 10 月 31 日，国内三大电信运营商公布 5G 商用套餐，并于 2019 年 11 月 1 日正式上线 5G 商用套餐。

1.1.5.1　发展背景

近年来，5G 已经成为通信业和学术界探讨的热点。5G 的发展主要有两个驱动力：一方面，以长期演进技术为代表的 4G 已全面商用，对下一代技术的讨论提上日程；另一方面，移动数据的需求呈爆炸式增长趋势，现有的移动通信系统难以满足未来的需求，急需研发新一代 5G 系统。

5G 的发展也来自其对移动数据日益增长的需求。随着移动互联网的发展，越来越多的设备接入移动通信网络，新的服务和应用层出不穷。Comscore 公司发布了《2019 年全球移动状况报告》（*2019 Global State of Mobile Report*），表明世界各地的用户花在通信网络上的时间越来越多，而且大多数人更加习惯于使用手机上网。在目前接受调查的国家中，移动互联网渗透率最高的国家是印度和印度尼西亚，都高达 91%。全球移动宽带用户数在 2020 年有望达到 90 亿，到 2025 年，预计移动通信网络的容量需要在当前的网络容量上增长 1000 倍。移动数据流量的暴涨将给移动通信网络带来严峻的挑战：首先，如果按照当前移动通信网络的发展，容量难以支持千倍流量的增长，网络能耗和比特成本难以承受；其次，流量增长必然带来对频谱的进一步需求，而移动通信频谱稀缺，可用频谱呈大跨度、碎片化分布，难以实现频谱的高效利用；此外，要提升网络容量，必须智能、高效地利用网络资源，例如，针对业务和用户的个性进行智能优化，但这方面的能力不足；最后，未来网络必然是一个多网并存的异构移动通信网络，要提升网络容量，必须高

效管理各个网络、简化互操作、增强用户的体验。为了解决上述挑战，满足日益增长的移动流量需求，亟须发展 5G。

1.1.5.2　基本概念

5G 网络与早期的 2G、3G 和 4G 网络一样，也是数字蜂窝网络。在这种网络中，电信运营商覆盖的服务区域被划分为许多被称为蜂窝的小地理区域。表示语音和图像的模拟信号在手机中被数字化，由模数转换器转换并作为比特流传输。蜂窝中的所有 5G 无线设备通过无线电波与蜂窝中的本地天线阵列和低功率自动收发器（发射机和接收机）进行通信。收发器从公共频率池分配频道，这些频道在地理上分离的蜂窝中可以重复使用。本地天线通过高带宽光纤或无线回程连接与电话网络和互联网连接。与现有的手机一样，当用户从一个蜂窝穿越到另一个蜂窝时，他们的移动设备将自动"切换"到新蜂窝中的天线。

5G 网络的主要优势在于，数据传输速率远远高于以前的蜂窝网络，最高可达 20Gbit/s，比当前的有线互联网的传输速率要快，比先前的 4G LTE 蜂窝网络快 100 倍。5G 网络的另一个优点是网络时延低于 1ms，而 4G 的网络时延为 30ms ～ 70ms。由于数据传输更快，5G 网络将不仅为手机提供服务，而且还将成为一般性的家庭和办公网络提供商，与有线网络提供商竞争。

1.1.5.3　网络特点

峰值速率需要达到 Gbit/s 的标准，以满足高清视频、虚拟现实等大数据量的传输。空中接口时延水平需要在 1ms 左右，满足自动驾驶、远程医疗等实时应用。超大网络容量提供千亿设备的连接能力，可满足物联网通信的需求。频谱效率要比 LTE 提升 10 倍以上。在连续广域覆盖和高移动性下，用户体验速率达到 100Mbit/s，可大幅提高流量密度和连接数密度。系统协同化、智能化水平提升，表现为多用户、多点、多天线、多摄取的协同组网以及网络间灵活的自动调整。

以上是 5G 区别于前几代移动通信系统的关键，是移动通信从以技术为中心逐步向以用户为中心转变的结果。

1.1.5.4　关键技术

1. 超密集异构网络

5G 网络正朝着网络多元化、宽带化、综合化、智能化的方向发展。随着各种智能终

端的普及，2020 年以后，移动数据流量将呈现爆炸式增长的态势。在未来的 5G 网络中，减小小区半径、增加低功率节点数量是保证未来 5G 网络支持 1000 倍流量增长的核心技术之一。因此，超密集异构网络将成为未来 5G 网络提高数据流量的关键技术。

未来无线网络将部署超过现有站点 10 倍以上的各种无线节点，在宏站覆盖区内，站点间的距离将保持在 10m 以内，并且支持在每平方千米范围内为 25000 个用户提供服务；同时也可能出现活跃用户数和站点数的比例达到 1：1，即用户与服务节点一一对应。密集部署的网络拉近了终端与节点间的距离，使网络的功率和频谱效率大幅提高，同时也扩大了网络的覆盖范围、扩展了系统容量，并且增强了业务在不同接入技术和各覆盖层次间的灵活性。虽然超密集异构网络架构在 5G 中有很大的发展前景，但是节点间距离的减小和越发密集的网络部署将使网络拓扑更加复杂，从而容易出现与现有移动通信系统不兼容的问题。在 5G 网络中，干扰是一个必须要解决的问题。网络中的干扰主要有同频干扰、共享频谱资源干扰、不同覆盖层次间的干扰等。现有通信系统的干扰协调算法只能解决单个干扰源的问题，而在 5G 网络中，相邻节点的传输损耗一般差别不大，这将导致多个干扰源的强度相近，进一步恶化网络的性能，使现有协调算法难以应对。

准确有效地感知相邻节点是实现大规模节点协作的前提条件。在超密集网络中，密集部署使小区边界数量剧增，加之形状的不规则，导致切换频繁、复杂。为了满足移动性需求，势必出现新的切换算法；另外，网络动态部署技术也是研究的重点。由于用户部署的大量节点的开启和关闭具有突发性和随机性，网络拓扑和干扰具有大范围动态变化的特性；而各小站中较少的服务用户数也容易导致业务的空间和时间分布出现剧烈的动态变化。

2. 自组织网络

在传统的移动通信网络中，主要依靠人工方式完成网络部署及运维，既耗费了大量的人力资源，又增加了运行成本，而且网络优化也不理想。在未来的 5G 网络中，电信运营商将面临网络的部署、运营及维护的挑战，这主要是由于网络存在各种无线接入技术且网络节点覆盖能力各不相同所导致的，它们之间的关系错综复杂。因此，自组织网络（Self-Organizing Network，SON）的智能化将成为 5G 网络必不可少的一项关键技术。

SON 技术解决的关键问题主要有以下两点：第一，网络部署阶段的子规划和自配置；第二，网络维护阶段的自优化和自愈合。自配置，即新增网络节点的配置可实现即插即用，具有低成本、安装简易等优点；自优化的目的是减少业务工作量，达到提升网络质量及性

能的效果，其方法是通过 UE 和 eNB 测量，在本地 eNB 或网络管理方面自优化参数；自愈合指系统能自动检测问题、定位问题和排除故障，大幅减少维护成本并避免对网络质量和用户体验的影响；自规划的目的是动态进行网络规划并执行，同时满足系统的容量扩展、业务监测、优化结果等方面的需求。

3. 内容分发网络

在 5G 网络中，面向大规模用户的音频、视频、图像等业务急剧增长，网络流量的爆炸式增长会极大地影响用户访问互联网的服务质量。如何有效地分发大流量的业务内容、降低用户获取信息的时延成为网络运营商和内容提供商面临的一大难题。仅仅依靠增加带宽并不能解决问题，它还受到传输中路由阻塞、时延和网站服务器的处理能力等因素所带来的影响，这些问题的出现与用户服务器之间的距离有密切的关系。内容分发网络（Content Distribution Network，CDN）会对未来 5G 网络的容量与用户访问具有重要的支撑作用。

CDN 是在传统网络中添加新的层次，即智能虚拟网络。CDN 系统综合考虑各节点的连接状态、负载情况、用户距离等信息，通过将相关内容分发至靠近用户的 CDN 代理服务器上使用户就近获取所需的信息，缓解网络拥塞状况，降低响应时间，提高响应速度。在用户侧与源 Server 之间构建多个 CDN 代理 Server，可以降低时延、提高服务质量（Quality of Service，QoS）。当用户对所需内容发送请求时，如果源服务器之前接收到相同内容的请求，则该请求被域名系统（Domain Name System，DNS）重定向到离用户最近的 CDN 代理服务器上，由该代理服务器发送相应内容给用户。因此，源服务器只需将内容发给各个代理服务器，便于用户从就近的带宽充足的代理服务器上获取内容，降低网络时延并提高用户体验。随着云计算、移动互联网及动态网络内容技术的推进，CDN技术逐步趋向于专业化、定制化，在内容路由、管理、推送以及安全性方面都面临新的挑战。

4. D2D 通信

在 5G 网络中，网络容量、频谱效率需要进一步提升，更丰富的通信模式以及更好的终端用户体验也是 5G 的演进方向。设备到设备（Device-to-Device，D2D）通信具有潜在的提升系统性能、增强用户体验、减轻基站压力、提高频谱利用率的前景。因此，D2D是未来 5G 网络中的关键技术之一。

D2D 通信是一种基于蜂窝系统的近距离数据直接传输技术。D2D 会话的数据直接在终端之间传输，不需要通过基站转发，而相关的控制信令，例如，会话的建立、维持、

无线资源分配以及计费、鉴权、识别、移动性管理等仍由蜂窝网络负责。蜂窝网络引入 D2D 通信，可以减轻基站的负担，降低端到端的传输时延，提升频谱效率，降低终端的发射功率。当无线通信基础设施损坏或者在无线网络的覆盖盲区，终端可借助 D2D 实现端到端通信甚至接入蜂窝网络。在 5G 网络中，既可以在授权频段部署 D2D 通信，也可以在非授权频段部署 D2D 通信。

5. M2M 通信

机器对机器（Machine to Machine，M2M）作为物联网最常见的应用形式，在智能电网、安全监测、城市信息化、环境监测等领域实现了商业化应用。3GPP 已经针对 M2M 网络制订了一些标准，并已立项开始研究 M2M 关键技术。M2M 的定义主要有广义和狭义两种：广义的 M2M 主要是指机器对机器、人与机器间以及移动网络和机器之间的通信，它涵盖了所有实现人、机器、系统之间通信的技术；从狭义上说，M2M 仅仅指机器与机器之间的通信。智能化、交互式是 M2M 有别于其他应用的典型特征，这一特征下的机器也被赋予了更多的"智慧"。

6. 信息中心网络

随着实时音频、高清视频等服务的日益激增，基于位置通信的传统 TCP/IP 网络无法满足数据流量分发的要求。网络呈现出以信息为中心的发展趋势。信息中心网络（Information Centric Network，ICN）的思想最早是在 1979 年由纳尔逊（Nelson）提出来的，后来被巴卡拉（Baccala）强化。作为一种新型网络体系结构，ICN 的目标是取代现有的 IP 网络。

ICN 所指的信息包括实时媒体流、网页服务、多媒体通信等，而信息中心网络就是这些片段信息的总集合。因此，ICN 的主要概念是信息的分发、查找和传递，不再是维护目标主机的可连通性。不同于传统的以主机地址为中心的 TCP/IP 网络体系结构，ICN 采用的是以信息为中心的网络通信模型，忽略 IP 地址的作用，甚至只是将其作为一种传输标识。全新的网络协议栈能够实现网络层解析信息名称、路由缓存信息数据、多播传递信息等功能，从而较好地解决计算机网络中存在的扩展性、实时性、动态性等问题。ICN 的信息传递流程是一种基于发布订阅方式的信息传递流程：首先，内容提供方会向网络发布自己所拥有的内容，网络中的节点就会明白当收到请求时如何响应该请求；然后，当第一个订阅方向网络发送内容请求时，节点将请求转发到内容发布方，内容发布方将相应的内容发送给订阅方，带有缓存的节点会将经过的内容缓存。其他订阅方对相同内容发送请求时，邻近缓存的节点直接将相应的内容响应给订阅方。因此，ICN 的通信过程就是请求内容的匹配过程。在传统 IP 网络中，采用的是"推"传输模

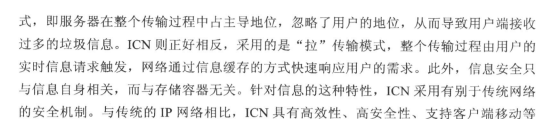

式，即服务器在整个传输过程中占主导地位，忽略了用户的地位，从而导致用户端接收过多的垃圾信息。ICN 则正好相反，采用的是"拉"传输模式，整个传输过程由用户的实时信息请求触发，网络通过信息缓存的方式快速响应用户的需求。此外，信息安全只与信息自身相关，而与存储容器无关。针对信息的这种特性，ICN 采用有别于传统网络的安全机制。与传统的 IP 网络相比，ICN 具有高效性、高安全性、支持客户端移动等优势。

1.1.5.5　应用领域

1. 车联网与自动驾驶

车联网技术经历了利用有线通信的路侧单元（道路提示牌）以及 2G、3G、4G 网络承载车载信息服务的阶段，正在依托高速移动的通信技术逐步步入自动驾驶时代。根据中国、美国、日本等国家的汽车发展规划，基于传输速率更高、时延更低的 5G 网络，在2025 年全面实现自动驾驶汽车的量产、市场规模达到 10000 亿美元成为可能。

2. 远程医疗

2019 年 1 月 19 日，中国一名外科医生利用 5G 实施了全球首例远程外科手术。这名医生在福建省利用 5G 网络，操控约 48 千米外的一个偏远地区的机械臂完成手术。在手术过程中，外科医生用 5G 网络切除了一只实验动物的肝脏。5G 最直接的应用很可能是改善视频通话和游戏体验，而机器人手术很有可能给专业外科医生为世界各地有需要的人实施手术带来很大的希望。

5G 将开辟许多新的应用领域，以前的移动数据传输标准对这些领域来说还不够快。5G 网络的传输速率和较低的时延首次满足了远程呈现甚至远程手术的要求。

3. 智能电网

由于电网的高安全性要求与全覆盖的广度特性，智能电网必须在海量连接以及广覆盖的测量处理体系中实现 99.999% 的高可靠性；超大数量末端设备的同时接入、小于20ms 的超低时延以及终端深度覆盖、信号平稳等是其可安全工作的基本要求。

1.2　5G 在全球的商用发展现状和产业应用

从 2017 年开始，各国政府纷纷将 5G 建设及应用发展视为国家的重要目标，各技术阵营的 5G 电信运营商及设备商也蓄势待发。

2018 年，美国电信运营商在一些城市开始部署 5G，Verizon 在 28GHz 的毫米波频段开始针对固定无线接入场景进行非 3GPP 标准的 5G 独立组网部署，随后转向 3GPP 标准的 5G 部署；而 AT&T 宣称开始基于 3GPP 标准的 5G NSA 商用部署。而韩国第二大电信运营商韩国电信（KT）在 2018 年 2 月的平昌冬奥会上展示 28GHz 的基于非 3GPP 标准的 5G 系统应用，随后也转向 3GPP 的 5G NR NSA 部署。

1.2.1　美国

早在 2016 年，美国政府就对 5G 网络的无线电频率进行了分配，计划在 2018 年实现全面商用。当时美国政府也向电信公司提供了资助，在 4 座城市进行 5G 的先期试验。

2017 年，美国电信运营商 Verizon 正式宣布于 2018 年下半年在美国部分地区部署 5G 商用无线网和 5G 核心网。由通信设备供应商爱立信提供 5G 核心网、5G 无线接入网、传输网以及相关服务，这将加快基于 3GPP 标准的 5G 解决方案的商用。

1.2.2　俄罗斯

同样作为全球市场上颇具实力的国家，俄罗斯在 5G 方面的进程似乎并没有想象中的一帆风顺。

俄罗斯两家大型电信运营商 MegaFon 和 Rostelecom 试图通过联合双方的力量共同克服在俄罗斯市场建设 5G 网络所面临的巨大成本挑战。双方合作的第一步是成立一个工作组，两家电信运营商将使用 3.4GHz ～ 3.6GHz 和 26GHz 频段频谱探索推出 5G 技术的选择。

1.2.3　日本

为配合东京奥运会和残奥会的举办，日本各移动通信运营商将在东京、京都等地区启动 5G 的商业部署，随后逐渐扩大区域。

日本三大移动通信运营商 NTT DoCoMo、KDDI 和软银计划于 2020 年在一部分地区启动 5G 服务，预计在 2023 年左右将 5G 的商业应用范围扩大至日本的所有地区，而总投资额将达 50000 亿日元。

1.2.4　欧盟

作为欧洲地区规模较大的区域性经济合作的国际组织，欧盟也不会允许自己在这场全球 5G 盛宴中缺席。在 2017 年 7 月初步签订协议的基础上，欧盟确立了 5G 发展路线图，

该路线图列出了主要活动及其时间框架。通过路线图，欧盟就协调 5G 频谱的技术使用和目的，以及向电信运营商分配的计划达成了一致。欧盟电信委员会的成员国代表同意到 2025 年将在欧洲各城市推出 5G 的计划。

1.2.5　韩国

与全球其他国家计划在 2020 年实现 5G 商用化的目标相比，韩国似乎想更早一点开展实践行动。在 2017 年 4 月，KT 和爱立信以及其他技术合作伙伴宣布已经就 2017 年进行 5G 试验网的部署和优化的步骤和细节达成共识，包括技术联合开发计划等。

2018 平昌冬季奥运会，由 KT 联手爱立信（基站设备等）、三星（终端设备等）、思科（数据设备等）、英特尔（芯片等）、高通（芯片等）等产业链各环节公司全程提供的 5G 网络服务成为 5G 在全球的首个准商用服务。

1.2.6　巴西

在美国、中国、日本、欧盟、韩国等国家各自发力研究 5G 之际，巴西采取了不同的方针政策。2017 年年中，巴西科技创新通信部（MCTIC）指出，已经与上述国家和共同体的科技人员签订了技术发展合作协议，以期共同发展 5G 网络。

实际上，巴西是全球第 6 个参与 5G 技术研发的国家，已在全球信息和通信技术发展上取得了不小的成就。这也说明巴西目前已经有能力进行 5G 网络的投资、开发以及深层次的研究。

1.2.7　澳大利亚

澳大利亚也紧跟全球 5G 发展的步伐。澳大利亚电信公司表示将加速推动全球 5G 网络标准的建立和澳大利亚网络系统的升级，并且已经在 2018 年于澳大利亚举行的英联邦运动会上试用。

此外，澳大利亚电信公司正在同谷歌、微软、高通等多家公司沟通，希望参与和推动全球 5G 网络标准的制订和技术开发。

1.2.8　中国

在政府的大力推动下，我国 5G 产业正迎来更多政策红利，关键技术加速突破。在相关关键政策方面为 5G 产业的发展指明方向:《国家信息化发展战略纲要》指出 5G 要在 2020 取得突破性进展;《中华人民共和国国民经济和社会发展第十三个五年规划纲要》要求加快构建高速、移动、安全、泛在的新一代信息基础设施,积极推进 5G 商用;《国务院关于进一步扩大和升级信息消费持续释放内需潜力的指导意见》要求进一步扩大和升级信息消费,力争 2020 年启动 5G 商用。

事实上,在推进 5G 方面,我国已处于领先地位,我国 5G 研发已进入第二试验阶段。预计在 2020 年,三大电信运营商和中国铁塔 5G 投入将达 1973 亿元。根据中国信息通信研究院的数据,预计 2020 年中国 5G 连接数将达 0.04 亿,随着时间的推移将迅速增加,到 2025 年预计 5G 连接数将达 4.28 亿。艾媒咨询分析师认为,5G 网络初期作为热点技术的部署,将对现网容量进行补充和扩展。

中国 5G 产业的发展前景广阔。根据中国信息通信研究院的数据,预计 2020 年 5G 带动直接经济产出 5000 亿元,间接经济产出达 1.2 万亿元;至 2025 年,预计 5G 带动直接经济产出 3.3 万亿元,间接经济产出达 6.3 万亿元;至 2030 年,预计 5G 带动直接经济产出 6.3 万亿元,间接经济产出达 10.6 万亿元。在就业机会方面,预计到 2020 年、2025 年、2030 年,5G 商用将分别直接贡献 50 万、350 万、800 万个就业机会。

中国 5G 商用提速明显,2019 年超过 50 个城市商用,2020 年覆盖全部地级市城区。

各地政府密集发布 5G 建设规划方案。2018 年年底中央经济会议指出,将"加快 5G 商用步伐"作为我国 2019 年经济工作的重要任务。从 2019 年 1 月开始,各省、市政府陆续就 5G 建设出台相关方案,均提及加大 5G 投资力度,加快 5G 建设进度,完善 5G 覆盖,以及大力发展 5G 相关应用场景,将 5G 作为拉动地方经济的新的增长点。根据公开数据(可能不完全统计),各省、市 5G 行动计划及 5G 基站预计建设数量见表 1-1。此外,北京、江苏、山东、福建等地也发文推进 5G 发展。

表1-1　各省、市5G行动计划及5G基站预计建设数量

省、市	5G 行动计划	2019 年（万）	2020 年（万）	2021 年（万）	2022 年（万）
北京	北京市 5G 产业发展行动方案（2019—2022 年）	—	—	—	—
上海	关于加快推进本市 5G 网络建设和应用的实施意见	1	2	3	—
天津	天津市通信基础设施专项提升计划（2018—2020 年）	—	1	—	—

（续表）

省、市	5G 行动计划	2019 年（万）	2020 年（万）	2021 年（万）	2022 年（万）
重庆	重庆市人民政府办公厅关于推进 5G 通信网建设发展的实施意见	—	1	—	—
广东	广东省加快 5G 产业发展行动计划（2019—2022 年）	—	6	—	17
广州	2019 年广州市 5G 网络建设工作方案	1	—	—	—
深圳	深圳市工业和信息化局局长贾兴东（南方都市报报道）	1	—	—	2.4
佛山	佛山市加快推进 5G 发展行动计划（2019—2022 年）（征求意见稿）	—	0.6	—	1.3
浙江	关于推进浙江省 5G 产业发展的实施意见	—	3	—	8
杭州	杭州市 5G 产业发展规划纲要（2019—2022 年）（征求意见稿）	—	—	—	3
江苏	加快推进第五代移动通信网络建设发展若干政策措施	—	—	—	—
苏州	关于加快推进第五代移动通信网络建设发展的若干政策措施	0.5	—	2.3	—
山东	数字山东发展规划（2018—2022 年）	—	—	—	—
青岛	青岛市 5G 产业发展行动方案（2019—2022 年）（征求意见稿）	—	0.4	—	2.8
济南	济南市促进 5G 创新发展行动计划（2019—2021 年）	—	—	—	—
福建	新时代"数字福建·宽带工程"行动计划	—	—	—	—
福州	2019 年数字福州工作要点	0.3	—	—	—
河北	河北省人民政府办公厅关于加快 5G 发展的意见	—	1	—	7
河南	河南省 5G 产业发展行动方案	—	—	—	—

省、市	5G 行动计划	2019 年（万）	2020 年（万）	2021 年（万）	2022 年（万）
湖北	湖北省 5G 产业发展行动计划（2019—2021 年）	0.5	—	5	—
湖南	湖南省 5G 应用创新发展三年行动计划（2019—2021 年）	—	—	—	—
江西	江西省 5G 发展规划（2019—2023 年）	—	2	—	—
成都	成都市 5G 产业发展规划纲要	1	—	—	4
贵州	贵州省推进 5G 通信网络建设实施方案	—	—	—	—

电信运营商获得 5G 商用牌照，政府要求推进共建共享。2019 年 6 月 6 日，工业和信息化部向中国移动、中国电信、中国联合网络通信集团有限公司（以下简称"中国联通"）、中国广播电视网络有限公司（以下简称"中国广电"）发放 5G 商用牌照。目前，三大电信运营商已发布 5G 网络建设规划，明确 2019 年累计建设不少于 14 万座 5G 基站（中国移动为 50000 座 +，中国电信和中国联通分别为 40000 座 +），明确 2019 年推出 5G 商用服务，覆盖 50 多个城市，其中中国移动 2020 年将进一步扩大网络覆盖范围，在全国所有地级以上城市提供 5G 商用服务。为加快 5G 建设、避免重复投资，工业和信息化部和国务院国有资产监督管理委员会于 2019 年 4 月 26 日联合发布《关于 2019 年推进电信基础设施共建共享的实施意见》，强调三大电信运营商要主动承担国家任务，进一步加强合作，避免 5G 重复投资。中国联通和中国电信分别在 2019 年 8 月的中期业绩发布会上明确，推动 5G 共建共享。

中国 5G 商用提速，建设周期有望压缩。总体而言，中国 5G 政策规划、牌照发放及电信运营商网络部署节奏均快于预期。三大电信运营商预计，2020 年将全面覆盖所有地级市城区，2020 年新增建设的 5G 基站规模约为 68 万座。5G 年度基站建设数量预测如图 1-3 所示。

5G 共建共享虽然会使 5G 总投资规模降低，但具体下降幅度取决于最终的共建方案。中国联通提到的共建共享方案是对产业链影响最大的方案，但实际的落地情况仍有待观察。由于共建共享，5G 建设预计会提速，主建设期可能被压缩至 3 ~ 4 年，这将为 5G 产业链相关公司达成业绩奠定良好的基础，同时带动 5G 手机与 5G 应用的加速落地。

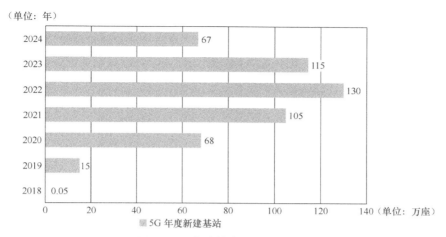

图1-3 5G年度基站建设数量预测

中国 5G 产业发展趋势如下所述。

（1）5G 拉动相关产业经济价值，不同产业链环节的企业发展态势良好。在政策扶持和 5G 技术日益成熟的影响下，中国 5G 产业发展稳步推进，企业发展态势良好，从规划、建设、运营到应用，各个不同产业链的相关企业的营收均实现同比增长，智能制造、车联网、无线医疗、5G 技术应用频获资本青睐。分析师认为，随着 5G 牌照的发放和商用，未来中国 5G 产业在带动中国经济产出、提供就业机会等方面将发挥重要的作用。

（2）5G 融入多项技术，驱动传统产业变革。高性能、低时延、大容量是 5G 网络的突出特点，5G 技术的日益成熟开启了互联网万物互联的新时代，融入了人工智能、大数据等多项技术。5G 已成为推动交通、医疗、传统制造等行业向智能化、无线化等方向变革的重要参与者。作为新一代移动通信技术，5G 的发展切合传统制造业转型的无线网络应用需求，其高性能、低时延的特点也满足了无人驾驶等垂直领域的发展要求，智能制造和智慧出行将成为 5G 应用的重要领域。

（3）5G 个人应用将率先起步，行业应用将成为 5G 应用收入的主要场景。中国基础电信运营商和其他 5G 生态系统的参与者在 5G 建设初期阶段的重点是增强宽带业务，支撑 5G 个人应用场景，具体包括高清视频、增强现实（Augmented Reality，AR）、虚拟现实（Virtual Reality，VR）等，但 5G 个人应用场景的落地在产业营收上存在不确定性，例如，增强现实和虚拟现实缺乏足够丰富的内容和应用，在设备成本和可用性方面也存在一定的难题。随着 5G 生态系统的成熟，更广泛的网络部署将带来更清晰的商业模式和营收机会。

（4）技术发展和创新将成为支撑内容提供商和垂直行业领域价值链进一步成熟的关键。世界主要经济体正在加速推进 5G 的商用落地，然而 5G 标准和产业链还需要完善，5G 的长期多样化服务需求也要求 5G 技术不断发展和创新。艾媒咨询分析师认为，广泛的 5G 普及路径是从终端到接入网，再到内容提供商和垂直行业领域，无论是网络连接、个人应用场景的内容提供，还是大规模的行业应用场景的支撑，5G 技术的改进和创新都是推动相关领域价值链进一步成熟的关键。

1.3 5G 无线频谱

1.3.1 概述

1873 年，英国科学家麦克斯韦综合前人的研究，创立了完整的电磁波理论。他断定电磁波的存在，推导出电磁波与光具有同样的传播速率。现在所说的无线电一般是电磁波的一个有限频带。按照国际电信联盟的规定，这个频带为 3kHz ～ 300GHz。随着无线电应用的不断拓展，300GHz ～ 3000GHz 也被列入了无线电的范畴。

无线电频谱在整个电磁频谱中的位置如图 1-4 所示。由于其频谱范围非常宽，为便于研究，可将其划分成 9 个频段（波段）。

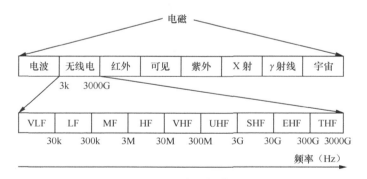

图1-4 电磁频谱

谁是第一个无线电通信的应用者，我们可能无法知道，有些人说是马可尼。1899 年，马可尼拍发了第一封收费电报，标志着无线电通信进入实用阶段。100 多年来，无线电技术不断进步，应用广泛，深刻影响和改变着人类的生活。当前，无线电技术的应

用日益广泛深入，已经覆盖到通信、广播、电视、交通、航空、航天、气象、渔业、科研等多个行业。无线电的发展史就是人们对电磁波的各个波段逐步研究、了解和运用的历史。

　　首先投入应用的是长波段，因为长波在地表激起的感生电流小、电波能量损失小，并且能够绕过障碍物。1901 年，马可尼用大功率电台和庞大的天线实现了跨大西洋的无线电通信。但长波天线设备庞大且昂贵，通信容量小，这促使人们继续探寻新的通信波段。20 世纪 20 年代，业余无线电爱好者发现短波能传播很远的距离。随后十年对电离层的研究表明，短波是借助于大气层中的电离层传播的，电离层如同一面镜子，非常适合反射短波。短波电台既经济又轻便，在无线通信和广播中得到了大量应用。但是电离层容易受气象条件、太阳活动及人类活动的影响，短波的通信质量和可靠性不高，此外，容量也满足不了日益增长的需要。短波段带宽只有 27MHz，按每个短波电台占 4kHz 频带计算，仅能容纳 6000 多个电台，每个国家只能分得不足 50 个电台。如果是电视台的话，每个电视频道需要 8MHz，就更容纳不下了。从 20 世纪 40 年代开始，微波技术的应用开始兴起。微波已接近光频，它沿直线传播，能穿过电离层不被反射，但是绕射能力差，所以微波需要经中继站或通信卫星将它反射后传播到预定的远方。无线电频谱及其使用见表 1-2。

表1-2　无线电频谱及其使用

波段（频段）	符号	波长范围	频率范围	主要应用
超长波（甚低频）	VLF	10000km ~ 100000km	3kHz ~ 30kHz	海岸通信
				海上导航
长波（低频）	LF	1000m ~ 10000m	30kHz ~ 300kHz	大气层内中等距离通信
				地下岩层通信
				海上导航
中波（中频）	MF	100m ~ 1000m	300kHz ~ 3MHz	广播
				海上导航
短波（高频）	HF	10m ~ 100m	3MHz ~ 30MHz	远距离短波通信
				短波广播
超短波（甚高频）	VHF	1m ~ 10m	30MHz ~ 300MHz	电离层散射通信（30MHz ~ 60MHz）
				流星余迹通信（30MHz ~ 100MHz）
				人造电离层通信（30MHz ~ 144MHz）
				对大气层内、外空间飞行体的通信
				大气层内的电视、雷达、导航、移动通信

（续表）

波段（频段）	符号	波长范围	频率范围	主要应用
分米波（特高频）	UHF	0.1m ~ 1m	300MHz ~ 3GHz	移动通信（700MHz ~ 1GHz）；小容量（8 ~ 12 路）微波接力通信（352MHz ~ 420MHz）；中容量（120 路）微波接力通信（1.7GHz ~ 2.4GHz）
厘米波（超高频）	SHF	1cm ~ 10cm	3GHz ~ 30GHz	大容量（2500 路、6000 路）微波接力通信（3.6GHz ~ 4.2GHz，5.85GHz ~ 8.5GHz）数字通信卫星通信波导通信
毫米波（极高频）	EHF	1mm ~ 10mm	30GHz ~ 300GHz	穿入大气层时的通信
亚毫米波（至高频）	THF	0.1mm ~ 1mm	300GHz ~ 3000GHz	——

　　宽带移动通信代表着无线电技术演进的最新成果，它将独立的、分散的无线电技术应用时代带入无处不在的、宽带的移动互联网时代，甚至是将来的万物互联时代。回顾移动通信的发展历程可以发现，技术的进步也是频谱使用效率提升的过程。移动通信从 FDMA 到 TDMA、CDMA，再到 OFDMA 的演进，频谱的使用效率越来越高。

　　另外，技术的发展也加剧了不同业务、不同部门间在无线电频谱使用上的冲突。公众移动通信技术在近几十年里获得了高速发展，国际移动通信系统频谱资源不断拓展，对无线电业务共存格局产生了深远影响，特别是对广播业务、定位业务、卫星业务使用频率形成了冲击。在国内，铁路、科研等行业在无线电频率的使用需求方面存在矛盾。

　　随着 5G 的到来，移动通信系统对无线电频谱日益增长的需求与有限的可用频谱之间的矛盾日益突出。为应对宽带移动通信的迅速发展给频谱资源管理带来的挑战，可以从以下 3 个方面寻求解决方案。

　　首先，开发利用更高频段。移动通信最早使用短波技术，近 50 年来发展到超短波与分米波。随着无线电技术应用的发展，各行业对于无线电频谱资源的需求越来越大，所使用的频率带宽、信道带宽逐渐增加。如今，微电子技术的进步使高频段频率用于支持通信成为可能。众所周知，GSM 网络使用 900MHz 频段和 1800MHz 频段，3G 网络主要使用 1.9GHz 频段、2.1GHz 频段和 2.3GHz 频段，4G 网络主要使用 1800MHz 频段和 2.6GHz 频段。与此同时，Wi-Fi、WLAN 等技术作为宽带无线接入的重要方式，是移动通信的有

益补充。美国、日本、韩国等国家在规划国际移动通信频率的同时，也规划了部分频率支持 Wi-Fi 和 WLAN 技术。我国正在规划 5GHz 频段上的频率用于宽带无线接入。

其次，调整现有业务的频谱划分。当前，以公众移动通信网络为代表的宽带移动通信的发展对无线电频谱的需求不断增加。在无线电频谱资源有限的情况下，须根据实际情况调整原有业务的频谱划分，统筹协调各类无线电业务的频率使用。

最后，积极推动技术进步与应用升级。在规划 3G 和 4G 的频率时，思路之一是：对于前一代移动通信和其他较过时的、频谱使用效率不高的无线电通信技术和网络，应促进其升级换代到频谱使用效率更高的新一代移动通信。5G 的频率规划同样遵循这个原则：在 5G 网络使用频段内，不仅包括新开发的频段和其他部门清退出来的频段，还应通过积极促进技术的更新换代，以提高现有移动通信网络的频谱使用效率。

1.3.2　频谱选择

1.3.2.1　5G频谱需求

如果把移动通信系统的建设看作开发商"盖房子"，那频谱就是"土地"。随着移动通信技术的飞速发展，尤其是移动互联网业务的迅猛增长，日益增长的频谱需求和有限的频谱资源之间的矛盾成为制约电信运营商发展的主要因素之一。

分配和管理全球无线电频谱资源的国际机构是 ITU。它是联合国机构中历史最长的一个国际组织，可简称为"国际电联""电联"。ITU 主管信息通信技术事务，负责制订全球的电信标准，向发展中国家提供电信援助，促进全球电信发展。ITU 的无线电通信组（ITU- Radio Communications Sector，ITU-R）具体负责分配和管理全球无线电频谱与卫星轨道资源。在国内，负责频谱规划与管理的是工业和信息化部无线电管理局，负责编制无线电频谱规划，负责无线电频率的划分、分配与指配。

ITU-R 在《为 IMT-2000 和 IMT-Advanced 的未来发展估计的频谱带宽需求》建议书（*ITU-R M.2078: Estimated Spectrum Bandwidth Requirements for the Future Development of IMT-2000 and IMT-Advanced*）中指出，多媒体业务量的增长远比语音迅速，并将日益占据主导地位，这将导致从以电路交换为主到以分组传输为主的根本性改变。这种改变将使用户具备更强的接收多媒体业务（包括电子邮件、文件传输、消息和分配业务）的能力。多媒体业务可以是对称的或不对称的，可以是实时的或非实时的，将占用很高的带宽，导致未来更高的数据速率需求，也必然会带来更高的频谱需求。

1. 3G 的频谱需求计算

3G 在商用之前，ITU 已经充分认识到频谱资源对于快速发展的移动通信业务的重要性。1999 年，ITU-R 发布的《IMT-2000 地面部分频谱需求的计算方法》（*ITU-R M.1390: Methodology for the Calculation of IMT-2000 Terrestrial Spectrum Requirements*）提出了对于 3G 地面频谱需求的计算方法，该方法充分考虑了环境、市场、业务、3G 系统技术能力的影响，同时考虑了电路域业务与分组域业务的需求。

根据该方法，频谱总需求可表示为：

$$F_{\text{Terrestrial}} = \beta \Sigma \alpha_{es} F_{es} = \beta \Sigma \alpha_{es} T_{es} / S_{es}$$

其中：

$F_{\text{Terrestrial}}$代表陆地业务频谱总需求（单位为 MHz）。

T_{es}代表业务量 / 小区（单位为 Mbit/s / 小区）。

S_{es}代表系统能力（单位为 Mbit/s/MHz/ 小区）。

α_{es}代表加权因子。

β代表调整因子。

在以上公式中，变量的下标"e"与"s"分别表示环境（Environment）与业务（Service）的影响。

（1）环境因素

M.1390 方法考虑了两类环境：一类是地理环境，另一类是移动性环境。它们的组合形成了表 1-3 所示的 12 个环境因素。

表1-3　环境因素

因素	室内	步行	车速
密集城区（CBD）			
城区			
郊区			
农村			

（2）市场与业务因素

市场与业务因素考虑业务类型、人口密度、人口渗透率、用户话务模型等影响。对于 3G（IMT-2000），可能的业务选项包括以下几个：

- 语音；

- 简单消息；

- 电路域数据；

- 中速率多媒体业务；

- 高速率多媒体业务；

- 高速率交互式多媒体业务。

（3）系统能力

主要考虑 3G 系统单小区的业务承载能力。

（4）计算案例

在 ITU-R M.1390 附录示例中，可计算出考虑了 3 个环境场景（密集市区—室内，市区—步行，市区—车速）的案例，2010 年的频谱总需求为 530.3MHz。

2. 3G 后的频谱需求计算

（1）国际上的预测

2003 年，ITU-R 采纳了《IMT-2000 和超 IMT-2000 系统未来发展的框架和总体目标》（*ITU-R M.1645: Framework and Overall Objectives of the Future Development of IMT-2000 and Systems beyond IMT-2000*）这个建议书。该建议书认为，对无线通信需求增长给予的特殊考虑会导致更高的数据速率，以满足用户需求。

为了达到与 IMT-2000 和 IMT-Advanced 的未来发展有关的目标，需要更多的额外的频谱带宽。同时，随着移动与固定通信的融合、多网络环境的出现以及不同接入系统间无缝互联互通的出现，再使用 M.1390 那种简单的方式就不合适了。考虑到市场需求和网络部署情况，为了估算频率需求，必须开发和应用新模型，需要考虑电信服务在空间和时间上的关联。IMT-2000 和 IMT-Advanced 未来发展的频谱计算方法应具有灵活性，并且应该技术中立并被普遍适用。

为此，《IMT 系统地面部分无线电方面的问题》引入了无线电接入技术组（Radio Access Techniques Groups，RATG）的概念，RATG 的划分如下所述。

- 第 1 组（RATG 1）：IMT 之前的系统、IMT-2000 及其增强版。这一个组包含蜂窝移动系统、IMT-2000 系统以及它们的加强型。

- 第 2 组（RATG 2）：例如，ITU-R M.1645 建议书所描述的 IMT-Advanced（例如，新的无线接入和新的游牧 / 本地无线接入），但不包括已在其他 RATG 中描述的系统。

- 第 3 组（RATG 3）：现有的无线电 LAN 及其增强型系统。

● 第 4 组（RATG 4）：数字移动广播系统及其增强型系统。

《国际移动通信地面部分的频谱需求的计算方法》（*ITU-R M.1768: Methodology for Calculation of Spectrum Requirements for the Terrestrial Component of International Mobile Telecommunications*）提出用于计算 IMT 系统未来发展频谱需求的方法，考虑了实际网络实施以调整频谱需求，采用频谱效率值将容量需求转换成频谱需求，并计算了 IMT 系统未来发展的总频谱需求。M.1768 方法适应了市场研究中涉及的各种服务的复杂组合，考虑了业务量随时间变化及随区域变化的特性，采用 RATG 方式，以技术中立的方法来处理正在出现的和已有的系统，所考虑的 4 组 RATG 涵盖了所有相关的无线电接入技术。对分配给 RATG1 和 RATG2 的业务量，M.1768 对分组交换和电路交换业务采用不同的数学算法，将来自市场研究的业务量数值转换成容量需求。

根据 ITU-R M.1768 建议书，频谱需求计算的流程如图 1-5 所示。

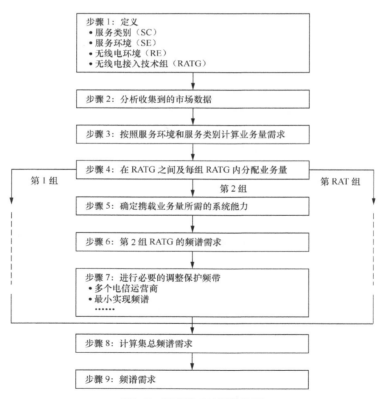

图1-5 频谱需求计算的流程

对 2020 年的 RATG 1 和 RATG 2 二者预计的总的频谱带宽需求，经计算为 1280MHz ～ 1720MHz（包括已经使用或已经计划用于 RATG 1 的频谱），见表 1-4。

表1-4　对RATG 1和RATG 2二者预计的频谱需求（MHz）

市场设置	RATG 1 的频谱需求			RATG 2 的频谱需求			总的频谱需求		
	2010 年	2015 年	2020 年	2010 年	2015 年	2020 年	2010 年	2015 年	2020 年
较高市场设置	840	880	880	0	420	840	840	1300	1720
较低市场设置	760	800	800	0	500	480	760	1300	1280

（2）国内的预测

2012 年，工业和信息化部电信研究院对中国未来的频谱需求做了预测，认为 2015 年中国陆地移动通信频谱总需求为 991MHz，缺口为 444MHz（当时中国已规划的 IMT 可用频谱为 547MHz），见表 1-5。

表1-5　中国公众移动通信业务频率需求情况

指标 ＼ 年	2010 年	2011 年	2012 年	2013 年	2014 年	2015 年
数据业务增长率（%）	100	217	455	938	1911	3854
站址密度增长率（%）	100	113	126	139	152	165
单站业务增长率（%）	100	192	361	675	1257	2336
平均频率效率（bit/s/Hz）	0.625	0.78	0.88	1.05	1.13	1.3
绝对增长率（%）	100	125	141	168	181	208
单站业务流量调整	100	154	256	402	695	1123
数据业务用频（MHz）	81	124	208	326	563	910
占比（%）	50	61	72	80	87	92
语音业务用频（MHz）	81	81	81	81	81	81
占比（%）	50	39	28	20	13	8
合计（MHz）	162	205	289	407	644	991
缺口（MHz）	—	—	—	—	97	444

2013 年，工业和信息化部电信研究院在《到 2020 年中国 IMT 服务的频谱需求》报告中全面评估了到 2020 年中国 IMT 服务的频谱需求：到 2020 年，中国 IMT 的频谱需求为 1864MHz，缺口为 1177MHz。

2014 年，另一份研究报告对我国 2015—2020 年的公众陆地移动通信系统进行了预测，具体情况见表 1-6。此时，我国已规划给地面移动通信的频谱共计 687MHz，到 2020 年预计缺口在 803MHz ～ 1123MHz，需要世界无线电通信大会划分新的频段来解决。

表1-6 我国频率需求预测结果

指标　　　　　　年	2015 年	2020 年
需求预测（MHz）	570 ~ 690	1490 ~ 1810
已规划的频谱（MHz）	687	687
额外需求（MHz）	—	803 ~ 1123

1.3.2.2　现有频谱分配

1. 全球的频谱规划

每三年举行一次的 ITU 世界无线电通信大会（World Radiocommunication Conferences，WRC）是 ITU-R 的最高级别会议，负责审议并在必要时修订《无线电规则》，《无线电规则》是指导无线电频谱、对地静止卫星和非对地静止卫星轨道使用的国际条约。与未来移动通信有关的频谱规划都是在该会议上做出的，因此 WRC 是国际频谱管理进程的核心，同时也是各国开展移动通信频谱规划的出发点。

近年来，WRC 的主要会议如下所述：

（1）1995 年 10 月 23 日～ 11 月 17 日，瑞士日内瓦（WRC-95）；

（2）1997 年 10 月 27 日～ 11 月 21 日，瑞士日内瓦（WRC-97）；

（3）2000 年 5 月 8 日～ 6 月 2 日，土耳其伊斯坦布尔（WRC-2000）；

（4）2003 年 6 月 9 日～ 7 月 4 日，瑞士日内瓦（WRC-03）；

（5）2007 年 10 月 22 日～ 11 月 16 日，瑞士日内瓦（WRC-07）；

（6）2012 年 1 月 23 日～ 2 月 17 日，瑞士日内瓦（WRC-12）。

（7）2015 年 11 月 2 日～ 11 月 27 日，瑞士日内瓦（WRC-15）。

在 WRC-07 上，全球各个国家通过区域性组织或国家提案的方式表达了对未来移动通信有关频谱规划的相关看法以及对不同候选频段的态度，经过讨论与协商，最终确定将 450MHz ～ 470MHz、790MHz ～ 806MHz、2300MHz ～ 2400MHz 共 136MHz 频率用于 IMT。另外，部分国家可以指定 698MHz 以上的 UHF 频段——3400MHz ～ 3600MHz 频段用于 IMT。

截至 WRC-07，WRC 已为 IMT 规划了总计 1085MHz 的频谱资源，详见表 1-7。

表1-7　截至WRC-07，WRC已为IMT规划的频谱

	频段（MHz）	带宽（MHz）
IMT 全球统一频段	450 ～ 470	20
	790 ～ 960	170
	1710 ～ 2025	315
	2110 ～ 2200	90
	2300 ～ 2400	100
	2500 ～ 2690	190
	3400 ～ 3600	200
合计		1085

2. 中国的频谱规划与分配

根据 ITU 有关地面移动蜂窝通信系统的频率规划、技术标准和中国的无线电频率规划，中国先后划分了 687MHz 频谱给陆地公众移动通信系统，详见表 1-8。

表1-8　中国已规划的地面公众移动通信系统频段

双工方式		下限（MHz）	上限（MHz）	带宽（MHz）	合计（MHz）
FDD	上行	889	915	26	162
	下行	934	960	26	
	上行	1710	1755	45	
	下行	1805	1850	45	
	上行	825	835	10	
	下行	870	880	10	
TDD	非对称	1880	1920	40	155
	非对称	2010	2025	15	
	非对称室内	2300	2400	100	
FDD	上行	1920	1980	60	120
	下行	2110	2170	60	
	上行	1755	1785	30	60
	下行	1850	1880	30	
TDD	非对称	2500	2690	190	190
总计					687

在已规划的频谱中，实际分配给电信运营商在用的频段带宽 517MHz，其他频段尚未指配使用，详见表 1-9。

表1-9 使用中的地面公众移动通信系统频段

频段（MHz）	带宽（MHz）	使用运营商	系统制式	备注
825 ~ 835/870 ~ 880	20	中国电信	CDMA	—
889 ~ 909/934 ~ 954	40	中国移动	GSM	—
909 ~ 915/954 ~ 960	12	中国联通	GSM	—
1710 ~ 1735/1805 ~ 1830	50	中国移动	GSM	—
1735 ~ 1755/1830 ~ 1850	40	中国联通	GSM	—
1755 ~ 1765/1850 ~ 1860	20	中国联通	LTE FDD	—
1765 ~ 1780/1860 ~ 1875	30	中国电信	LTE FDD	—
1880 ~ 1900	20	中国移动	TD-LTE	—
1900 ~ 1920	20	—	PHS	待退网
1920 ~ 1935/2110 ~ 2125	30	中国电信	—	—
1940 ~ 1955/2130 ~ 2145	30	中国联通	WCDMA	—
2010 ~ 2025	15	中国移动	TD-SCDMA	—
2300 ~ 2320	20	中国联通	TD-LTE	室内
2320 ~ 2370	50	中国移动	TD-LTE	室内
2370 ~ 2390	20	中国电信	TD-LTE	室内
2555 ~ 2575	20	中国联通	TD-LTE	—
2575 ~ 2635	60	中国移动	TD-LTE	—
2635 ~ 2655	20	中国电信	TD-LTE	—
合计	517	—	—	—

1.3.3 5G 频谱分配

1.3.3.1 ITU频谱分配

自 2012 年以来，ITU 启动了 5G 愿景、未来技术趋势、频谱规划等方面的前期研究工作。2015 年，ITU 发布了 5G 愿景建议书，提出了 IMT-2020 系统的目标、性能、应用和技术发展趋势、频谱资源配置、总体研究框架、时间计划以及后续的研究方向。

在系统性能方面，5G 系统将具备 10Gbit/s ~ 20Gbit/s 的峰值速率、100Mbit/s ~ 1Gbit/s 的用户体验速率、每平方千米 100 万的连接数密度、1ms 的空口时延、支持 500km/h 的移动性、每平方米 10Mbit/s 的流量密度等关键能力指标，相对 4G 提升了 3 ~ 5 倍的频谱效率和百倍的能效。

为满足上述愿景，5G 频率将涵盖高、中、低频段，即统筹考虑全频段。高频段一般

指 6GHz 以上频段，连续大带宽虽然可以满足热点区域极高的用户体验速率和系统容量需求，但是其覆盖能力较弱，难以实现全网覆盖，因此需要与 6GHz 以下的中、低频段联合组网，以高频和低频相互补充的方式来解决网络连续覆盖的需求。

全球 5G 频率规划工作主要在 ITU 等国际标准化组织的框架下开展，相关工作的进展如下所述。

对于 5G 高频段而言，为满足国际移动通信系统在高频段的频率需求，WRC 在 WRC-19 研究周期内新设立议题，在 6GHz 以上频段为 IMT 系统寻找可用的频率，研究的频率范围为 24.25GHz ～ 86GHz，其中既包括 24.25GHz ～ 27.5GHz、37GHz ～ 40.5GHz、42.5GHz ～ 43.5GHz、45.5GHz ～ 47GHz、47.2GHz ～ 50.2GHz、50.4GHz ～ 52.6GHz、66GHz ～ 76GHz 和 81GHz ～ 86GHz 共 8 个已主动划分给移动通信业务的频段，还涵盖 31.8GHz ～ 33.4GHz、40.5GHz ～ 42.5GHz 和 47GHz ～ 47.2GHz 这 3 个尚未划分给移动业务使用的频段。

对 5G 中、低频段而言，2015 年无线电通信全会（RA-15）批准将"IMT-2020"作为 5G 的正式名称。至此，IMT-2020 将与已有的 IMT-2000（3G）、IMT-A（4G）组成新的 IMT 系列。这标志着 ITU《无线电规则》中现有的标注给 IMT 系统使用的频段均可作为 5G 系统的中、低频段；同时，WRC-15 大会通过相关决议，以全球、区域或部分国家脚注的形式新增了部分频段，供有意部署 IMT 系统的主管部门使用，详见表 1-10。

表1-10　5G系统中、低频候选频率及相关脚注

频段（MHz）	相关脚注
450 ～ 470	5.286AA
698 ～ 960	5.313A、5.317A
1710 ～ 2025	5.384A、5.388
2110 ～ 2200	5.388
2300 ～ 2400	5.384A
2500 ～ 2690	5.384A
3400 ～ 3600	5.430A、5.422A、5.432B、5.433A
WRC-15 相关频段（470 ～ 698、142 ～ 1518、3300 ～ 3400、3600 ～ 3700、4800 ～ 4900）	待形成新的脚注

1.3.3.2　国外5G频谱分配

对于世界上的主要国家和地区，其重点关注和规划的频段与 ITU 的标准频段基本相

符；此外，各国也可以根据自身的频率划分和使用现状，将部分 ITU 尚未考虑的频段纳入
5G 的频率范围。近期，美国联邦通信委员会（Federal Communications Commission，FCC）
通过了将 24GHz 以上的频谱规划用于无线宽带业务的法令，包括 27.5GHz ～ 28.35GHz、
37GHz ～ 38.6GHz 和 38.6GHz ～ 40GHz 频段共计 3.85GHz 带宽的授权频率，以及 64GHz ～
71GHz 共计 7GHz 带宽的免授权频率。2016 年 9 月，欧盟委员会正式发布了 5G 行动计划
（*5G for Europe: An Action Plan*），表示将于 2016 年年底前为 5G 测试提供临时频率，测试
频率由 1GHz 以下、1GHz ～ 6GHz 和 6GHz 以上的频段共同组成；并于 2017 年年底前确
定 6GHz 以下的 5G 频率规划和毫米波的频率划分，以支持高、低频融合的 5G 网络部署。
欧盟将为 5G 重点考虑 700MHz、3.4GHz ～ 3.8GHz、24.25GHz ～ 27.5GHz、31.8GHz ～
33.4GHz、40.5GHz ～ 43.5GHz 等频段；2016 年 11 月，在征求意见的基础上，经过 3 个
月的研究和协商，欧盟委员会无线电频谱政策组（Radio Spectrum Policy Group，RSPG）
正式发布 5G 频谱战略，明确将 24.25GHz ～ 27.5GHz、3.4GHz ～ 3.8GHz、700MHz
频段作为欧洲 5G 初期部署的高、中、低优先频段。在亚洲地区，韩国于 2018 年平昌
冬奥会期间在 26.5GHz ～ 29.5GHz 频段部署 5G 试验网络；日本总务省（MIC）发布了
5G 频谱策略，计划在东京奥运会之前实现 5G 网络的正式商用，重点考虑规划 3.6GHz ～
4.2GHz、4.4GHz ～ 4.9GHz、27.5GHz ～ 29.5GHz 等频段。

1.3.3.3　国内5G频谱分配

2016 年 11 月，中国在第二届全球 5G 大会上陈述了 5G 频率规划思路，将涵盖高、中、
低频段所有潜在的频率资源。具体而言，2016 年年初批复将 3400MHz ～ 3600MHz 频段
用于 5G 技术试验，并依托《中华人民共和国无线电频率划分规定》修订工作积极协调将
3300MHz ～ 3400MHz、4400MHz ～ 4500MHz、4800MHz ～ 4990MHz 频段用于 IMT 系统，
并在 2017 年 6 月就 3300MHz ～ 3600MHz、4800MHz ～ 5000MHz 频段的频率规划公开
征求意见，同时梳理了高频段现有系统，并开展了初步兼容性分析工作，于 2017 年 6 月
就 24.75GHz ～ 27.5GHz、37GHz ～ 42.5GHz 或其他毫米波频段的频率规划公开征求意见。

2017 年 11 月，工业和信息化部发布《工业和信息化部关于第五代移动通信系统使用
3300MHz ～ 3600MHz 和 4800MHz ～ 5000MHz 频段相关事宜的通知》（工信部无（2017）276 号），
提出"规划 3300MHz ～ 3600MHz 和 4800MHz ～ 5000MHz 频段作为 5G 系统的工作频
段，其中，3300MHz ～ 3400MHz 频段原则上限室内使用"。此次发布的中频段 5G 系统频率
使用规划能够兼顾系统覆盖和大容量的基本需求，是我国 5G 系统先期部署的主要频段。

2018 年 12 月 10 日，工业和信息化部向中国电信、中国移动、中国联通发放了 5G 系统中、低频段试验频率使用许可。其中，中国电信和中国联通获得 3500MHz 频段试验频率使用许可，中国移动获得 2600MHz 和 4900MHz 频段试验频率使用许可。

目前，中国电信获得 3400MHz ～ 3500MHz 共 100MHz 5G 频率资源，中国联通获得 3500MHz ～ 3600MHz 共 100MHz 5G 频率资源，中国移动获得 2515MHz ～ 2675MHz 共 160MHz 5G 频率资源，4800MHz ～ 4900MHz 共 100MHz 5G 频率资源，中国广电获得 4900MHz ～ 4960MHz 共 60MHz 5G 频率资源。其中，连续频段的许可使中国电信、中国联通共建共享成为可能。另外，2020 年 2 月 10 日，工业和信息化部宣布分别向中国电信、中国联通、中国广电颁发无线电频率使用许可证，同意三家企业共同使用 3300MHz ～ 3400MHz 频段频率，用于全国 5G 室内覆盖。中国广电作为我国第四家开始实质部署 5G 网络的基础电信运营企业，室外覆盖采用了与中国移动相同的频段，在室内与中国电信、中国联通共建共享，有望以最低成本完成 5G 建设。

1.3.3.4 潜在可用频谱

1. 高频候选频段分析

5G 高频候选频段的形成主要取决于 WRC-19 1.13 议题的研究情况。从全球来看，该议题所提出的 11 个潜在候选频段涉及固定、卫星固定、卫星间、卫星地球探测、无线电导航、无线电定位等多种业务，主要应用于卫星、航天、导航等领域，复杂的频谱使用情况使协调面临很大的难度。此外，5G 系统的技术参数、部署场景、传播模型仍在研究之中，候选频段也无法最终确定。

尽管 ITU 的高频段议题研究尚需时日，为在全球 5G 发展中抢占先机，以美国、欧洲、日本、韩国为首的国家目前已聚焦或发布了各自的 5G 高频规划，出于对电波传播特性的考虑重点关注 45GHz 以下的频段。

具体而言，美国在统筹考虑国内的卫星、航天等系统后，率先将 27.5GHz ～ 28.35GHz、37GHz ～ 38.6GHz、38.6GHz ～ 40GHz 频段以频率授权管理的模式规划给 5G 使用。其中，在 27.5GHz ～ 28.35GHz 频段，将固定无线接入扩展为移动接入应用。同时，为实现 IMT 与卫星固定业务的兼容，对该频段卫星地球站的规模进行了限制；在 37GHz ～ 38.6GHz 和 38.6GHz ～ 40GHz 频段，以 200MHz 为带宽划分频率，并要求 IMT 系统与现有的应用共存。规划出台后，美国的 Verizon 和 AT&T 两大电信运营商于 2016 年年底至 2017 年年初在上述频段启动 5G 技术试验。此外，美国还以频率非授权管理的模式将

64GHz ～ 71GHz 频段规划给 5G，将其作为 57GHz ～ 64GHz 频段的扩展，以形成 14GHz 带宽的连续频谱资源，主要用于支持 IEEE 802.11ad 以及后续演进的 IEEE 802.11ay 协议的无线局域网；同时，美国在 WRC-15 大会上积极推动设立相关 WRC-19 议题，以形成 5150MHz ～ 5925MHz 近 800MHz 的连续频谱，用于更好地支撑基于 IEEE 802.11ac 以及后续演进的 IEEE 802.11ax 协议的无线局域网。上述无线局域网的频率规划工作将成为美国在 5G 时代全球竞争中的重要举措。

欧洲邮电管理委员会（Confederation of European Posts and Telecommunications，CEPT）聚焦于 24.25GHz ～ 27.5GHz、31.8GHz ～ 33.4GHz 和 40.5GHz ～ 43.5GHz 频段，明确 24.25GHz ～ 27.5GHz 频段为 24GHz 以上频段的现行频段，并对其他高频段的适用性开展研究，从而建立相应的时间表。此外，英国、法国等国家也根据本国的现状确立了优先研究频段。

亚太地区的观点形成主要依托于世界无线电通信大会亚太电信组织筹备组（The Asia-Pacific Telecommunity Conference Preparatory Group for WRC，APG）平台。目前，APG19-1 会议确定了 WRC-19 研究周的组织结构、工作计划、工作方法等，对于高频段议题的研究尚未启动。中国明确了高频段全球一致性和在 ITU 框架下开展的基本原则，并重点强调 20GHz ～ 40GHz 频段在增强移动宽带（Enhanced Mobile Broadband，eMBB）场景、特别是对室外覆盖的重要意义。对于日本和韩国而言，由于高频段现有业务使用较少，基本确定在 25GHz、28GHz 等频段开展使用。

对于中国、美国、欧洲等国家和地区而言，高频段的结论和观点对全球 5G 高频确立影响深远。中国高频策略需要立足于本国使用和产业现状，也需要紧跟欧美步伐，统筹兼顾合理利用，在兼容基础上为 5G 寻找更多的资源。同时，与传统移动通信相比，5G 系统使用高频段将对其芯片和仪表制造、组建网络等方面带来极大的挑战，从另一个角度来看，各种新技术的诞生也将孕育出机遇和潜能。

2. 中频候选频段分析

中频段相对于高频段有较好的传播特性，比低频段有更宽的连续带宽，可以实现覆盖和容量的平衡，满足 5G 某些特定场景的需求，同时也可以应用部分物联网场景，例如，超高可靠与低时延通信（Ultra Reliable and Low Latency Communications，uRLLC）等。目前，虽然全球大部分国家和组织对中频段的具体范围没有确切的定义，但普遍认为 3GHz ～ 6GHz 是中频段的重要资源。ITU 将 3400MHz ～ 3600MHz 标识用于 IMT，这逐渐成为全球协调统一的频段。同时，WRC-15 新增了 3300MHz ～ 3400MHz、

4400MHz ～ 4500MHz、4800MHz ～ 4990MHz 等频段。

对于 3GHz 附近的频段而言，现有主要业务为卫星固定、固定、航空移动等业务，5G 系统使用需要与之进行协调。因此，各国在此频段释放的频谱资源数量和具体频段与卫星、军事的应用现状密切相关。

具体而言，在美国，3550MHz ～ 3700MHz 频段的使用与全球大部分国家有所区别，其现有应用主要为军方服务。为在该频段引入移动通信系统，采取了基于三层架构的频谱接入系统（Spectrum Access System，SAS），采用 LTE-U 等技术实现服务，不能直接将该频段用于 5G 系统。此外，考虑到美国划分和使用情况，也难以在 3GHz 附近频段释放出其他的频谱资源。在欧洲，由于卫星较少使用 C 波段，早前已将 IMT 系统的使用频段聚焦于此，现有少部分国家使用其中的 3400MHz ～ 3600MHz 频段用于部署 LTE 系统，并未形成规模。目前，欧盟已将 3400MHz ～ 3800MHz 频段用于 5G 系统并面向公众广泛征求意见，明确该频段为 2020 年前欧洲部署 5G 的主要频段，连续 400MHz 带宽有利于欧盟在全球 5G 部署中占得先机。在亚洲，由于卫星产业、卫星轨道资源、使用现状等因素，C 波段卫星在中国、越南、马来西亚等国的协调难度较大，日本、韩国的卫星使用已经逐步转向 Ka、Ku 等频段，所以均在 C 波段扩展了较大的潜在资源。例如，日本聚焦于 3600MHz ～ 4200MHz、4400MHz ～ 4990MHz 频段（3480MHz ～ 3600MHz 频段已用于 4G），韩国聚焦于 3400MHz ～ 3700MHz 频段。另外，5.8GHz、5.9GHz 频段在部分国家作为车联网（包括 802.11p 和 LTE-V）的使用频率，也将成为 5G 系统 V2X 潜在的频率资源。

中国、日本、韩国、欧洲等均对把 C 波段作为 5G 系统候选频段表现出了极高的关注度。考虑到我国目前的高频产业现状，C 波段也将成为我国 5G 潜在用频段的重要组成部分，并且会成为 2020 年前先期使用的频段。另外，需要重点关注和推动 5.9GHz 频段在物联网特别是车联网上的应用。

3. 低频候选频段分析

低频段一般是指 3GHz 以下频段，目前 2GHz ～ 3GHz 频段已有部分资源规划用于 IMT 并且部署了相关系统，未来可重耕用于 5G 系统。本节重点关注 1GHz 以下频段，其有良好的传播特性，可以支持 5G 广域覆盖和高速移动下的通信体验，以及海量的设备连接。ITU 层面主要包括已标注给 IMT 使用的 450MHz ～ 470MHz 和 698MHz ～ 960MHz 频段。同时，WRC-15 新增了 470MHz ～ 698MHz 频段，上述频段构成了 5G 系统的 1GHz 以下的潜在频率资源。

从应用的角度分析，1GHz 以下的 5G 频谱主要来源于两个部分：数字红利释放的频谱和现有系统部署的频谱。对于数字红利释放的频段，由于全球经济和社会发展的差异性，特别是在广播电视业务现状、模数转换方案、移动通信发展诉求等方面，世界各国千差万别，导致所释放数字红利频段的数量、具体频段都不尽相同。另外，1GHz 以下频段作为传统移动通信的重要频段，已经部署和运营了 GSM、CDMA、WCDMA、LTE 等多种系统，这些频段何时能用于 5G 取决于用户需求、网络运营周期、5G 与现有网络的衔接等多种因素。

具体而言，美国在 850MHz 频段上主要部署的本来是 CDMA 系统，但其已逐步将 850MHz 频段用于 LTE 系统，而释放的 700MHz 数字红利频段也被广泛用于 LTE 系统。在 WRC-15 上，美国将 470MHz ～ 608MHz、618MHz ～ 698MHz 频段标注给 IMT 系统使用；同时，FCC 采用拍卖的方式调整 600MHz 频段并将其用于公众移动通信。在欧洲，900MHz 频段曾经主要用于 GSM，现在已逐步用于 WCDMA 和 LTE 系统，而 800MHz 频段成为欧洲 LTE 系统的重要组成部分。另外，WRC-15 1.2 议题确立了 700MHz 频段的规划方案以及使用条件，700 频段也作为欧洲 5G 用频先发频段的重要组成部分成为欧洲 5G 低频解决广域覆盖的重要方式。在亚洲，800MHz 和 900MHz 作为传统的 CDMA 与 GSM 频段，目前也逐步重耕到 LTE 系统；而 700MHz 频段作为数字红利的释放频段在部分国家也逐步用于 LTE，例如日本。

为提高频谱的使用效率、满足应用需求，国内积极支持将 800MHz 和 900MHz 的部分频段升级到 LTE 系统并引入 NB-IoT 等 4G 演进技术，根据未来的网络发展现状和需求将其适时地用于 5G 系统。

第2章 5G基本原理

2.1 概述

未来的5G网络与4G网络相比，网络架构将向更加扁平化的方向发展，控制和转发将进一步分离，网络可以根据业务的需求灵活动态组网，进一步提升网络的整体效率。网络主要特征如下所述。

2.1.1 网络性能更优质

5G网络将可以提供超高的接入速率、超低的时延、超高可靠性的用户体验，以满足超高流量密度、超高连接数密度、超高移动性的接入需求，同时为网络带来超过百倍的能效提升、降低了超过百倍的比特成本、提高了数倍的频谱效率。

2.1.2 网络功能更灵活

5G网络以用户体验为中心，能够支持多样的移动互联网和物联网业务需求。在接入网方面，5G将支持基站的即插即用和自组织组网，从而实现易部署、易维护的轻量化接入网拓扑；在核心网方面，网络功能在演进分组核心网（Evolved Packer Core，EPC）的基础上进一步简化与重构，可以提供高效、灵活的网络控制与转发功能。

2.1.3 网络运营更智能

5G网络将全面提升智能感知和决策能力，通过对地理位置、用户行为、终端状态、网络上下文等各种特性的实时感知和分析制订决策方案，以实现数据驱动的精细化网络

功能部署、资源动态伸缩和自动化运营。

2.1.4 网络生态更友好

5G 将以更友好、更开放的网络面向新产业生态和垂直行业。通过开放网络能力，向第三方提供灵活的业务部署环境，实现与第三方应用的友好互动。5G 网络能够提供按需定制服务和网络创新环境，以不断地提升网络服务的价值。

2.2 搭建网络架构面临的挑战

2.2.1 极致性能指标带来全面挑战

首先，为了满足移动互联网用户对 4K/8K 高清视频、VR、AR 等业务的体验需求，5G 系统在设计之初就提出了随时随地提供 100Mbit/s ～ 1Gbit/s 的体验速率要求，甚至在 500km/h 的高速移动过程中也要具备基本服务能力和必要的业务连续性。

其次，为了支持移动互联网设备大带宽接入要求，5G 系统需要满足每平方千米大比特每秒的流量密度；为了满足物联网场景设备低功耗、大连接的接入要求，5G 系统需要满足百万 / 平方千米的连接密度要求，而现有网络流量中心汇聚和单一控制机制在高吞吐量和大连接场景下容易导致流量过载和信令拥塞。

最后，为了支持自动驾驶、工业控制等低时延、高可靠性能要求的业务，5G 系统还需要在保障高可靠性的前提下满足端到端毫秒级的时延要求。

2.2.2 网络与业务融合触发全新机遇

丰富的 5G 应用场景对网络功能要求各异：从突发事件到周期事件的网络资源分配；从自动驾驶到低速移动终端的移动性管理；从工业控制到抄表业务的时延要求等。面对众多的业务场景，5G 提出的网络与业务相融合，按需服务，为信息产业的各环节提供新的发展机遇。

基于 5G 网络"最后一公里"的位置优势，互联网应用服务提供商能够提供更具有差异性的用户体验。

基于 5G 网络"端到端全覆盖"的基础设施优势，以垂直行业为代表的物联网业务需求方可以获得更强大且更灵活的业务部署环境。依托强大的网管系统，垂直行业能够获得对网内终端和设备更丰富的监控和管理手段，全面掌控业务的运行状况；利用功能高度

可定制化和资源动态可调度的 5G 基础设施能力，第三方业务需求方可以快捷构建数据安全隔离的、资源弹性伸缩的专用信息服务平台，从而降低开发门槛。

对于移动通信网络运营商而言，5G 网络有助于进一步开源节流：在开源方面，5G 网络突破当前封闭固化的网络服务框架，全面开放基础设施，组网转发和控制逻辑等网络能力，构建综合化信息服务使能平台，为电信运营商引入新的服务增长点；在节流方面，按需提供的网络功能和基础设施资源有助于更好地节能增效，降低单位流量的建设与运营成本。

2.3　新一代网络架构

2.3.1　5G 网络架构需求

2.3.1.1　5G网络的设计原则

为了应对未来客户业务需求和场景对网络提出的挑战，满足网络优质、灵活、智能、友好的发展趋势，5G网络将通过基础设施平台和网络结构两个方面的技术创新及协同发展，最终实现网络变革。

目前的电信基础设施平台是基于局域专用硬件实现的，5G 网络将通过引入互联网和虚拟化技术，设计基于通用硬件实现的新型基础设施平台，解决现有基础设施平台成本高、资源配置能力不强、业务上线周期长等问题。

在网络架构方面，5G 网络将基于控制转发分离、控制功能重构等技术设计新型的网络架构，提高接入网在面向复杂场景下的整体接入性能。简化核心网结构，提供灵活高效的控制转发功能，支持高智能运营，开放网络能力，提升全网的整体服务水平。

2.3.1.2　新型基础设施平台

实现 5G 新型基础设施平台的基础是网络功能虚拟化（Network Functions Virtualization，NFV）和 SDN 技术。

NFV 使网元功能与物理实体解耦，通过采用通用硬件取代专用硬件，可以方便快捷地把网元功能部署在网络中的任意位置，同时通过对通用硬件资源实现按需分配和动态延伸，以达到最优资源利用率的目的。

SDN 技术实现控制功能和转发功能的分离。控制功能的抽离和聚合有利于通过网络控制平面从全局视角来感知和调度网络资源，实现网络连接的可编程。

NFV 和 SDN 技术在移动网络的引入与发展将推动 5G 网络架构的革新，借鉴控制转发分离技术对网络功能分组，使网络的逻辑功能更加聚合，逻辑功能平面更加清晰。网络功能可以按需编排，电信运营商可以根据不同场景和业务特征的要求灵活组合功能模块，按需定制网络资源和业务逻辑，增强网络弹性和自适应性。

2.3.1.3　5G网络逻辑架构

为了满足未来的业务与运营需求，电信运营商需要进一步增强 5G 接入网与核心网的功能。接入网和核心网的逻辑功能界面将更加清晰，部署方式将更加灵活。

5G 接入网是一个可以满足多场景、以用户为中心的多层异构网络。结合宏站和微站，统一容纳多种空口接入技术，可以有效提升小区边缘协同处理的效率，提高无线和回传资源的利用率，从而使 5G 无线接入网由孤立地接入"盲"管道转向支持对接入和多连接、分布式和集中式、自回传和自组织的复杂网络拓扑转变，并且使其具备无线资源管理职能化管控和共享能力。

5G 核心网需要支持低时延、大容量和高速率的各种业务，能够更高效地实现对差异化业务需求的按需编排功能。核心网转发平面将进一步简化下沉，同时将业务存储和计算能力从网络中心下移到网络边缘，以支持高流量和低时延的业务需求，以及灵活均衡的流量负载调度功能。

未来的 5G 网络架构将包含接入、控制和转发 3 个功能平面。控制平面主要负责全局控制策略的生成，接入平面和转发平面主要负责执行策略。

1. 接入平面功能特性

为满足 5G 多样化的无线接入场景和高性能指标要求，接入平面需要增强的基站协同和灵活的资源调度与共享能力。通过综合利用分布式和集中式组网机制，5G 网络能够实现不同层次和动态灵活的接入控制，有效解决小区间干扰，提升移动性管理能力。接入平面通过用户和业务的感知与处理技术，按需定义接入网拓扑和协议栈，提供定制化部署和服务，保证业务性能。接入平面可以支持无线网状网、动态自组织网、统一多无线接入技术（Radio Access Technology，RAT）融合等新型组网技术。

2. 控制平面功能特性

控制平面功能包括控制逻辑、按需编排和网络能力开放。

在控制逻辑方面，通过对网元控制功能的抽离与重构，5G 网络将集中分散的控制功能形成独立的接入统一控制、移动性管理、连接管理等功能模块，模块间可根据业务需求进行灵活的组合，适配不同场景和网络环境的信令控制要求。

控制平面需要发挥虚拟化平台的能力，实现网络按需编排的功能。网络分片技术按需构建专用和隔离的服务网络，以提升网络的灵活性和可伸缩性。

在网络控制平面引入能力开放层，通过应用程序编程接口对网络功能进行高效抽象，屏蔽底层网络的技术细节，友好开放第三方应用电信运营商的基础设施、管理能力、增值业务等网络能力。

3. 转发平面功能特性

转发平面将网关中的会话和控制功能分离，网关位置下沉，实现分布式部署。在控制平面的集中调度下，转发平面通过灵活的网关锚点、移动边缘内容与计算等技术实现端到端海量业务数据流高容量、低时延、均负载的传输，提升网内分组数据的承载效率与用户的业务体验。

2.3.2　网络架构设计

5G 网络架构设计主要包括系统设计和组网设计两个部分，设计时需要考虑以下方面。

系统设计重点考虑逻辑功能实现以及不同功能之间的信息交互过程，构建功能平面划分更合理的、统一的端到端网络逻辑架构。

组网设计聚焦设备平台和网络部署的实现方案，以充分发挥基于 SDN/NFV 技术在组网灵活性和安全性方面的潜力。

2.3.2.1　5G 系统设计

5G 网络逻辑视图一般采用"三朵云"架构，具体由 3 个功能平面构成，分别为接入平面、控制平面和转发平面，如图 2-1 所示。

其中：

（1）接入平面引入多点协作、多连接机制和多制式融合技术构建更灵活的接入网拓扑；

（2）控制平面基于可重构的集中的网络控制功能，提供按需接入、移动性和会话管理，支持精细化资源管控和全面能力开放；

（3）转发平面具备分布式的数据转发和处理功能，提供动态的锚点设置以及更丰富的业务链处理能力。

在整体逻辑架构的基础上，5G 网络采用模块化的功能设计模式和"功能组件"组合构建满足不同场景需求的专用逻辑网络。

5G 网络以控制功能为核心，以网络接入和转发功能为基础资源，向上提供管理编排和网络开放服务，形成三层网络功能视图，具体介绍如下所述。

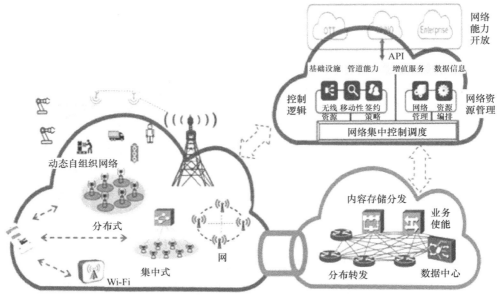

图2-1　5G网络逻辑视图

● **管理编排层**：由用户数据、管理编排和能力开放 3 个部分组成。用户数据部分存储用户签约、业务策略、网络状态等信息；管理编排部分基于网络功能虚拟化技术，实现网络功能的按需编排和网络切片的按需组建；能力开放部分提供对网络信息的统一收集和封装，并通过 API 开放给第三方。

● **网络控制层**：实现网络控制功能重构及模块化。主要的功能模块包括无线资源集中分配、多接入统一管控、移动性管理、会话管理、安全管理、流量疏导等。

● **网络资源层**：包括接入侧功能和网络侧功能。接入侧包括中心单元（Centralized Unit，CU）和分布单元（Distributed Unit，DU）两级功能单元，CU 主要提供接入侧业务的汇聚功能，DU 主要为终端提供数据接入点，包含射频和部分信号处理功能。网络侧重点实现数据转发、流量优化、内容服务等功能。

2.3.2.2　5G组网设计

5G 基础设施平台将更多地选择由基于通用硬件架构的数据中心构成支持 5G 网络的高性能转发要求和电信级的管理要求，并以网络切片为实例，实现移动通信网络的定制化部署。

引入 SDN/NFV 技术之后，5G 硬件平台支持虚拟化资源的动态配置和高效调度。在广域网层面，NFV 编排器可实现跨数据中心的功能部署和资源调度，SDN 控制器负责不

同层级数据中心之间的广域互联。城域网以下可部署单个数据中心，中心内部使用统一的 NFV 基础设施，实现软硬件解耦，利用 SDN 控制器实现数据中心内部的资源调度。

SDN/NFV 技术在接入网平台的应用是业界聚焦探索的重要方向。利用平台虚拟化技术可以在同一基站平台上同时承载多个不同类型的无线接入方案，并能完成接入网逻辑实体的实时动态的功能迁移和资源伸缩。利用 NFV 技术可以实现 RAN 内部各功能实体的动态无缝连接，便于配置客户所需的接入网边缘业务模式。另外，针对 RAN 侧加速器资源配置和虚拟化平台间高速大带宽信息交互能力的特殊要求，虚拟化管理与编排技术需要进行相应的扩展。

SDN/NFV 技术融合将提升 5G 进一步组网的能力：NFV 技术实现底层物理资源到虚拟化资源的映射，构建虚拟机（Virtual Machine，VM），加载网络逻辑功能，即虚拟网络功能（Virtual Network Function，VNF）；虚拟化系统实现对虚拟化基础设施平台的统一管理和资源的动态重配置；SDN 技术则实现虚拟机间的逻辑连接，构建承载信令和数据流的通路最终实现接入网和核心网功能单元的动态连接，配置端到端的业务链，实现灵活组网。

借助于模块化的功能设计和高效的 SDN/NFV 平台，在 5G 组网的实践中，上述组网功能元素部署位置无须与实际地理位置严格绑定，而是要根据每个电信运营商的网络规划、业务需求、流量优化、用户体验、传输成本等因素综合考虑，灵活整合不同层级的功能，实现多数据中心和跨地理区域的功能部署。

1. HetNet 架构

随着智能终端的普及，丰富的业务驱动着移动宽带（Mobile Broadband，MBB）蓬勃发展，网络流量呈爆发式增长。同时，MBB 对数据吞吐率也提出了更高的要求。因此，满足热点区域的容量和数据速率需求将是未来 MBB 网络发展的关键。

通过对现有宏站扩容，例如，采用提升频谱效率的特性，增加载频、扇区分裂等技术及手段，可以进一步提升网络的容量。在站点可获得的区域，可以通过对已有宏站进行补点，从而加密站点布局，进一步提升用户体验。在宏站无法扩容时，还可以采用小基站提升网络容量。因此，为了满足未来容量增长的需求，改变网络的结构，构建多频段、多制式、多形态的分层立体的异构网络（Heterogeneows Network，HetNet）将成为未来网络发展的必经之路。

在部署 HetNet 之前，电信运营商首先需要识别出话务热点区域：对于大面积的高话务区域，可以通过增加宏站载波或者宏站小区分裂等方式来解决容量需求；对于小面积的务热点，可以采用部署小基站等方式解决容量需求。当前宏基站网络扩容的技术已经基本成熟，而 HetNet 主要面临的是小基站引入后带来的新问题。

在通常的情况下，小基站的引入将为已有网络的关键性能指标（Key Performance Indicator，KPI）带来一定影响，但可以通过合适的宏微协同方案在提升网络容量和用户体验的基础上最大限度地降低对已有网络KPI的影响。当网络中话务热点较多时，需要部署大量的小基站吸收网络话务。同时，灵活的站点回传，集成供电、天馈、一体化站点等方案可以降低对小基站站点的要求和部署成本。当部署海量的小基站后，HetNet中宏站和小基站单元需要统一的运维管理，易部署、易维护的特性将进一步降低网络的运维成本。

（1）精准发现热点

为了保证小基站能有效地分流宏蜂窝的话务，电信运营商必须保证小基站能够部署在热点区域，同时通过采集现网用户设备的话务信息、位置信息以及栅格地图信息，可以获取现网话务的分布地图。

考虑到小基站的覆盖范围，建议话务分布地图的精度达到50m以上，以方便获取网络的热点位置，从而可以确定需要部署小基站的地点。当部署完小基站后，通过对比分析部署小基站前后的话务分布地图，可以评估部署小基站的效果，并给出下一步小基站的优化建议。

（2）一体化小基站

随着环保及大众防辐射意识的增强，基站的站址越来越难以获取。据分析，电信运营商未来将更多地考虑采用路灯杆、挂墙等多种方式部署基站，安装简单、站点简洁，这将成为未来大规模部署小基站的基本要求。

根据部署场景的要求，小基站可以集成传输、供电、防雷等功能，也可以将传输、供电、防雷功能拉远，单独部署小基站。小基站的外观可采用方形、球形等多种形态，方便与周围环境融合。

（3）灵活的基站回传

部署小基站时，传输最具有挑战性。其原因在于部署小基站灵活，大多数小基站站点尚不具备传输条件，传输解决方案需要具备灵活性强、低成本、易部署、高QoS等特点。

小基站"最后一公里"的解决方案包括有线回传和无线回传。当站点具备有线回传的条件时，优先选择有线回传。有线回传主要包括光纤、以太网线、双绞线和电缆。

光纤作为基站传输的主流方式，我们建议优先选择光纤。光纤可以直接选择P2P光纤到站，也可以采用xPON实现光纤到站，同时在站点部署光网络单元（Optical Network Unit，ONU）。

无线回传部署虽然灵活，但是可靠性比有线回传低。无线回传解决方案主要包括微波、蜂窝网络、Wi-Fi等。常规频段微波（6GHz～42GHz）适用于大多数场景下的无线回传，

V-Band（60GHz）和 E-Band 微波（80GHz）是高频段微波，具有大容量、频谱费用低廉和适合密集部署的特点，在短距离、高带宽小基站部署场景下有较高的成本优势。在有 2.6G/3.5G TDD 频谱、非视距（Non Line of Sight，NLOS）、一点到多点（Point-to-Multipoint，P2MP）的情况下，可考虑采用 LTE 回传方式，也可采用 Sub-6GHz 频段微波实现非视距回传在以数据业务为主的低成本部署场景中可采用 Wi-Fi 回传。

（4）SON 特性

为了满足 MBB 的需要，据预测，在未来 5 年内，小基站的数量有可能会超过宏站。易部署、易运维等自组织网络（Self-Organizing Network，SON）特性是降低未来海量小基站端到端成本的关键。

首先，小基站能够自动感知周围的无线环境，自动完成频点、扰码、邻区、功率等无线参数的规划和配置。

其次，与宏站相比，小基站开站更加容易，只需安装人员在现场打开电源即可，无须做任何配置工作。

最后，小基站能够自动感知周围无线环境的变化。例如，在周边增加新基站时，会自动进行网络优化，自动调整扰码、邻区、功率、切换等参数，确保实现网络的 KPI 目标。

（5）宏微协同

电信运营商可以通过 HetNet 来逐渐提升网络的容量，满足用户对 MBB 流量不断提升的需求。当话务热点只是一些零星的区域时，可以通过少量增加小基站，即可满足用户的容量需求。这时，宏基站和小基站可以采用同频部署。为了控制同频部署下宏基站与小基站之间的干扰，需要在宏基站和小基站之间采用协同方案。在 Cloud BB 架构下，宏基站与小基站通过紧密的协同可以进一步提升 HetNet 的容量和用户体验。当话务热点增多时，需要在宏站覆盖的范围内部署更多数量的小基站，以便获取更大的系统容量。

（6）有源天线系统（Active Antenna System，AAS）

MIMO 作为无线网络提升频谱效率以及单站点容量的关键技术，已经在网络中规模商用。MIMO 存在多种方式，基本要求基站收发多通道化、天线阵列化，特别是高阶多输入多输出（Higher-Order Multiple-Input Multiple-Output，HO-MIMO），系统根据空口信道情况自适应选择收发模式和天线端口。

对于小基站来说，不同的 MIMO 技术带来的容量增长潜力非常可观。小基站的无线环境客观上能更加有效地发挥 MIMO 技术的容量潜力，结合小基站的站点体积诉求，电信运营商对 AAS 小基站产品的商用需求更加迫切。

AAS 小基站为未来 SON 提供了硬件支撑。结合 SON 功能后，小基站可以根据网络状况进行自适应的覆盖调整，进一步提升运维效率、降低运维成本，使小基站高效分流。

（7）下一代室内解决方案

据预测，由于 70%～80% 的 MBB 业务流量发生在室内，电信运营商需要重点解决室内容量问题：对于小型热点区域，电信运营商可以采用小基站室外覆盖室内、室内直接部署 Pico 等方案；对于大型建筑的室内覆盖场景，电信运营商通常采用分布式天线系统（Distributed Antenna System，DAS）。DAS 可以提供比较好的覆盖及 KPI，但 DAS 的部署很困难，容量增长能力有限，未来的关键技术能力（例如，MIMO 等）演进受限。同时，室内无法管控 DAS，因为定位比较困难，降低了用户的满意度，并增加了总拥有成本（Total Cost Ownership，TCO）。

随着室内热点容量的不断增长，下一代室内解决方案将可能在分布式基站的基础上通过引入远端射频单元降低部署难度。同时，通过软件配置远端单元，可以实现容量的灵活扩容。更重要的是，下一代室内解决方案全程可管可控，在集中维护中心就可以实现对所有远端单元的故障定位和修复。

综上所述，MBB 时代对未来蜂窝网络在容量和用户体验上提出了前所未有的要求，HetNet 是满足这些要求的必由之路。通过采用高精度的话务分布地图，能够将小基站精准部署在话务热点，是保证小基站分流宏站容量的前提；通过合适的宏微协同方案，在提升网络容量和用户体验的基础上最大限度地降低对已有网络 KPI 的影响；一体化小基站集成了灵活的站点回传、供电、天馈、防雷等方案，能够最大限度地降低对小基站站点的要求和部署成本；室内是未来 MBB 业务发生的重点区域，下一代室内解决方案在部署灵活性、容量平滑演进、远端故障定位及修复上有明显的优势。

2. C-RAN 架构

随着网络规模的扩大、业务的增长，无线接入网建设正面临着新的挑战：网络建设及扩容速度跟不上数据业务的增长速度，造成网络质量下降，影响了用户的感受；站址密度增大，天线林立，基站选址越来越困难；话务"潮汐"效应明显，无线资源得不到充分利用。为了满足不断增长的无线宽带业务需求，不断增加基站数量，大量的基站导致了较高的能耗。原有的无线接入网已经无法解决上述挑战，因此需要引入新的无线接入网网络架构以适应新的环境。

在这种背景下，2010 年 4 月，中国移动正式发布了"面向绿色演进的新型无线网络架构 C-RAN 白皮书"，阐述了对未来集中式基带处理网络架构技术发展的愿景。它有以下 4 个目标：

（1）降低能源消耗，减少资本支出和运营支出；

（2）提高频谱效率，增加用户带宽；

（3）开放平台，支持多标准和平滑演进；

（4）更好地支持移动互联网服务。

C-RAN 技术直接从网络结构入手，以基带集中处理方式共享处理资源，减少能源消耗，提高基础设施的利用率。随着研究的深入，C-RAN 技术概念不断地被充实并被赋予新的内涵。

（1）C-RAN 的技术概念

C-RAN 的架构主要包括 3 个组成部分：由远端射频单元（Remote Radio Unit，RRU）和天线组成的分布式无线网络；由高带宽、低时延的光传输网络连接远端射频单元；由高性能通用处理器和实时虚拟技术组成的集中式基带处理池。C-RAN 的架构如图 2-2 所示。

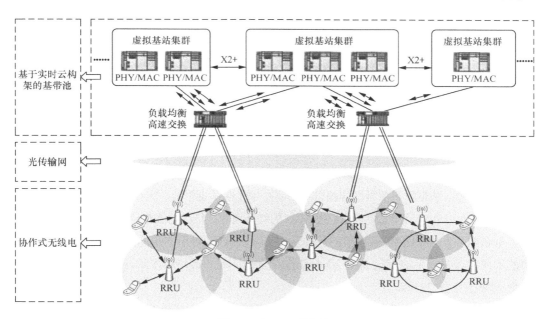

图2-2 C-RAN的架构

分布式的远端射频单元提供了一个高容量、广覆盖的无线网络。由于这些单元灵巧轻便，便于安装和维护，可以降低系统资本性支出（Capital Expenditure，CAPEX）和企业的管理支出（Operating Expense，OPEX），因此可以大范围、高密度地使用。高带宽、低时延的光传输网络需要将所有的基带处理单元和远端射频单元连接起来。

基带池由通用高性能处理器构成，通过实时虚拟技术连接在一起，集合成异常强大的处理能力来为每个虚拟基站提供所需的处理性能需求。集中式的基带处理大幅减少了需要的基站站址中机房需求，并使资源聚合和大范围协作式无线收发技术成为可能。

（2）C-RAN 中"C"的4重含义

C-RAN 中的"C"目前有4重含义，即基于集中化处理（Centralized Processing）、协作式无线电（Collaborative Radio）和实时云计算架构（Real-time Cloud Infrastructure）的绿色无线接入网架构（Clean System）。

这4个"C"非常形象、具体地介绍了C-RAN的特点。通过有效地减少机站的数量、降低耗电、减少占用机房的空间，采用虚拟化、集中化和协作化的技术，实现资源的有效共享。通过一系列技术的提升，降低成本，提升整个服务网络的运用，包括网络的管理维护、网络运营的灵活性等，确保运营持续高效的发展。在基站的层面，主要采用集中化和虚拟化的技术，把基站集中起来构建一个大的基站资源企业，同时采用虚拟化集群，这样多个基站群之间可以进行资源的共享和调度，有效减少了机房的设备，节省了资源，提升了资源的利用率。现在，高速的数据业务发展是一个必然的趋势，所以可以用传输网保障带宽的要求。采用无线电技术可以在网络中多个射频单元采用协作方式，同时为多个终端提供服务。

（3）C-RAN 的关键技术及其特点

① 低成本的光网络传输技术

在基带单元（Building Base band Unite，BBU）和射频单元（RRU）之间传输的是高速的基带数字信号，基带数字信号的传输带宽主要是由无线系统带宽、天线配置和信号采样速率决定的。除此以外，工程上还必须考虑RRU的级联问题，级联的级数越多，传输带宽越宽。

基带数字信号传输还有较严格的传输时延、抖动和测量方面的要求。通常，用户平面的数据往返时间不能超过5μs。在时延校准方面，每条链路或多跳连接的往返时延测量精度应满足 ±16.276ns。

在可靠性方面，为确保任一光纤单点故障条件下整个系统仍能工作，BBU 与 RRU 之间的传输链路应采用光纤环网保护，通过不同管道的主、备光纤实现链路的实时备份。

C-RAN 要实现低成本的光网络传输技术，因此 BBU 和 RRU 之间 CPRI/Ir/OBRI 接口的高速光模块的实现方案将成为影响这个系统经济性的重要环节。当前可行的部署方案有光纤直驱模式、WDM 传输模式、基于 UniPon 等多种传输模式。

② 基带池互联技术

集中化基带池互联技术需要建立一个高容量、低时延的交换矩阵。如何实现交换矩阵中各 BBU 间的互联是基带池互联技术需要解决的首要问题，另外，还应控制技术实现的成本。目前，有一种思路是采用分布式的光网络，将 BBU 合并成一个较大的基带池。

基带池互联技术还需要开发专用的系统协议支持多个 BBU 资源间的高速、低时延调度、互通，实现业务负载的动态均衡。

③ 协作式无线信号处理技术

协作式无线信号处理技术可以有效抑制蜂窝系统的小区间干扰，提高系统的频谱效率。目前，多点协作技术在学术界已进行了较为广泛的研究。多点协作算法需要在系统增益、回传链路的容量需求和调度复杂度之间做平衡。

在该技术的研究中，目前主要考虑联合接收 / 发送以及协作式调度 / 协作式波束赋形两种方式。

协作式无线信号处理技术目前距离实际使用仍有一定的差距，一些重要的技术问题仍在 3GPP 中进行研究和讨论。要实现协作式无线信号处理技术的实际运用，还要知道如何实现高效的联合处理机制。具体方法如下所述：

- 下行链路信道状态信息的反馈机制；
- 多小区用户配对和联合调度；
- 多小区协作式无线资源和功率分配算法。

④ 基站虚拟化技术

基站虚拟化技术的基础是高性能、低功耗的计算平台和软件无线电技术。从网络的视角来看，基站不再是一个个独立的物理实体，而是基带池中某一段或几段抽象的处理资源。网络根据实际的业务负载，动态地将基带池的某一部分资源分配给对应的小区。

计算平台在实现方面主要有两种思路：DSP 方案和通用处理器（General Purpose Processor，GPP）方案。

基站虚拟化最终的目标是形成实时数据信号处理的基带云。一个或多个基带云中的处理资源由一个统一的虚拟操作系统调度和分配。基带云智能识别无线信号的类型并分配相应的处理资源，最终实现全网硬件资源的虚拟化管理。

⑤ 分布式业务网络

分布式业务网络（Distributed Service Network，DSN）的设想来自互联网。目前，已经存在的内容分发网络（CDN）通过在网络边缘存储内容，减少不必要的重复内容传送，

以控制网络的整体流量和时延。C-RAN 寄希望于将分布式服务网络技术与云化的 RAN 架构相结合，将无线侧产生的大量移动互联网流量移出核心网，以某种最优的方案在 RAN 中实现经济有效的内容传送，达到为核心网和传输网智能减负的目的。

分布式业务网络需要网络能够智能识别边缘业务中的目标应用和业务类别，并根据业务的优先级区别处理。

2.3.3 网络扁平化

移动通信最初的网络结构只是为语音业务设计的。在这个时期，电信运营商 70% 的业务收入都来源于语音业务。随着通信技术的不断更新和社会的不断进步，传统简单的语音业务已不能满足人们的需求。特别是近几年，互联网在全世界范围内迅速普及，各类新业务和新应用层出不穷，未来，互联网业务将延续其蓬勃发展的趋势，无论是在有线网络还是移动网络，互联网数据业务都已经成为网络所承载流量的主要部分。

因此未来网络的架构应充分考虑互联网业务的特点。互联网业务具有广播的特点，大部分的内容都存储在互联网中的各个大型服务器上，用户通过网络访问这些服务器，根据需求选取相应的内容。大量用户访问内容相同的庞大数据，现有移动通信网络架构下的核心网、基站回传链路等汇聚节点已经成为流量的瓶颈。为解决这种问题，需要改变传统移动通信的网络架构，内容和交换应该向网络边缘转移，采用分布式的流量分配机制使信息更靠近用户，这样有利于减小汇聚节点的流量压力，消除网络流量的瓶颈。

结合网络架构的改变和设备功能形态的发展，未来，移动通信网络将由"众多功能强大的基站"和"一个大型服务器"组成。其中，基站的功能是负责用户的接入和通信，基站设备的特征：一是小型化，可以安装在各种场景中，与周围环境更好地融合；二是功能强大，集信息交换、通信安全、用户和计费管理等功能于一体。而服务器负责协调所有基站的配置，网络架构将进一步扁平化：一是去除传统的汇聚节点，无线基站直接接入高速互联网分组交换的骨干网络；二是相互连接，所有的基站通过 IP 地址实现相互的寻址和连接通信。

2.3.4 网格化组网

网格化组网的思路是根据工业区、商业区、高价值小区、住宅区等功能将城市划分为若干个网格。规划网络时，每一个网格内至少建设 1 ～ 2 个汇聚机房，基站设备采用分布式组网方式将网格内新增的 BBU 集中放置于汇聚机房组成的基带池，基带资源互联互通成高容量、低时延、灵活拓扑、低成本的互联架构。用光纤拉远的方式将 RRU 建设于本网格内需要覆盖的位置。

　　网格化组网的系统架构主要由远端射频单元（RRU）与天线组成的分布式无线网络、具备高带宽和低时延的光传输网络连接远端 RRU、近端集中放置的 BBU 三大部分组成。与传统的建设模式相比，网格化组网的优势主要体现在以下 4 个方面。

　　（1）降低运营商资本支出和运维成本：网格化组网将基地资源集中放置于汇聚机房，站址只保留天面，可以有效减少站址机房建设和租赁带来的成本压力。

　　（2）降低网络能耗：网格化组网可以极大减少机房的数量，相关配套设备也随之减少，特别是空调的减少对网络节能降耗的作用明显。

　　（3）负载均衡和干扰协调：无线网络可以根据网格内无线业务负载的变化进行自适应均衡处理，同时能对网格内的无线资源进行联合调度和干扰协调，从而提高无线的利用率和网络性能指标。

　　（4）缩短基站的建设工期：网格化组网方式灵活，可有效解决基站选址的难题，从而缩短建设工期，实现快速运营。

2.3.5　自组织网络

　　为了减少人为干预及降低运营成本，在 4G 标准化阶段，移动通信运营商提出了自组织网络（Self-Organizing Network，SON）。它将在未来的 5G 中实现大规模应用。移动通信运营商理想中的网络是可以实现自配置、自优化、自愈合以及自规划，从而可以在没有技术专家协助的情况下快速安装基站和快速配置基站运行所需的参数，可以快速且自动地发现邻区，可以在网络出现故障后自动实现重配置，可以自动优化空口上的无线参数等。

　　利用 SON 技术，网络可以实现以下功能。

　　（1）自配置：新基站可以自动整合到网络中，自动建立与核心网之间、相邻基站之间的连接以及自动配置。

　　（2）自优化：在用户终端（UE）和基站（eNB）测量的协助下，在本地 eNB 层面和网络管理层面自动调整优化网络。

　　（3）自愈合：实现自动检测、定位和去除故障。

　　（4）自规划：在容量扩展、业务检测、优化结果等触发下，动态地重新进行网络规划并执行。

为了在 4G 中实现 SON 功能，3GPP 在 SA（业务与系统方面）工作组下设置了 SON 工作子组对 SON 功能的研究和标准化。目前，在 4G 网络中确定的 SON 标准主要有以下 5 个。

（1）eNB 自启动。按照相关标准，一个新 eNB 在进入网络时可以自动建立 eNB 和网元管理之间的 IP 连接，可以自动下载软件，自动下载无线参数和传输配置相关数据。它也可以支持 X2 和 S1 接口的自动建立。在完成建立后，eNB 可以自检工作状态并给网管中心报告相应的检查结果。

（2）自动邻区关系（Automatic Neighbor Relation，ANR）管理。它可以实现 LTE 小区间和 LTE 小区与 2G/3G 小区间的邻区关系的自动建立，帮助电信运营商减少对传统手动邻区配置的依赖。

（3）PCI 自配置与自优化。PCI 自动分配可以采用集中式方案，由网管根据站址分布、小区物理参数和地域特征参数来进行统一计算，一旦网元自启动后可直接将可用的 PCI 分配到小区。PCI 的冲突和混淆可以在网络运行中由 UE 上报，通过邻区 X2 接口报告发现冲突或者通过其他方式获取。一旦出现混淆，网元上报给网管系统，由网管系统集中安排 PCI 优化的计算和配置。

（4）自优化。自优化主要包括移动性负载均衡（Mobility Load Balancing，MLB）、随机接入信道（Random Access Channel，RACH）优化和移动健壮性优化（Mobility Robustness Optimization，MRO）功能。通过自优化，每个基站可以根据当前的负载和性能统计情况调整参数、优化系统性能。基站的自优化需要在操作维护管理（Operation Administration and Maintenance，OAM）的控制下进行。基于对网络性能测量及数据收集，OAM 可以在必要时启动或终止网络自优化操作；同时，基站对参数的调整也必须在 OAM 允许的取值范围内进行。

（5）自治愈。自治愈是指 OAM 持续监测通信网络，一旦发现可以自动解决的故障，就启动对相关必要信息的收集，例如，错误数据、告警、跟踪数据、性能测量、测试结果等，并进行故障分析，根据分析结果触发恢复动作。自治愈功能同时也将监测恢复动作的执行结果，并根据执行结果进行下一步操作。如有必要，可以撤销恢复动作。目前，4G 规范了两种自治愈触发场景：一种是由于软、硬件异常告警触发的自治愈；另一种是小区退服触发的自治愈。相应的，一些可用的自动恢复方法有：根据告警信息定位故障，采用软件复位或切换到备份硬件等方式进行故障恢复；调整相邻小区的覆盖，补偿退服小区的网络覆盖等。

2.3.6　无线 MESH 网络

无线 MESH 网络由路由器（Mesh Routers）和客户端（Mesh Clients）组成。其中，路由器构成骨干网络，负责为客户端提供多跳的无线连接，因此也称为"多跳（Multi-Hop）"网络。它是一种与传统无线网络完全不同的新型无线网络技术，主要应用在 5G 网络连续广域覆盖和超密集组网场景中重要的无线组网候选技术之一。无线 MESH 组网如图 2-3 所示。

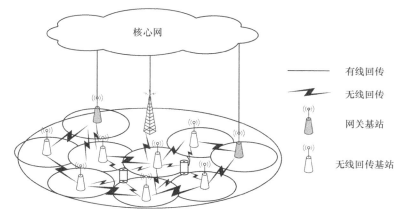

图2-3　无线MESH组网

无线 MESH 网络能够构建快速、高效的基站间无线传输网络，提高基站间的协调能力和效率，降低基站间进行数据传输与信令交互的时延，提供更加动态、灵活的回传选择，进一步支持在多场景下的基站即插即用，实现易部署、易维护、用户体验轻松愉快和一致的轻型网络。

5G 中的无线 MESH 技术包括以下 4 个方面的内容：

（1）无线 MESH 网络中无线回传链路与无线接入链路的联合设计与联合优化，例如，基于容量和能效的接入与回传资源协调性优化等；

（2）无线 MESH 网络回传网络拓扑管理与路径优化；

（3）无线 MESH 网络回传网络资源管理；

（4）无线 MESH 网络协议架构与接口研究，包括控制面与用户面。

2.3.7　按需组网

多样化的业务场景给 5G 网络提出了多样化的性能要求和功能要求。5G 核心网应具备面向业务场景的适配能力，同时能够针对每种 5G 业务场景，提供恰到好处的网络控制功能和性能保证，从而实现按需组网的目标，网络切片技术是按需组网的一种实现方式。

网络切片是利用虚拟化技术将网络物理基础设施资源根据场景需求虚拟化为多个相互独立的平行的虚拟网络切片。每个网络切片按照业务场景的需要和话务模型进行网络功能的定制剪裁和相应网络资源的编排管理。一个网络切片可以看作是一个实例化的 5G 核心网架构，在一个网络切片内，电信运营商可以进一步灵活地分割虚拟资源，并根据需求创建子网络。

网络编排功能实现对网络切片的创建、管理和撤销，电信运营商首先根据业务场景的需求生成网络切片模板，切片模板包括了该业务场景所需的网络功能模块，各网络功能模块之间的接口以及这些功能模块所需的网络资源，然后网络编排功能根据该切片模板申请网络资源，并在申请到的资源上进行实例化创建虚拟网络功能模块和接口。按需组网结构如图 2-4 所示。

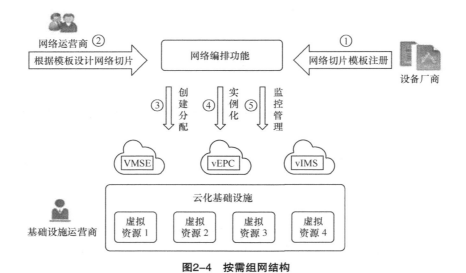

图2-4 按需组网结构

网络编排功能模块能够对形成的网络切片进行监控管理，能够根据实际业务量对上述网络资源的分配进行扩容、缩容动态调整，并在网络切片的生命周期到期后将其撤销。网络切片划分和网络资源分配不合理的问题可以通过大数据驱动的网络优化来解决，这样有利于实现自动化运维、及时响应业务和网络的变化、保障用户体验并提高网络资源的利用率。

按需组网技术具有以下优点：

（1）根据业务场景需求对所需的网络功能进行定制剪裁和灵活组网，实现业务流程和数据路由的最优化；

（2）根据业务模型对网络资源进行动态分配和调整，提高网络资源的利用率；

（3）隔离不同业务场景所需的网络资源，提供网络资源保障，增强整体网络的健壮性和可靠性。

需要注意的是，基于网络切片技术所实现的按需组网，改变了传统的网络规划、部署和运营维护模式，对网络发展规划和网络运维提出了新的要求。

2.4　无线资源调度与共享

无线资源调度与共享技术是通过在 5G 无线接入网采用分簇化集中控制、无线网络资源虚拟化和频谱共享技术实现对无线资源的高效控制和分配，从而满足各种典型应用场景和业务指标要求。

2.4.1　分簇化集中控制

基于控制与承载相分离的思想，通过分簇化集中控制与管理功能模块，可以实现多小区联合的无线资源动态分配与智能管理。无线资源包括频谱资源、时域资源、码域资源、空域资源、功率资源等。通过综合考虑业务特征、终端属性、网络状况、用户喜好等多方面的因素，分簇化集中控制与管理功能将实现以用户为中心的无线资源动态调配与智能管理，形成跨多小区的数据自适应分流和动态负荷均衡，进而大幅度提升无线网络整体资源的利用率，有效解决系统干扰的问题，提升系统的总体容量。在实际部署网络的过程中，依据无线网络拓扑的实际情况和无线资源管理的实际需求，分簇化集中控制与管理模块可以灵活地部署于不同无线网络的物理节点中。对于分布式基站部署场景，每个基站都有完整的用户面处理功能，基站可以根据站间传输条件进行灵活、精细的用户级协同传输，实现协作式的多点传输技术，有效提高系统频谱的效率。

2.4.2　无线网络资源虚拟化

通过对无线资源、无线接入网平台资源和传输资源的灵活共享与切片，构建适应不同应用场景需求的虚拟无线接入网，进而满足差异化运营需求，提升业务部署的灵活性，提高无线网络资源的利用率，降低网络建设和运维成本。不同的虚拟无线网络之间保持高

度严格的资源隔离，可以采用不同的无线软件算法。

2.4.3 频谱共享

在各种无线接入技术共存的情况下，根据不同的应用场景、业务负荷、用户体验、共存环境等，动态使用不同无线接入技术的频谱资源，达到不同系统的最优动态频谱配置和管理功能，从而实现更高的频谱效率以及干扰的自适应控制。控制节点可以独立地控制或者基于数据库提供的信息来控制频谱资源的共享与灵活调度，基于不同的网络架构实现同一个系统或不同系统间的频谱共享，进行多优先级动态频谱分配与管理、干扰协调等。

2.5 机器类型通信

2.5.1 应用场景

机器类型通信（Machine Type Communication，MTC）区别于人和人（Human to Human，H2H）的通信方式，是指没有人参与的一种通信方式。这种通信方式的应用范围非常广泛，例如，智能自动抄表、照明管理、交通管理、设备监测、环境监测、智能家居、安全防护、智能建筑、移动 POS 机、移动售货机、车队管理、车辆信息通信、货物管理等，是在没有人干预的情况下自动进行的通信。

2.5.2 关键技术

随着 M2M 终端以及业务的广泛应用，未来移动通信网络中连接的终端数量会大幅提升。海量 M2M 终端的接入会引起接入网或核心网过载和拥塞，这不但会影响普通移动用户的通信质量，还会造成用户接入网络困难甚至无法接入。解决海量 M2M 终端接入的问题是 M2M 技术应用的关键问题。目前，业界对于 M2M 的重点研究内容主要包括以下 7 个方面。

1. 分层调制技术

MTC 业务类型众多，不同类型业务的 QoS 要求也有很大的差异，可以考虑将 MTC 信息分为基本信息和增强信息两类。当信道环境比较恶劣时，接收机可以获得基本信息以满足基本的通信需求；而当信道环境比较好时，接收机则可以获得基本信息和增强信

息，在提高频谱效率的同时为用户提供更好的服务体验。

2. 小数据包编码技术

小数据包编码技术研究的是适应于小数据包特点的编码技术方案。

3. 网络接入和拥塞控制技术

大量的 M2M 终端随机接入的时候将会对网络产生巨大的冲击，致使网络的资源不能满足需求。因此如何优化目前的网络，使之能适应 M2M 各种场景是未来 M2M 需要解决的关键技术之一。目前的解决方案主要包括接入控制方案、资源划分方案、随机接入回退（Backoff）方案、特定时隙接入方案等。另外，还有针对核心网拥塞的无线侧解决方案。

4. 频谱自适应技术

未来，在异构网络的环境下，各种不同频段的无线接入技术汇聚在一起，终端会拥有多个频段。同样，MTC 由于其广泛的应用和类型的多样性决定了它会有应用于各种不同类型的频谱资源，而终端通过频谱自适应技术可以充分利用有限的频谱资源。

5. 多址技术

在未来的移动通信系统中，M2M 终端业务一般具有小数据包业务的特性，而基于CDMA 的技术在支持海量 M2M 方面相比 OFDM 具有天然的优势。

6. 异步通信技术

M2M 终端对能耗非常敏感，再考虑到 M2M 业务包通常都比较小，具有突发性强的特点，因此像 H2H 终端那样，要求 M2M 终端总是与网络保持同步状态通信是不合适的。

7. 高效调度技术

为了减小系统开销、提高调度的灵活性，应针对适应 M2M 业务的自主传输技术、多帧 / 跨帧调度技术等开展相关研究。

2.6　终端直通技术

2.6.1　应用场景

终端直通技术（Device-to-Device，D2D）是指邻近的终端可以在近距离范围内通过直连链路传输数据的方式而非中心节点（即基站）转发。D2D 技术本身的短距离通信特

点和直接通信的方式使其具有以下优势：

（1）终端近距离直接通信方式可以实现较高的数据传输速率、较低的时延和较低的功耗；

（2）利用网络中广泛分布的用户终端以及 D2D 通信链路的短距离特点，可以实现频谱资源的有效利用，获得资源空分复用增益；

（3）D2D 能够适应如无线 P2P 等业务的本地数据共享需求，提供具有灵活适应能力的数据服务；

（4）D2D 能够利用网络中数量庞大且分布广泛的通信终端拓展网络的覆盖范围。

因此在未来的 5G 系统中，D2D 必然将以具有传统的蜂窝通信不可比拟的优势，在实现大幅度的无线数据流量增长、功耗降低、实时性、可靠性增强等方面起到不可忽视的作用。

D2D 是在系统控制下，运行终端之间通过复用小区资源直接进行通信的一种技术，这种技术不需要基站转接就可以直接实现数据交换并提供服务。D2D 可以有效减轻蜂窝网络的负担，减少移动终端的电池功耗，增加比特速率，提高网络基础设施的鲁棒性。

2.6.1.1　D2D实际应用过程中的主要困难

D2D 在实际应用过程中，将面临的主要困难如下所述。

1. 链路建立问题

在蜂窝通信融合 D2D 通信的系统中，首先需要解决的问题就是链路建立的问题。传统的 D2D 链路具有较长的时延，而且由于 D2D 信道探测是盲目的，而系统缺乏终端的位置信息，成功建立的概率较低，导致信令开销和无线资源的浪费较多。

2. 资源调度问题

何时启用 D2D 通信模式，D2D 通信如何与蜂窝通信共享资源，是采用正交的方式还是复用的方式，是复用系统的上行资源还是复用系统的下行资源，这些问题都增加了 D2D 辅助通信系统资源调度的复杂性和对小区用户的干扰情况，直接影响到用户的使用体验。

3. 干扰抑制问题

为了解决多小区 D2D 通信的干扰抑制问题，在合理分配资源前需要对全局信道状态信息（Channel Status Information，CSI）有一个准确的了解。目前的基站协作技术虽然可以实现这个功能，但是还存在着精确度、能耗等方面的问题。因此如何解决这些问题，从而更好地支持 D2D、达到绿色通信的目的将会是未来研究的难点。

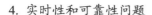

4. 实时性和可靠性问题

在 D2D 通信过程中，如何根据用户需求和服务类型实现实时性和可靠性也是应用的难点。

对 D2D 进行扩展，即多用户间协同／合作通信（Multiple Users Cooperative Communication, MUCC）是指终端和基站之间的通信可以通过其他终端进行转发的通信方式。每个终端都可以支持为多个其他的终端转发数据，同时也可以被多个其他终端所支持。D2D 可以在不更改现有网络部署的前提下提升频谱效率以及小区的覆盖水平。

D2D 技术应用难点主要体现在以下 3 个方面。

（1）安全性：发送给某个终端的数据需要通过其他终端转发，这涉及用户数据是否会泄露的问题。

（2）计费问题：经过某个终端转发的数据流量如何进行清晰的计费也是影响 MUCC 技术应用的一个重要问题。

（3）多种通信方式支持：MUCC 应当支持多种通信方式，以实现其在不同场景的应用，例如，LTE、D2D、Wi-Fi 直连、蓝牙等。

2.6.1.2　5G网络中可采用的D2D主要应用场景

结合目前无线通信技术的发展趋势，5G 网络中可考虑采用 D2D 的主要应用场景包括以下 4 个方面。

1. 本地业务

本地业务（Local Service）一般可以理解为用户面的业务数据不经过网络侧（例如，核心网）而直接在本地传输。

本地业务的一个典型应用案例是社交应用，基于邻近特性的社交应用可看作 D2D 最基本的应用场景之一。例如，用户通过 D2D 的发现功能寻找邻近区域的感兴趣的用户；通过 D2D 通信功能可以进行邻近用户之间的数据传输，例如，内容分享、互动游戏等。

本地业务的另一个基础应用场景是本地数据传输。本地数据传输利用 D2D 的邻近特性及数据直通特性，在节省频谱资源的同时扩展移动通信的应用场景，为电信运营商带来新的业务增长点。例如，基于邻近特性的本地广告服务可以精确定位目标用户，使广告效益最大化；进入商场或位于商户附近的用户即可接收到商户发送的商品广告、打折促销等信息；电影院可以向位于其附近的用户推送影院排片计划、新片预告等信息。

本地业务的另一个应用是蜂窝网络流量卸载（Offloading）。在高清视频等媒体业务日

益普及的情况下，其大流量特性也给运营商核心网和频谱资源带来了巨大的压力。基于D2D技术的本地媒体业务利用D2D通信的本地特性节省电信运营商的核心网及频谱资源。例如，在热点区域，电信运营商或内容提供商可以部署媒体服务器，时下热门的媒体业务可存储在媒体服务器中，而媒体服务器则以D2D模式向有业务需求的用户提供媒体业务；用户还可借助D2D从邻近的已获得媒体业务的用户终端处获得该媒体内容，从而缓解电信运营商蜂窝网络的下行传输压力。另外，近距离用户之间的蜂窝通信也可以切换到D2D通信模式，以实现对蜂窝网络流量的卸载。

2. 应急通信

当极端的自然灾害发生时，传统的通信网络基础设施往往也会受损，甚至发生网络拥塞或瘫痪，从而给救援工作带来很大的障碍。D2D的引入有可能解决这个问题。如果通信网络基础设施被破坏，终端之间仍然能够采用D2D连接，从而建立无线通信网络，即基于多跳D2D组建Ad-Hoc网络，保证终端之间无线通信的畅通，为灾难救援提供保障。另外，受地形、建筑物等多种因素的影响，无线通信网络往往会存在盲点。通过一跳或多跳D2D，位于覆盖盲区的用户可以连接到位于网络覆盖内的用户终端，借助该用户终端连接到无线通信网络。

3. 物联网增强

移动通信的发展目标之一是建立一个包括各种类型终端的广泛的互联互通的网络，这也是当前在蜂窝通信框架内发展物联网的出发点之一。业界预计在2020年全球范围内会存在大约500亿个蜂窝接入终端，而其中的大部分将是具有物联网特征的机器通信终端。如果D2D与物联网结合，则有可能产生和建立真正意义上的互联互通无线通信网络。

针对物联网增强的D2D通信的典型场景之一是车联网中的车辆对车辆（Vehicle-to-Vehicle，V2V）通信。例如，在高速行车时，车辆的变道、减速等操作动作可通过D2D通信的方式发出预警，车辆周围的其他车辆基于接收到的预警对驾驶员提出警示，甚至在紧急情况下对车辆进行自主操控，以缩短行车中面临紧急状况时驾驶员的反应时间，降低交通事故的发生率。另外，通过D2D，车辆可以更准确地发现和识别其附近的特定车辆。例如，经过路口时的具有潜在危险的车辆、具有特定性质的需要特别关注的车辆（例如，载有危险品的车辆或者载有学生的校车）等。

D2D基于其终端直通以及在通信时延、邻近发现等方面的特性，应用于车辆安全等领域具有明显优势。

在万物互联的 5G 网络中，由于存在大量的物联网通信终端，网络的接入负荷成为严峻的问题之一，基于 D2D 的网络接入有望解决这个问题。例如，在巨量终端需要接入网络的场景中，大量存在的低成本终端不是直接接入基站，而是通过 D2D 方式接入邻近的特殊终端，通过该特殊终端建立与蜂窝网络的连接。如果多个特殊终端在空间上具有一定的隔离度，则用于低成本终端接入的无线资源可以在多个特殊终端间重用，不但能缓解基站的接入压力，而且还能够提高频谱的效率。与目前 4G 网络中微小区（Small Cell）架构相比，这种基于 D2D 的接入方式具有更高的灵活性和更低的成本。

例如，在智能家居应用中，可以由一台智能终端充当特殊终端；具有无线通信能力的家居设施等均以 D2D 的方式接入该智能终端，而该智能终端则以传统蜂窝通信的方式接入基站。基于蜂窝网络的 D2D 通信的实现有可能为智能家居行业的产业化发展带来实质性突破。

4. 其他场景

5G 网络中的 D2D 应用还包括多用户 MIMO 增强、协作中继、虚拟 MIMO 等潜在场景。例如，在传统多用户 MIMO 技术中，基站基于终端各自的信道反馈，确定预编码权值，消除多用户之间的干扰。引入 D2D 后，配对的多用户之间可以直接交互信道状态信息，使终端能够向基站反馈联合的信道状态信息，提高多用户 MIMO 的性能。

另外，D2D 应用可协助解决新的无线通信场景的问题及需求。例如，在室内定位领域，当终端位于室内时，终端通常无法获得卫星信号，因此传统的基于卫星定位的方式将无法工作。基于 D2D 的室内定位可以通过预部署的已知位置信息的终端或者位于室外的普通已定位终端确定待定位终端的位置，通过较低的成本实现 5G 网络中对室内定位的支持。

2.6.2　关键技术

针对前面描述的应用场景，涉及接入侧的 5G 网络 D2D 技术的潜在需求主要包括以下几个方面。

2.6.2.1　D2D 发现技术

实现邻近 D2D 终端的检测及识别。对于多跳 D2D 网络，需要与路由技术结合考虑；同时考虑满足 5G 特定场景的需求，例如，超密集网络中的高效发现技术、车联网场景中的超低时延需求等。

2.6.2.2 D2D同步技术

在一些特定场景中，例如，覆盖外场景或者多跳 D2D 网络，在对保持系统的同步特性方面带来比较大的挑战。

2.6.2.3 无线资源管理

未来的 D2D 可能会包括广播、组播、单播等通信模式以及多跳、中继等应用场景，因此调度及无线资源管理问题相较于传统蜂窝网络会有较大的不同，也会更复杂。

2.6.2.4 功率控制和干扰协调

相较于传统的端对端（Peer to Peer，P2P）技术，基于蜂窝网络的 D2D 通信的一个主要优势在于干扰可控。不过，蜂窝网络中的 D2D 技术势必会给蜂窝通信带来干扰。在 5G 网络的 D2D 中，考虑到多跳、非授权 LTE 频段（LTE-U）的应用、高频通信等特性，对于功率控制及干扰协调问题的研究较为关键。

2.6.2.5 通信模式切换

通信模式切换包含 D2D 模式与蜂窝模式的切换、基于蜂窝网络 D2D 与其他 P2P（例如，WLAN）通信模式的切换、授权频谱 D2D 通信与 LTE-U D2D 通信的切换等方式。先进的模式切换能够最大限度地增强无线通信系统的性能。

2.7 云网络

2.7.1 SDN

2.7.1.1 SDN技术产生的背景

经过 30 多年的高速发展，互联网已经从最初满足简单互联网服务的"尽力而为"的网络逐步发展为能够提供包含文本、语音、视频等多媒体业务的融合网络，其应用领域也逐步向社会生活的各个方面渗透，深刻改变着人们的生产方式和生活方式。然而，随着互联网业务的蓬勃发展，基于 IP 的网络架构越来越无法满足高效、灵活的业务承载需求，网络发展面临一系列问题。

1. 管理运维复杂

由于 IP 技术缺乏管理运维方面的设计，网络在部署一个全局业务策略时需要逐一配置每台设备。随着网络规模的扩大和新业务的引入，这种管理模式很难实现对业务的高效管理以及对故障的快速排除。

2. 网络创新困难

由于 IP 网络采用"垂直集成"的模式，控制平面和数据平面深度耦合，在分布式网络控制机制下，想要引入任何一个新技术都要严重依赖现网设备，并且需要多个设备同步更新，结果导致新技术的部署周期较长（通常需要 3 ～ 5 年），这严重制约了网络的演进发展。

3. 设备日益繁杂

由于 IP 分组技术采用"打补丁"式的演进策略，随着设备支持的功能和业务越来越多，其复杂度显著增加。

为从根本上摆脱上述网络困境，业界一直在探索技术方案来提升网络的灵活性，其要义是打破网络的封闭架构，增强网络的灵活配置和可编程能力。经过多年的技术发展，软件定义网络（Software Defined Network，SDN）技术应运而生。

2.7.1.2　SDN技术的意义和价值

SDN 是由美国斯坦福大学 cleanslate 研究组提出的一种新型的网络创新架构，其核心技术 OpenFlow 通过将网络设备控制面与数据面分离开来，实现网络流量的灵活控制，并通过开放和可编程接口实现"软件定义"。SDN 整体架构如图 2-5 所示。

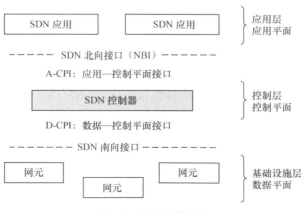

图2-5　SDN整体架构

从网络架构层次上看，SDN 典型的网络架构包括转发层（基础设施层）、控制层和应用层，该新型架构会对网络产生以下 3 个方面的影响。

1. 降低设备的复杂度

转发和控制相分离，使网络设备转发平面的能力要求趋于简化和统一，硬件组件趋于通用化，而且方便不同厂商设备互通，有利于降低设备的复杂度以及硬件成本。

2. 提高网络利用率

集中的控制平面可以实现海量网络设备的集中管理，使网络运维人员能够基于完整的网络全局视图实施网络规划，优化网络资源，提高网络利用率，降低运维成本。

3. 加速网络创新

一方面，SDN 通过控制平面可以方便地对网络设备实施各种策略，提高网络的灵活性；另一方面，SDN 提供开放的北向接口，允许上层应用直接访问所需的网络资源和服务，使网络可以满足上层应用的需求，提供更灵活的网络服务，加速网络创新。

2.7.1.3　SDN技术对网络架构的变革

SDN 技术是继 MPLS 技术之后在网络技术领域的一次重大技术变革，它从根本上对网络的架构产生冲击，具体体现在以下 3 个方面。

1. SDN 将打破原有的网络层次

基于集中式的控制，SDN 将提供跨域、跨层的网络实时控制，打破原有的网络分层、分域的部署限制。网络层次的打破将会进一步影响设备形态的融合和重新组合。

2. SDN 将改变现有网络的功能分布

随着诸多网络功能的虚拟化，在 SDN 控制器的调度下，网络业务功能点的部署将更加灵活。同时，在云计算等 IT 技术的支持下，复杂网络功能的集中部署也会进一步简化承载网络的功能分布。

3. SDN 分层解耦为未来网络的开放可编程提供了更大的想象空间

随着 5G、物联网、虚拟网络运营商等新技术、新业务、新运营模式的兴起，对网络的可编程和可扩展能力提出了更高的要求。SDN 技术发展需要从管理运营、控制选路、编址转发等多个层次上提供用户可定义和可编程的能力，实现完整意义的网络虚拟化。

2.7.1.4　SDN技术带来网络发展的新机遇

SDN 技术倡导的转发与控制分离、控制集中、开放可编程的核心理念为网络发展带来了新的机遇。

1. 提高网络资源利用率

SDN 技术独立出一个相对统一的网络控制平面，可以更有效地基于全局的网络视图进行网络规划，实施控制和管理，并通过软件编程实现策略部署的自动化，有效降低了网络的运维成本。

2. 促进云计算业务发展

SDN 技术有助于实现网络虚拟化，从而满足云计算业务对网络虚拟化的需求，对外提供"计算 + 存储 + 网络"的综合服务。

3. 提升端到端业务体验

SDN 集中控制和统一的策略部署能力使端到端的业务保障成为可能。结合 SDN 的网络开放能力，网络可与上层应用更好地协同，增强网络的业务承载能力。

4. 降低网元设备的复杂度

SDN 技术降低了对转发平面网元设备的能力要求，设备硬件更趋于通用化和简单化。

在引入 SDN 技术之后，可以高效利用移动通信网的网络带宽，提升业务编排和网络服务虚拟化能力，具体体现在以下 3 个方面。

（1）移动网：GGSN、PGW 等网管功能的硬件接口标准化，控制功能软件化，通过硬件与软件的灵活组合实现业务编排能力。

（2）承载网：提升带宽利用率，全局调度流量；提供给用户按需的虚拟网络，构建端到端的虚拟网络。

（3）传输网：构建高带宽利用率的动态传输网络，即时提供宽带，网络参数自适应流量大小和传输距离。

2.7.2　NFV

2.7.2.1　NFV的发展

电信运营商的网络通常采用的是大量的专用硬件设备，同时这些设备的类型还在不断增加。为不断提供新增的网络服务，电信运营商还必须增加新的专有硬件设备，并且为这些设备提供必需的存放空间和电力供应。但随着能源成本的增加、资本投入的增长、专有硬件设备的集成、操作复杂性的增加以及专业设计水平的欠缺使这种业务的建设模式变得越来越困难。

另外，专有的硬件设备存在生命周期限制的问题，需要不断地经历规划—设计开发—整合—部署的过程。而在这个漫长的过程中，专有的硬件设备并不会为整个业务带来收益。更为严重的是，随着技术和服务创新的需求的发展，硬件设备的可使用生命周期变得越来越短，这影响了新的电信网络业务的运营收益，也限制了在一个越来越依靠网络连通世界的新业务格局下的技术创新。

网络功能虚拟化（Network Function Virtualization，NFV）用以应对和解决上述这些问题。NFV 采用虚拟化技术，将传统的电信设备与硬件解耦，可基于通用的计算、存储、网络设备实现电信网络功能，提升管理和维护效率，增强系统的灵活性。

网络功能虚拟化利用 IT 虚拟化技术，将现有的各类网络设备功能整合进标准的工业 IT 设备。例如，高密度服务器、交换机（以上设备可以放于数据中心）、网络节点以及最终用户处。这将使传统网络传输功能运行在不同的 IT 工业标准服务器硬件上，并且使之可迁移，按需分布在不同位置，而无须安装新设备。

2.7.2.2　NFV的特点

NFV 技术强调功能而非架构，通过高度重用商用云网络（控制面、数据面、管理面的分离）以支持不同的网络功能需求。NFV 技术可以有效提升业务支撑能力，缩短网络建设周期。其主要特点表现在以下 3 个方面。

1. 业务发展

新业务、新服务能够快速加载：网元功能演变为软实体，新业务加载、版本更新可自动完成。

提供虚拟网络租赁等新业务：可将网元功能提供给第三方，并且可以根据需要动态调整容量大小。

2. 网络建设

缩短网络建设、扩容时间：网元功能与硬件解耦，可以统一建设资源池，根据需要分配资源，快速加载业务软件。

采用通用硬件，降低建设成本：以具有较高系统可靠性的通用硬件来降低硬件的可靠性要求，可与 IT 业共享硬件设备。同时，由于多种业务共享相同的硬件设备，可扩大集中采购规模。

3. 网络维护

促进集中化：多种业务共享虚拟资源，便于集中部署；同时，集中化能够进一步发挥

虚拟化的资源共享、快速部署、动态调整优势。

可专业化运维：资源池可采用 IDC 管理模式，大幅提升管理效率；虚拟网元管理人员更专注于业务管理，可实现专业化管理。

网络虚拟化 NFV 技术的主要应用如下所述。

（1）通过 NFV 构建低成本的移动网络

NFV 驱动核心网和增长智能（Growth Intelligence，GI）业务的演进：通过硬件平台的通用化和软件实现功能，利用规模效应降低 CAPEX；通过智能管道管理功能实现快速的网元部署和更新、容量的按需调整功能，降低 OPEX。

（2）通过虚拟化优化系统结构

在部分虚拟化应用中，通过改造原有系统结构发挥虚拟化的优势：在基站虚拟化中，可将基站拆分为射频单元 RRU 和基带单元 BBU 两个部分，BBU 采用虚拟化技术；在家庭环境虚拟化中，可将传统 RGW、STB 通过虚拟化部署到网络中，仅在家庭中保留解码和浏览器功能。

对于网络功能虚拟化，目前有很多技术上的障碍需要面对和解决，具体描述如下。

• 要使虚拟网络设备具备高性能，以及在不同的硬件供应商和不同虚拟层之间的移植迁移能力。

• 实现与原有网管平台定制硬件设备的共存，同时能够有一个有效地升级至全虚拟化网络平台的办法，并且使电信运营商的 OSS/BSS 业务系统在虚拟化平台继续使用。OSS/BSS 的开发将迁移到一种与网络功能虚拟化配合的在线开发模式上，这正是 SDN 技术可以发挥作用的地方。

• 管理和组织大量的虚拟化网络设备，要确保整体的安全性，避免被攻击或者配置错误等。

• 只有所有的功能能够实现自动化，网络功能虚拟化才能做到可扩展。

• 确保具有合适的软硬件故障恢复级别。

• 能够有能力从各类不同的供应商中选择服务器、虚拟层、虚拟设备并将其整合。这样不会带来过多的整合成本，也不至于依赖单一供应商。

NFV 与 SDN 是高度互补的，并不完全相互依赖。NFV 可以在没有 SND 的情况下独立实施。不过，这两个概念及方案可以配合使用，并能获得潜在的叠加增值效应。NFV 的目标可以仅依赖于当前数据中心的技术来实现，而无须应用 SDN 的概念机制。但是通过 SDN 模式实现的设备控制面与数据面的分离，能够提高网络虚拟化的实现性能，便于兼容现存的系统，并且有利于系统的操作和维护工作。

NFV 可以通过提供允许 SDN 软件运行的基础设施来支持 SDN。另外，NFV 还可以与 SDN 一样，通过使用通用的商用服务器和交换机来实现。

2.7.3 网络能力开放

网络能力开放的目的在于实现面向第三方应用服务提供商提供所需的网络能力，其基础在于移动网络中各个网元所能提供的网络能力，包括用户位置信息、网元负载信息、网络状态信息、运营商组网资源等，而电信运营商需要将上述信息根据具体的需求适配后提供给第三方使用。网络能力开放平台架构如图 2-6 所示。

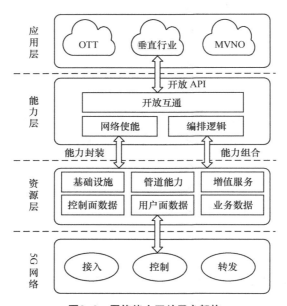

图2-6　网络能力开放平台架构

网络能力开放架构分为以下 3 个层次。

（1）应用层：第三方平台和服务器位于最高层，是能力开放的需求方，利用能力层提供的 API 接口来明确所需的网络信息，调度管道资源，申请增值业务，构建专用的网络切片。

（2）能力层：网络能力层位于资源层与应用层之间，向上与应用层互通，向下与资源层连接，其功能主要包括对资源层网络信息的汇聚和分析，进行网络能力的封装和按需组合编排，并生成相应的开放 API 接口。

能力层是 5G 网络能力开放的核心，可以通过服务总线的方式汇聚来自各个实体或虚拟

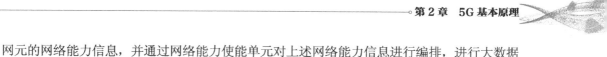

网元的网络能力信息，并通过网络能力使能单元对上述网络能力信息进行编排，进行大数据分析，用户画像等处理，最终封装成 API 供应用层调用，网络能力层功能包含以下 3 个方面。

●网络使能能力：通过能力封装和适配，实现第三方应用的需求与网络能力映射，对外开放基础网络层的控制面、用户面和业务数据信息、增值服务能力、管道控制能力以及基础设施（计算、存储、路由、物理设备等）。

●资源编排能力：根据第三方的能力开放业务需求，编排第三方应用所需的新增网络功能，网元功能组件以及小型化的专用网络信息包含所需的计算、存储及网络资源信息。

●开放互通能力：导入第三方的需求及业务信息，向第三方提供开放的网络能力，实现和第三方应用的交互。

（3）资源层：实现网络能力开放架构与 5G 网络的交互，完成对底层网络资源的抽象定义，整合上层信息感知需求，设定网络内部的监控设备位置，上报数据类型和事件门限等策略，将上层制订的能力调用逻辑映射为对网络资源按需编排的控制信令。

2.7.4　网络切片

网络切片是网络功能虚拟化应用于 5G 阶段的关键特征。一个网络切片将构成一个端到端的逻辑网络，按切片需求方的需求来灵活地提供一种或多种网络服务。

1. 切片管理功能

切片管理功能有机串联商务运营、虚拟化资源平台和网管系统，为不同切片需求方提供安全隔离、高度自控的专用逻辑网络。切片管理功能包含以下 3 个阶段。

（1）商务设计阶段：切片需求方利用切片管理功能的模板和编排工具，设定切片的相关参数，包括网络拓扑、功能组件、交互协议、性能指标、硬件要求等。

（2）实例编排阶段：切片管理功能将切片描述文件发送到 NFV MANO 功能，实现切片的实例化，并通过与切片之间的接口下发网元功能配置发起连通性测试，最终完成切片向运行态的迁移。

（3）运行管理阶段：在运行态下，切片所有者可以通过切片管理功能对己方切片进行实时监控和动态维护，主要包括资源的动态伸缩，切片功能的增加、删除和更新，告警故障梳理等。

2. 切片选择功能

切片选择功能实现用户终端与网络切片间的接入映射。切片选择功能综合业务签约、功能特性等多种因素，为用户终端提供合适的切片接入选择。用户终端可以分别接入不

同切片。用户同时接入多切片的场景，形成以下两种切片架构实体。

（1）独立架构：不同切片在逻辑资源和逻辑功能上完全隔离，只在物理资源上共享，每个切片包含完整的控制面和用户面功能。

（2）共享架构：在多个切片间共享部分的网络功能。考虑到终端实现的复杂度，可以对移动性管理等终端粒度的控制面功能进行共享，而业务粒度的控制和转发功能则为各切片的独立功能实现特定的服务。

2.7.5　移动边缘计算

移动边缘计算（MEC）改变了 4G 系统中网络与业务分离的状态，将业务平台下沉到网络边缘，为移动用户就近提供业务计算和数据缓存能力，实现网络从接入管道向信息化服务使能平台的关键跨越，MEC 是 5G 的代表性能力之一。MEC 的核心功能主要包括以下 3 个方面。

（1）应用和内容进管道。MEC 可与网关功能联合部署，构建灵活分布的服务体系，特别是针对本地化、低时延和高带宽要求的业务，例如，移动办公、车联网、4K/8K 视频等，提供优化的服务运行环境。

（2）动态业务链功能。MEC 功能并不限于简单地就近缓存和业务服务器下沉，而是随着计算节点与转发节点的融合，在控制面功能的集中调度下实现动态业务链（Service Chain）。

（3）控制平面辅助功能。MEC 可以和移动性管理、会话管理等控制功能结合，进一步优化服务能力。例如，随着用户移动的过程实现应用服务器的迁移和业务链路径重选；获取网络负荷、应用服务等级协议（Service-Level Agreement，SLA）、用户等级等参数对本地服务进行灵活的优化控制等。

移动边缘计算功能的部署方式非常灵活，既可以选择集中部署，与用户面设备耦合，提供增强型网关功能，又可以分布式部署在不同位置，通过集中调度实现服务能力。移动边缘计算示意如图 2-7 所示。

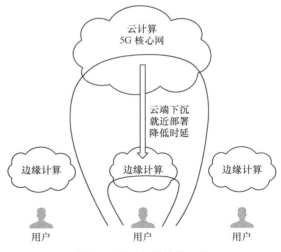

图2-7　移动边缘计算示意

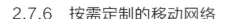

2.7.6　按需定制的移动网络

5G 网络的服务对象是海量丰富类型的终端和应用，其报文结构、会话类型、移动规律和安全性需求不尽相同，网络须针对不同应用场景的服务需求引入不同的功能设计。

2.7.6.1　按需会话管理

按需会话管理是指 5G 网络可以根据不同的终端属性进行针对性的会话管理，例如，用户类别和业务特征、灵活的配置连接类型、锚点位置和业务连续性能力等参数。

用户可以根据业务特征选择连接类型。例如，选择支持互联网业务的 IP 连接，利用信令面通道实现无连接的物联网小数据传输或者是特定业务定制 Non-IP 的专用会话类型。

用户可以根据传输要求选择会话锚点的位置和设置转发路径。对于移动性和业务连续性要求较高的业务，网络可以选择网络中心位置的锚点和隧道机制；对于实时性要求较高的交互类业务，则可以选择锚点下沉、就近转发；对转发路径动态性较强的业务，则可以引入 SDN 机制实现连接的灵活编程。

2.7.6.2　按需移动性管理

网络侧移动性管理包括在激活态维护会话的连接性，在空闲态保证用户的可达性。通过对激活和空闲两种状态下移动性功能的分级和组合，可根据终端的移动模型和其所用业务的特征，有针对性地为终端提供相应的移动性管理机制。

此外，网络还可以按照条件变化动态调整终端的移动性管理等级。例如，对一些垂直行业应用，在特定工作区域内可以为终端提供较高的移动性等级来保证业务的连续性和快速寻呼响应。在离开该区域后，网络动态地将终端的移动性要求调到低水平，进而可提高节能效率。

2.7.6.3　按需安全功能

5G 为不同行业提供差异化业务，需要提供满足各项差异化安全要求的完整方案。例如，5G 安全需要为移动互联网场景提供高效、统一兼容的移动性安全管理机制，5G 安全需要为 IoT 场景提供更加灵活、开放的认证架构和认证方式，支持新的终端身份管理能力；5G 安全要为网络基础设施提供安全保障，为虚拟化组网、多租户多切片共享等新型网络环境提供安全隔离和防护功能。

2.7.6.4 控制面按需重构

控制面重构重新定义控制面网络功能，实现网络功能模块化，降低网络功能之间交互的复杂性，实现自动化的发现和连接，通过网络功能的按需配置和定制，满足业务的多样化需求。控制面按需重构具有以下 4 个功能特征。

（1）接口中立：网络功能之间的接口和信息应该尽量重用，通过相同的接口消息向其他网络功能调用者提供服务，将多个耦合接口转变为单一接口，从而减少接口数量。网络功能之间的通信应该和网络功能的部署位置无关。

（2）融合网络数据库：用户签约数据、网络配置数据、运营商策略等需要集中存储，便于网络功能组件之间实现数据实时共享。网络功能采用统一接口访问融合网络数据库，减少信令交互。

（3）控制面交互功能：负责实现与外部网元或者功能间的信息交互。收到外部信令后，该功能模块查找对应的网络功能并将信令导向这组网络功能的入口，处理完成后，结果将通过交互功能单元回传到外部网元和功能。

（4）网络组件集中管理：负责网络功能部署后的网络功能注册、网络功能的发现、网络功能的转台检测等。

2.7.7 多接入融合

未来的 5G 网络将是多种无线接入技术融合共存的网络，如何协同使用各种无线接入技术提升网络整体运营效率和用户体验是多无线接入技术（RAT）融合需要解决的问题。多 RAT 之间可以通过集中的无线网络控制功能实现融合，或者 RAT 间存在接口实现分布式协同。统一的 RAT 融合技术包括以下 4 个方面的内容。

（1）智能接入控制与管理：依据网络状态、无线环境、终端能力，结合智能业务感知及时地将不同的业务映射到最合适的接入技术上，提升用户体验和网络效率。

（2）多 RAT 无线资源管理：依据业务类型、网络负荷、干扰水平等因素，对多网络的无线资源进行联合管理和优化，实现多技术间的干扰协调以及无线资源的共享及分配。

（3）协议与信令优化：增强接入网接口能力，构造更灵活的网络接口关系，支撑动态的网络功能分布。

（4）多制式多连接技术：终端同时接入多个不同制式的网络节点，实现多流并行传输，提高吞吐量，提升用户体验，实现业务在不同接入技术网络间的动态分流和汇聚。

2.8　超密集组网

超密集组网将是满足未来移动数据流量需求的主要技术手段。超密集组网通过更加"密集化"的无线基础设施部署，可以获得更高的频率复用效率，从而在局部热点区域实现百倍量级的系统容量提升。超密集组网的典型应用场景主要包括办公室、密集住宅、密集街区、校园、大型集会、体育场、地铁、公寓等。随着小区部署密度的增加，超密集组网将面临许多新的挑战，例如，干扰、移动性、站址、传输资源、部署成本等。为了满足典型应用场景的需求，实现易部署、易维护、用户体验轻快的轻型网络，接入和回传联合设计、干扰管理、小区虚拟化技术是超密集组网的重要研究方向。密集组网关键技术示意如图 2-8 所示。

图2-8　密集组网关键技术示意

2.8.1　接入和回传联合设计

接入和回传联合设计包括混合分层回传、多跳多路径的回传、自回传技术、灵活回传技术等。

混合分层回传是指在网络架构中将不同基站分层标示，宏基站以及其他享有有线回传资源的小基站属于一级回传层。二级回传层的小基站以一跳形式与一级回传层基站连接，三级及以下回传层的小基站与上一级回传层以一跳形式连接，以两跳或多跳形式与一级同传层基站连接，将有线回传和无线回传相结合，提供一种轻快、即插即用的超密集小区组形式。

多跳多路径的回传是指无线回传小基站与相邻小基站之间进行多跳路径的优化选择、多路径建立和多路径承载管理、动态路径选择、回传和接入链路的联合干扰管理和资源协调，可为系统容量带来较明显的增益。

自回传技术是指回传链路和接入链路使用相同的无线传输技术，共用同一频带，通过时分或频分方式复用资源。自回传技术包括两个方面内容：一是接入链路和回传链路的联合优化；二是回传链路的链路增强。在接入链路和回传链路的联合优化方面，可以通过接入链路和同传链路之间自适应的调整资源分配提高资源的使用效率。在回传链路的链路增强方面，可以利用广播信道特性加上多址接入信道特性（Broadcast Channel plus Multiple Access Channel，BC plus MAC）机制，在不同空间上使用空分子信道发送和接收不同的数据流增加空域自由度，提升回传链路的链路容量；通过将多个中继节点或者终端协同形成一个虚拟 MIMO 网络进行数据收发，获得更高阶的自由度，并且可协作抑制小区间干扰，从而进一步提升链路容量。

灵活回传技术是提升超密集网络回传能力的高效、经济的解决方案，通过灵活地利用系统中任意可用的网络资源，灵活地调整网络拓扑和回传策略来匹配网络资源和业务负载，灵活地分配回传和接入链路网络资源来提升端到端的传输效率，从而以较低的部署和运营成本满足网络端到端业务的质量要求。

2.8.2 干扰管理和抑制策略

超密集组网能够有效提升系统容量，但随着小基站等更密集地部署，覆盖范围的重叠，带来了严重的干扰问题。当前干扰管理和抑制策略主要包括自适应小基站分簇、基于集中控制的多小区和干扰协作传输，以及基于分簇的多小区频率资源协调技术。

自适应小基站小区分簇通过调整每个子帧、每个小基站小区的开关状态并动态形成小基站小区分簇，关闭没有用户连接或者无须提供额外容量的小基站小区，从而降低对邻近小基站小区的干扰。

基于集中控制的多小区相干协作传输，通过合理选择周围小区进行联合协作传输，终端对来自多个小区的信号进行相干合并避免干扰，对系统的频谱效率有明显的提升。

基于分簇的多小区频率资源协调，按照整体干扰性能最优的原则对密集小基站进行频率资源的划分，相同频率的小基站为一簇，簇间为异频，可较好地提升边缘用户的体验。

2.8.3　小区虚拟化技术

小区虚拟化技术包括以用户为中心的虚拟化技术、虚拟层技术和软扇区技术。虚拟层技术示意如图 2-9 所示，软扇区技术示意如图 2-10 所示。

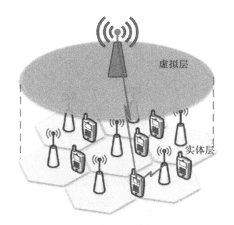

图2-9　虚拟层技术示意

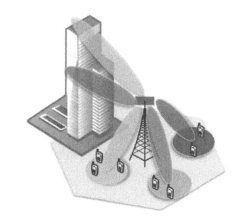

图2-10　软扇区技术示意

以用户为中心的小区虚拟化技术是指打破小区的边界限制，提供无边界的无线接入，围绕用户建立覆盖、提供服务，虚拟小区随着用户的移动快速更新并保证虚拟小区与终端之间始终有较好的链路质量。在超密集部署区域中，用户无论如何移动，均可获得一致的高 QoS/QoE。虚拟层技术由密集部署的小基站构建虚拟层和实体层网络。其中，虚拟层承载广播、寻呼等控制信令，负责移动性管理；实体层承载数据传输，用户在同一虚拟层内移动时不会发生小区重选或切换，从而实现用户的轻快体验。软扇区技术由集中式设备通过波束赋形手段形成多个软扇区，可以降低大量站址、设备、传输带来的成本，同时可以提供虚拟软扇区和物理小区间统一的管理优化平台，降低电信运营商维护的复杂度，这是一种易部署、易维护的轻型解决方案。

2.9　低时延、高可靠通信

"低时延、高可靠性"是未来移动通信的关键性能指标。时下热门的物联网，从传统的蜂窝网络、Wi-Fi 网络到新兴的高速铁路通信、工业实时通信、智能电网，对于低时延和高可靠性传输的要求都是显而易见的。

5G 是面向以物为主的通信，包括车联网、物联网、新型智能终端、智慧城市等，这些应用对 5G 网络的设计和性能要求与人和人的通信有很大的不同。例如，M2M 的消息交换要求非常低的数据速率，对时延不敏感。而在工业自动化应用中，低时延和高可靠性却是最关键的需求。

不同的物联网应用场景对网络的性能要求也有所不同，时延要求从 1ms 到数秒不等，每小区在线连接数量从数百到数百万不等，占空忙闲比从 0 到数天不等，而信令占比也从低于 1% 到 100% 不等。

目前，产业链中的企业将这些多样的需求总结为三类：吞吐量、时延和连接数。应对这些不同的需求，5G 网络设计面临的现实挑战如下所述：更高速率支持虚拟现实等应用、无线网络达到光纤固网的水平并支持移动云服务、小于 1ms 的低时延支持车联网应用、海量连接永久在线、提供网络效率并大幅降低网络能耗等。为了应对这些挑战，5G 研究推进组总结了几个潜在技术，包括复杂密集天线阵列、多址接入、更先进的空口波形、超级基带计算能力等，并且要求现有的编码调制方式、基站基带与射频架构、无线接入和回传的统一节点设计，以及终端的无线架构都必须进行大的突破，引入全面云化、软件定义的无线接入架构。

2.10 5G 网络安全

2.10.1 5G 安全架构面临的挑战及需求

2.10.1.1 新的业务场景

5G 网络不仅用于人与人之间的通信，还会用于人与物以及物与物之间的通信。目前，5G 业务大致可以分为三大业务场景：增强移动宽带（eMBB）、海量机器类通信（mMTC）和超可靠低时延通信（uRLLC）。5G 网络需要针对这三大业务场景的不同安全需求提供差异化安全保护机制。

eMBB 聚焦对带宽有极高需求的业务，例如，高清视频、VR（虚拟现实）、AR（增强现实）等，满足人们对于数字化生活的需求。eMBB 广泛的应用场景将带来不同的安全需求，同一个应用场景中的不同业务的安全需求也有所不同。例如，VR/AR 等个人业务可能只要求对关键信息的传输进行加密，而对于行业应用可能要求对所有环境信息的传输进行加密。5G 网络可以通过扩展 LTE 安全机制来满足 eMBB 场景对安全的需求。

mMTC 覆盖对于连接密度要求较高的场景，例如，智慧城市、智能农业等能满足人们对于数字化社会的需求。mMTC 场景中存在多种多样的物联网设备，例如，处于恶劣环境中的物联网设备、计算能力较低且电池寿命较长的物联网设备等。面对物联网繁杂的应用种类和成百上千亿的连接，5G 网络需要考虑其安全需求的多样性。如果采用单用户认证方案则成本高昂，而且容易造成信令风暴问题。因此在 5G 网络中，需要降低物联网设备在认证和身份管理方面的成本，支撑物联网设备的低成本和高效率海量部署（例如，采用群组认证等）。针对计算能力低且电池寿命长的物联网设备，5G 网络应该通过一些安全保护措施（例如，轻量级的安全算法、简单高效的安全协议等）来保证能源的高效性。

uRLLC 聚焦对时延极其敏感的业务，例如，自动驾驶、辅助驾驶、远程控制等，满足人们对于数字化工业的需求。低时延和高可靠性是 uRLLC 业务的基本要求，例如，车联网业务在通信中如果受到安全威胁，则可能会涉及驾驶员的生命安全，因此要求高级别的安全保护措施且不能额外增加通信时延。5G 超低时延的实现需要在端到端传输的各个环节进行一系列机制优化。从安全角度来看，降低时延需要优化业务接入过程身份认证的时延、数据传输安全保护带来的时延、终端移动过程由于安全上下文切换带来的时延以及数据在网络节点中加解密处理带来的时延。

面对多种应用场景和业务需求，5G 网络需要一个统一的、灵活的、可伸缩的 5G 网络安全架构来满足不同应用的不同安全级别的安全需求，即 5G 网络需要一个统一的认证框架，用以支持多种应用场景的网络接入认证；同时 5G 网络应支持伸缩性需求。例如，当网络横向扩展时，需要及时启动安全功能实例来满足增加的安全需求；当网络收敛时，需要及时终止部分安全功能实例来达到节能的目的。另外，5G 网络应支持按需的用户面数据保护。例如，根据三大业务类型的不同或者根据具体业务的安全需求部署相应的安全保护机制。此类安全机制的选择包括加密终结点的不同、加密算法的不同、密钥长度的不同等。

2.10.1.2　新技术和新特征

为提高系统的灵活性和效率并降低成本，5G 网络架构将引入新的 IT 技术，例如，SDN 和 NFV。新技术的引入也为 5G 网络安全带来了全新的挑战。

5G 网络通过引入虚拟化技术实现了软件与硬件的解耦，通过 NFV 技术的部署使部分功能网元以虚拟功能网元的形式部署在云化的基础设施上，网络功能由软件实现，不再依赖于专有的通信硬件平台。由于 5G 网络的这种虚拟化特点改变了传统网络中功能网元的保护在很大程度上依赖于对物理设备的安全隔离的现状，原来人们认为安全的物理环境现在已经变得不安全，实现虚拟化平台的可管可控的安全性要求成为 5G 安全的一个重要组成部分。例如，安全认证的功能也可能放到物理环境安全当中，因此 5G 安全需要考虑 5G 基础设施的安全，从而保障 5G 业务在 NFV 环境下能够安全运行。另外，5G 网络通过引入 SDN 技术提高了 5G 网络中的数据传输效率，实现了更好的资源配置，但同时也带来了新的安全需求，即需要考虑在 5G 环境下，虚拟 SDN 控制网元和转发节点的安全隔离和管理，以及 SDN 流表的安全部署和正确执行。

为了更好地支持上述三大业务场景，5G 网络将建立网络切片，为不同业务提供差异化的安全服务，根据业务需求针对切片定制其安全保护机制，实现客户化的安全分级服务，同时网络切片也对安全提出了新的挑战，例如，切片之间的安全隔离以及虚拟网络的安全部署和安全管理。

面向低时延业务场景，5G 核心网控制功能需要部署在接入网边缘或者与基站融合部署。数据网关和业务使能设备可以根据业务需要在全网中灵活部署，以减少对回传网络的压力，降低时延和提高用户体验速率。随着核心网功能下沉到接入网，5G 网络提供的安全保障能力也将随之下沉。

5G 网络的能力开放功能可以部署在网络控制功能上，以便网络服务和管理功能向第三方开放。在 5G 网络中，能力开放不仅体现在整个网络能力的开放上，还体现在网络内部网元之间的能力开放上。与 4G 网络的点对点流程定义不同，5G 网络的各个网元都提供了服务的开放，不同网元之间通过 API 调用其开放的能力。因此 5G 网络安全需要核心网与外部第三方网元以及核心网内部网元之间支持更高、更灵活的安全能力，实现业务的签约和发布。

2.10.1.3　多种接入方式和多种设备形态

由于未来应用场景的多元化，5G 网络需要支持多种接入技术，例如，WLAN、4G、固定网络、5G 新无线接入技术，而不同的接入技术有不同的安全需求和接入认证机制。另外，一个用户可能持有多个终端，而一个终端可能同时支持多种接入方式，同一个终端在不同接入方式之间进行切换时或用户在使用不同终端使用同一个业务时，要求终端能够快速认证以保持业务的延续性，从而获得更好的用户体验。因此 5G 网络需要构建一个统一的认证框架来融合不同的接入认证方式，并优化现有的安全认证协议，以提高终端在异构网络间进行切换时的安全认证效率，同时还能确保同一业务在更换终端或更换接入方式时连续的业务安全保护。在 5G 的应用场景中，有些终端设备能力强，可能配有

SIM/USIM 卡，并且具有一定的计算和存储能力，有些终端设备没有 SIM/USIM 卡，其身份标识可能是 IP 地址、MAC 地址、数字证书等；而有些能力低的终端设备甚至没有特定的硬件来安全存储身份标识及认证凭证，因此 5G 网络需要构建一个融合的、统一的身份管理系统，并支持不同的认证方式、不同的身份标识及认证凭证。

2.10.1.4　新的商业模式

5G 网络不仅要满足人们超高流量密度、超高连接数密度、超高移动性的需求，还要为垂直行业提供通信服务。在 5G 时代将会出现全新的网络模式与通信服务模式，终端和网络设备的概念也将发生变化，各类新型终端设备的出现将会产生多种具有不同态势的安全需求。在大连接物联网场景中，大量的无人管理的机器与无线传感器将会接入 5G 网络，由成千上万个独立终端组成的诸多小的网络将会同时连接至 5G 网络中。在这种情况下，现有的移动通信系统的简单的可信模式可能不能满足 5G 支撑的各类新兴的商业模式，需要对可信模式进行变革，以应对相关领域的扩展型需求。为了确保 5G 网络能够支撑各类新兴商业模式的需求并确保足够的安全性，需要对安全架构进行全新的设计。

同时，5G 网络是能力开放的网络，可以向第三方或者垂直行业开放网络安全能力，例如，认证和授权能力。第三方或者垂直行业与电信运营商建立了信任关系，当用户允许接入 5G 网络时，也同时允许接入第三方业务。5G 网络的能力开放有利于构建以电信运营商为核心的开放业务生态，增强用户黏性，拓展新的业务收入来源。对于第三方业务来说，可以借助被广泛使用的电信运营商的数字身份来推广业务，快速拓展用户。

2.10.1.5　更高的隐私保护需求

5G 网络中业务和场景的多样性以及网络的开放性，使用户的隐私信息从封闭的平台转移到开放的平台上，接触状态从线下变成线上，信息泄露的风险有所增加。例如，在智能医疗系统中，病人的病历、处方、治疗方案等隐私性信息在采集、存储和传输过程中存在被泄露、被篡改的风险。而在智能交通中，车辆的位置、行驶轨迹等隐私信息也存在被暴露和被非法跟踪使用的风险，因此 5G 网络有了更高的用户隐私保护需求。5G 网络是一个异构的网络，使用多种接入技术，各种接入技术对隐私信息的保护程度不同。同时，5G 网络中的用户数据可能会穿越各种接入网络以及不同厂商提供的网络功能实体，从而导致用户隐私数据散布在网络的各个角落，而数据挖掘技术还能够让第三方从散布的隐私数据中分析出更多的用户隐私信息。因此在 5G 网络中，必须全面考虑数据在各种

接入技术以及不同运营网络中穿越时所面临的隐私暴露风险，并制订周全的隐私保护策略，包括用户的各种身份、位置、接入的服务等。

4G 网络已经暴露了泄露用户身份标识的漏洞。因此在 5G 网络中，需要对 4G 网络的机制进行优化和补充，通过加强的安全机制对用户身份标识进行隐私保护，杜绝出现泄露用户身份标识的情况，同时解决已有的 4G 网络漏洞。另外，由于 5G 接入网络包括 4G 接入网络，因此用户身份标识的保护需要兼容 4G 的认证信令，防御攻击者将用户引导至 4G 接入方式，从而执行针对隐私的降维攻击。同时，攻击者也可能会利用 UE 位置信息或者空口数据包的连续性等特点进行 UE 追踪的攻击，因此 5G 隐私保护也需要应对此类位置隐私的安全威胁。

2.10.2　5G 安全总体目标

垂直行业与移动网络的深度融合为 5G 带来了多种应用场景，包括海量资源受限的物联网设备同时接入、无人值守的物联网终端、车联网与自动驾驶、云端机器人、多种接入技术并存等。另外，IT 技术与通信技术的深度融合带来了网络架构的变革，使网络能够灵活地支撑多种应用场景。5G 安全应保护多种应用场景下的通信安全以及 5G 网络架构的安全。5G 网络的多种应用场景中涉及不同类型的终端设备、多种接入方式和接入凭证、多种时延要求、隐私保护要求等。在多种应用场景中，5G 网络安全应满足以下 3 点要求。

（1）提供统一的认证框架，支持多种接入方式和接入凭证，从而保证所有终端设备安全地接入网络。

（2）提供按需的安全保护，满足多种应用场景中的终端设备的生命周期要求、业务的时延要求。

（3）提供隐私保护，满足用户隐私保护以及相关法规的要求。

5G 网络架构中的重要特征包括 NFV/SDN、切片以及能力开放。在 5G 网络架构中，5G 网络安全应满足以下 3 点要求。

（1）NFV/SDN 引入移动网络的安全，包括虚拟机相关的安全、软件安全、数据安全、SDN 控制器安全等。

（2）切片的安全包括切片安全隔离、切片的安全管理、UE 接入切片的安全、切片之间通信的安全等。

（3）能力开放的安全既能保证开放的网络能力安全地提供给第三方，也能够保证网

络的安全能力能够开放给第三方使用。

2.10.3　5G 安全架构

随着网络技术的演进，网络的安全架构也处在持续的变化中。2G 的安全架构是单向认证，即只有网络对用户认证，而没有用户对网络认证；3G 的安全架构则是网络和用户的双向认证，相较于 2G 的空口加密能力，3G 空口的信令还增加了完整性保护；4G 的安全架构虽然仍采取双向认证，但是 4G 使用独立的密钥保护不同层面（接入层非接入层）的多条数据流和信令流，核心网也是使用网络域安全进行保护。

由于 5G 网络提出的高速率、低时延、处理海量终端的要求，5G 安全架构需要从保护节点、密钥架构等方面进行演进。

2.10.3.1　保护节点的演进

在 5G 时代，用户对数据传输的要求更高，不仅对上下行数据传输速率提出挑战，同时也对时延提出了用户"无感知"的较高要求。而在传统的 2G、3G、4G 网络中，用户设备与基站之间提供空口的安全保护机制，在移动时会频繁地更新密钥。而频繁地切换基站与更新密钥将会带来较大的时延，并导致用户的实际传输速率无法得到进一步提高。在 5G 网络中，可以考虑从数据保护节点进行改进，即将加解密的网络侧节点由基站设备向核心网设备延伸，利用核心网设备在会话过程中具有较少变动的特性，实现降低切换频率的目的，进而提升传输速率。在这种方式下，空口加密将转变为用户终端与核心网设备间的加密，原本用于空口加密的控制信令也将随之演进为用户终端与核心网设备间的控制信令。

此外，5G 时代将会融合各种通信网络，目前的 2G、3G、4G、WLAN 等网络均拥有各自独立的安全保护体系，提供加密保护的节点也有所不同。例如，2G、3G、4G 采用用户终端与基站间的空口保护，而 WLAN 则多数采用终端到核心网的接入网元 PDN 网关或者边界网元 ePDG 之间的安全保护。因此终端必须不断地根据网络形态选择对应的保护节点，这为终端在各种网络间的漫游带来了极大的不便，因此可以考虑在核心网中设立相应的安全边界节点，采用统一的认证机制解决这个问题。

2.10.3.2　密钥架构优化

4G 网络架构的扁平化导致密钥架构从原来使用单一密钥提供保护变为使用独立密钥对非接入层和接入层分别保护，所以保护信令和数据面的密钥个数也从原来的两个变为 5

个，密钥推衍变得相对复杂，多个密钥的推衍计算会带来一定的计算开销和时延。在 5G 场景下，需要对 4G 的密钥架构进行优化，使 5G 的密钥架构具备轻量化的特点，满足 5G 对低成本和低时延的要求。

另外，在 5G 网络中，可能会存在两类计算和处理能力差别很大的设备。其中的一类是大量的物联网设备。这些设备的成本低，计算能力和处理能力不强，无法支持现在通用的密码算法和安全机制。因此，除了上述的密钥架构之外，5G 还需要开发轻量级的密钥算法，使 5G 场景下海量的低成本、低处理能力的设备的计算、存储能力大幅提高。此时，我们就可以大范围地使用证书更便捷地生产多样化的密钥，从而对具有高处理能力的设备之间的通信进行保护。

2.10.4　5G 安全关键技术

2.10.4.1　5G中的大数据安全

5G 的高速率、大带宽特性促使移动网络的数据量剧增，也使大数据技术在移动网络中变得更加重要。大数据技术可以实现对移动网络中海量数据的分析，进而实现流量的精细化运营，精确感知安全态势。例如，5G 网络中的网络集中控制器具有全网的流量视图，通过使用大数据技术分析网络中流量最多的时间段和业务类型，可以对网络流量的精细化管理给出准确的对策。另外，对于移动网络中的攻击事件，也可以利用大数据技术进行分析，描绘攻击视图有助于提前感知未知的安全攻击。

在大数据技术为移动网络带来诸多好处和便利的同时，也需要关注和解决大数据的安全问题。而随着人们对个人隐私保护越来越重视，隐私保护成为大数据首先要解决的重要问题。大量的事实已经表明，大数据如果得不到妥善处理，将会对用户的隐私造成极大的侵害。另外，针对大数据的安全问题，还需要进一步研究数据挖掘中的匿名保护、数据溯源、数据安全传输、安全存储、安全删除等技术。

2.10.4.2　5G中云化、虚拟化、软件定义网络带来的安全问题

对 5G 系统的低成本和高效率的要求，使云化、虚拟化、软件定义网络等技术被引入 5G 网络。随着这些技术的引入，原来的私有、封闭、高成本的网络设备和网络形态变成标准、开放、低成本的网络设备和网络形态。同时，标准化和开放化的网络形态使攻击者更容易发起攻击，并且云化、虚拟化、软件定义网络的集中化部署将导致一旦网络上

发生安全威胁，其传播速度会更快，波及范围会更广。因此，云化、虚拟化、软件定义网络的安全变得更加重要，其存在的安全问题主要包括以下 3 个方面。

（1）引入虚拟化技术，需要重点考虑和解决虚拟化相关的问题，例如，虚拟资源的隔离、虚拟网络的安全域划分及边界防护等。

（2）云化、虚拟化网络后，传统物理设备之间的通信变成了虚拟机之间的通信，需要考虑能否使用虚拟机之间的安全通信来优化传统物理设备之间的安全通信。

（3）引入 SDN 架构后，5G 网络中设备的控制面与转发面分离，5G 网络架构产生了应用层、控制层以及转发层。需要重点考虑各层的安全、各层之间连接所对应的安全、控制器本身的安全等。

2.10.4.3　移动智能终端的安全问题

5G 时代用户使用的业务会更加丰富多彩，对业务的需求也会更加强烈，移动智能终端的处理能力、计算能力将得到极大的提高。与此同时，黑客运用 5G 网络的高速率、大数据等技术手段，能够发起对移动智能终端的攻击，在此情况下，移动智能终端的安全在 5G 场景下会变得更加重要。

保证移动智能终端的安全，除了采用常规的安装软件进行病毒查杀之外，还需要打造硬件级别的安全环境，保护用户的敏感信息（例如，加密关键数据的密钥）、敏感操作（例如，输入银行密码），并且能够从可信根启动，建立关键应用程序的可信链，保证智能终端的安全可信。

5G 网络的发展过程需要在满足未来新业务和新场景需求的同时，充分考虑与现有4G 网络演进路径的兼容。网络架构和平台技术的发展会表现为局部变化到全网变革的分步骤发展态势，通信技术与信息技术的融合也将从核心网到无线接入网逐步延伸，最终形成网络架构的整体改变。

2.10.5　5G 网络新的安全能力

2.10.5.1　统一的认证框架

5G 支持多种接入技术（例如，4G 接入、WLAN 接入以及 5G 接入），由于目前不同的接入网络使用不同的接入认证技术，同时为了更好地支持物联网设备接入 5G 网络，3GPP 还将允许垂直行业的设备和网络使用其特有的接入技术。为了使用户可以在不同接

入网间实现无缝切换，5G网络将采用一种统一的认证框架，实现灵活并且高效地支持各种应用场景下的双向身份鉴权，进而建立统一的密钥体系。

可扩展认证协议（Extensible Authentication Protocol，EAP）认证框架是能满足5G统一认证需求的备选方案之一。它是一个能封装各种认证协议的统一框架，框架本身并不提供安全功能，认证期望取得的安全目标由所封装的认证协议来实现。它支持多种认证协议，例如，预共享密钥（Pre-Share Key，PSK），传输层安全（Transport Layer Security，TLS），鉴权和密钥协商（Authentication and Key Agreement，AKA）等。

在3GPP目前所定义的5G网络架构中，认证服务器功能、认证凭证库和处理功能（AUSF/ARPF）网元可完成传统EAP框架下的认证服务器功能，接入管理功能（AMF）网元可完成接入控制和移动性管理功能。5G统一认证框架示意如图2-11所示。

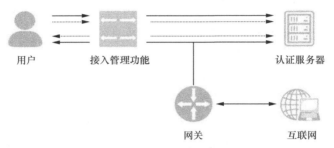

图2-11　5G统一认证框架示意

在5G统一认证的框架里，各种接入方式均可在EAP框架下接入5G核心网：用户通过WLAN接入时可使用EAP-AKA认证；有线接入时可采用IEEE 802.1x认证；5G新空口接入时可使用EAP-AKA认证。不同的接入网使用在逻辑功能上统一的AMF和AUSF/ARPF提供的认证服务，基于此，用户在不同接入网间进行无缝切换成为可能。

5G网络的安全架构明显有别于以前移动网络的安全架构。统一认证框架的引入不仅能降低电信运营商的投资和运营成本，也为5G网络在提供新业务时，对用户的认证打下了坚实的基础。

2.10.5.2　多层次的切片安全

切片安全机制主要包含3个方面的内容：UE和切片间安全、切片内NF与切片外NF间安全、切片内NF间安全。切片安全机制如图2-12所示。

1. UE和切片间安全

UE和切片间安全通过接入控制策略来应对访问类的风险，由AMF对UE进行鉴权，从而保证接入网络的 UE 是合法的。另外，可以通过分组数据单元（Packet Data Unit，PDU）会话机制来防止 UE 的未授权访问，具体方式是：AMF 通过 UE 的网络切片选择辅助信息（NSSAI）为 UE 选择正确的切片；当 UE 访问不同切片内的业务时，会建立不同的 PDU 会话，不同的网络切片不能共享 PDU 会话；同时，建立 PDU 会话的信令流程可以增加鉴权和加密过程。UE 的每个切片的 PDU 会话都可以根据切片策略采用不同的安全机制。

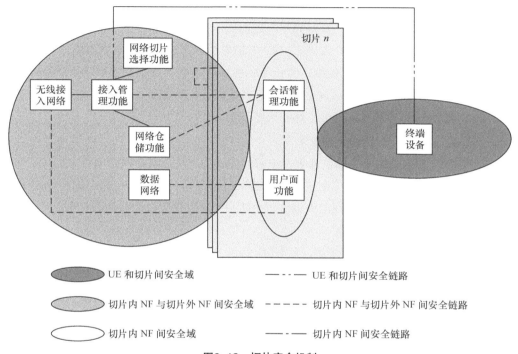

图2-12　切片安全机制

当外部数据网络需要对 UE 进行第三方认证时，可以由切片内的会话管理功能（SMF）作为 EAP 认证器，为 UE 进行第三方认证。

2. 切片内 NF 与切片外 NF 间安全

由于安全风险等级不同，切片内 NF 与切片外 NF 间通信安全可以分为 3 种情况。

（1）切片内 NF 与切片公用 NF 间的安全

公用 NF 可以访问多个切片内的 NF，因此，切片内的 NF 需要安全的机制控制来自公用 NF 的访问，防止公用 NF 非法访问某个切片内的 NF，以及防止非法的外部 NF 访问某个切片内的 NF。

网管平台通过白名单机制对各个 NF 进行授权，包括每个 NF 可以被哪些 NF 访问，每个 NF 可以访问哪些 NF。

切片内的 SMF 需要向网络仓储功能（Network Repository Function，NRF）注册，当 AMF 为 UE 选择切片时，询问 NRF，发现各个切片的 SMF，在 AMF 和 SMF 通信前，可以先进行相互认证，实现切片内 NF（例如，SMF）与切片外公共 NF（例如，AMF）之间的互信。

同时，可以在 AMF 或 NRF 进行频率监控或者部署防火墙以防止 DoS/DDoS 攻击，防止恶意用户将切片公有 NF 的资源耗尽，进而影响切片的正常运作。例如，在 AMF 进行频率监控，当检测到同一 UE 向同一 NRF 发消息的频率过高时，则将强制该 UE 下线，并限制其再次上线，进行接入控制，防止 UE 的 DoS 攻击，或者在 NRF 进行频率监控。当发现大量 UE 同时上线时，向同一 NRF 发送消息的频率过高，则将强制这些 UE 下线并限制其再次上线，进行接入控制，防止大范围的 DDoS 攻击。

（2）切片内 NF 与外网设备间安全

在切片内 NF 与外网设备间，部署虚拟防火墙或物理防火墙，保护切片内网与外网的安全。如果在切片内部署防火墙则可以使用虚拟防火墙，不同的切片按需编排；如果在切片外部署防火墙则可以使用物理防火墙，一个防火墙可以保障多个切片的安全。

（3）不同切片间 NF 的隔离

不同的切片要尽可能地保证隔离，各个切片内的 NF 之间也需要进行安全隔离。例如，在具体部署时，可以通过 VLAN/VxLAN 划分切片，基于 NFV 的隔离来实现切片的物理隔离和控制，保证每个切片都能获得相对独立的物理资源，保证一个切片异常后不会影响到其他切片。

3. 切片内 NF 间安全

在通信前，切片内的 NF 之间可以先进行认证，保证对方 NF 是可信的 NF，然后通过建立安全隧道保证通信安全，例如，IPSec。

2.10.5.3　差异化安全保护

不同的业务会有不同的安全需求，例如，远程医疗需要高可靠性安全保护，而部分物联网业务需要轻量级的安全解决方案来进行安全保护。5G 网络支持多种业务并行发展，以满足个人用户、行业客户的多样性需求。从网络架构来看，基于原生云化架构的端到端切片可以满足这样的多样性需求。同样，5G 安全设计也需要支持业务多样性的差异化安全需求，即用户面的保护需求。

用户面的按需保护本质上是根据不同的业务对于安全保护的不同需求，部署不同的用户面保护机制。用户面的按需保护主要有以下两种策略。

（1）用户面数据保护的终结点。终结点可以为（无线）接入网或者核心网，即 UE 到接入网之间的用户面数据保护，或者 UE 至核心网的用户面数据保护。

（2）业务数据的加密和完整性保护方式。例如，不同的安全保护算法、密钥长度、密钥更新周期等。

通过和业务交互，5G 系统可获取不同业务的安全需求，并根据业务、网络、终端的安全需求和安全能力，电信运营商可以按需制订不同业务的差异化数据保护策略。

基于业务的差异化用户面安全保护机制如图 2-13 所示。

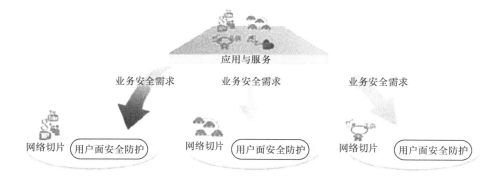

图2-13　基于业务的差异化用户面安全保护机制

根据应用与服务侧的业务安全需求，确定相应切片的安全保护机制，并部署相关切片的用户面安全防护。例如，考虑 mMTC 中设备的轻量级特征，此切片内数据可以根据 mMTC 业务需求部署轻量级的用户面安全保护机制。另外，切片内还包含 UE 至核心网的会话传输模式，因此，基于不同的会话做用户面数据保护，可以增加安全保护的灵活度。对于同一个用户终端，不同的业务有不同的会话数据传输，5G 网络也可以对不同的会话数据传输进行差异化的安全保护。

2.10.5.4　开放的安全能力

5G 网络安全能力可以通过 API 接口开放给第三方业务（例如，业务提供商、企业、垂直行业等），让第三方业务能够便捷地使用移动网络的安全能力，从而让第三方业务提供商有更多的时间和精力专注于具体应用业务逻辑的开发，进而快速、灵活地部署各种新业务，以满足用户不断变化的需求；同时，电信运营商通过 API 接口开放 5G 网络安全能力，让电信运营商的网络安全能力深入渗透第三方业务的生态环境中，进而增强用户

黏性，拓展电信运营商的业务。

开放的 5G 网络安全能力主要包括：基于网络接入认证向第三方提供业务层的访问认证，即如果业务层与网络层互信时，用户在通过网络接入认证后可以直接访问第三方业务，简化用户访问业务认证的同时也提高了业务访问的效率；基于终端智能卡的安全能力，拓展业务层的认证维度，增强业务认证的安全性。

2.10.5.5　灵活多样的安全凭证管理

由于 5G 网络需要支持多种接入技术（例如，WLAN、4G、固定网络、5G 新无线接入技术），以及支持多样的终端设备，所以，5G 网络安全需要支持多种安全凭证的管理，包括对称安全凭证管理和非对称安全凭证管理。例如，部分设备能力强，支持 SIM/USIM 卡安全机制；部分设备能力较弱，仅支持轻量级的安全功能，于是，在这些不同的情况下，需要存在多种安全凭证。例如，对称安全凭证和非对称安全凭证。

1. 对称安全凭证管理

对称安全凭证管理机制便于电信运营商对于用户的集中化管理。例如，基于 SIM/USIM 卡的数字身份管理，是一种典型的对称安全凭证管理，其认证机制已经得到业务提供者和用户的广泛信赖。

2. 非对称安全凭证管理

采用非对称安全凭证管理可以实现物联网场景下的身份管理和接入认证，缩短认证链条，实现快速安全接入，降低认证开销；同时缓解核心网压力，规避信令风暴以及认证节点高度集中带来的风险。

面向物联网成百上千亿的连接，基于 SIM/USIM 卡的单用户认证方案成本高昂，为了降低物联网设备在认证和身份管理方面的成本，可以采用非对称安全凭证管理机制。

非对称安全凭证管理主要包括两类分支：证书机制和基于身份的密码学（Identity-Based Cryptography，IBC）机制。其中，证书机制是应用较为成熟的非对称安全凭证管理机制，已经广泛应用于金融和认证中心（Certificate Authority，CA）等业务；而在 IBC 机制中，设备 ID 可以被当作公钥，在认证时不需要发送证书，具有传输效率高的优势。IBC 所对应的身份管理与网络应用 ID 易于关联，可以灵活制订或修改身份管理策略。

非对称密钥体制具有天然的"去中心化"特点，无须在网络侧保存所有终端设备的密钥，无须部署永久在线的集中式身份管理节点。

网络认证节点可以采用"去中心化"的部署方式，例如，下移至网络边缘，终端和网络的认证无须访问网络中心的用户身份数据库。"去中心化"安全管理部署方式示意如图 2-14 所示。

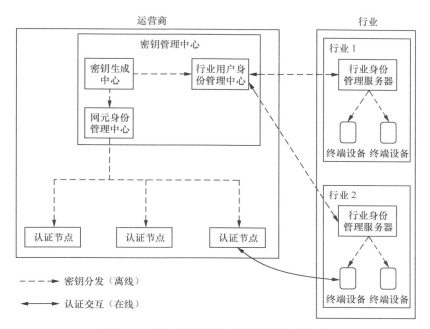

图2-14　"去中心化"安全管理部署方式示意

2.10.5.6　按需的用户隐私保护

5G 网络涉及多种网络接入类型并兼容垂直行业应用，用户隐私信息在多种网络、服务、应用及网络设备中存储使用，因此，5G 网络需要支持安全、灵活、按需的隐私保护机制。

1. 隐私保护类型

5G 网络对用户隐私的保护可以分为以下 3 类。

（1）身份标识保护

用户身份是用户隐私的重要组成部分，5G 网络使用加密技术、匿名化技术等为临时身份标识、永久身份标识、设备身份标识、网络切片标识等身份标识提供保护。

（2）位置信息保护

5G 网络中海量的用户设备及其应用会产生大量的与用户位置相关的信息。例如，定位信息、轨迹信息等。5G 网络使用加密等技术提供对位置信息的保护，并防止通过位置信息分析和预测用户轨迹。

（3）服务信息保护

相比 4G 网络，5G 网络中的服务将更加多样化，用户对使用服务产生的信息保护需求增强，用户服务信息主要包括用户使用的服务类型、服务内容等。5G 网络使用机密性、完整性保护等技术对服务信息提供保护。

2. 隐私保护能力

在服务和网络应用中，不同的用户隐私类型保护需求不同，因此，需要网络提供灵活的隐私保护能力。

（1）提供差异化隐私保护能力

5G 网络能够针对不同的应用、不同的服务，灵活设定隐私的保护范围和保护强度，提供差异化隐私保护能力。

（2）提供用户偏好保护能力

5G 网络能够根据用户需求，为用户提供设置隐私保护偏好的能力，同时具备隐私保护的可配置、可视化能力。

（3）提供用户行为保护能力

5G 网络中业务和场景的多样性，以及网络的开放性，使用户的隐私信息可能从封闭的平台转移到开放的平台，因此，需要对用户行为相关的数据分析提供保护，防止用户的隐私信息被挖掘和被不法分子窃取。

（4）隐私保护技术

5G 网络可以提供多样化的技术手段对用户隐私进行保护，使用基于密码学的机密性保护、完整性保护、匿名化技术等对用户身份进行保护，使用基于密码学的机密性保护、完整性保护对位置信息、服务信息进行保护。

为提供差异化隐私保护能力，网络通过安全策略可配置和可视化技术，以及可配置的隐私保护偏好技术，实现对隐私信息保护范围和保护强度的灵活选择；采用大数据分析相关的保护技术，实现对用户行为相关数据的安全保护。

第3章 5G 信令流程

3.1 5G NR 总体架构

3.1.1 5G NR 总体架构

5G 网络架构如图 3-1 所示。

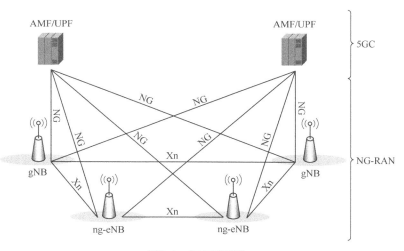

图3-1 5G网络架构

NG-RAN 就是 Next Generation Radio Access Network，即下一代无线接入网络。在非独立组网架构中，这个概念不但包含 5G 基站（gNB），还包括升级的 eLTE 4G 基站（ng-eNB）。也就是说，gNB 和 ng-eNB 合起来就是 NG-RAN。

gNB：gNB 是 5G 基站的名称，g 代表 generation；NB 代表 NodeB，向 UE 提供 NR

用户面及控制面协议终端的节点，并且经由 NG 接口连接到 5GC。

ng-eNB：全称是 next generation eNodeB。在 Option 4 系列非独立组网架构下（NSA），4G 基站必须升级支持 eLTE，和 5G 核心网对接，这种升级后的 4G 基站就叫 ng-eNB，向 UE 提供 E-UTRA 用户面及控制面协议终端的节点，并且经由 NG 接口连接到 5GC。

基站之间通过 Xn 接口连接，基站与 5G 核心网通过 NG 口连接。其中，与 AMF 接入移动管理网关连接采用 NG-C 接口，与 UDF 用户面网关连接采用 NG-U 接口。

3.1.2　网元节点功能

5G 网络节点如图 3-2 所示。

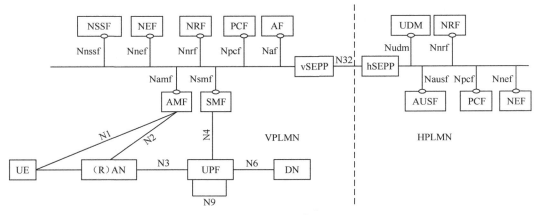

图3-2　5G网络节点

1. gNB 与 ngNB 的主要功能

gNB 与 ngNB 的主要功能包括无线承载控制、无线接入控制、连接移动性控制、上下行链路资源动态分配（调度）等，具体功能如下所述：

（1）IP 头压缩、数据加密和完整性保护；

（2）AMF 选择功能；

（3）用户面数据向 UPF 路由；

（4）控制面信息向 AMF 路由；

（5）连接建立及释放；

（6）寻呼信息的调度和传输；

（7）系统广播信息的调度和传输（来源 AMF 或 O&M）；

（8）移动和调度的测量和测量报告配置；

（9）上行传输等级标记；

（10）会话管理；

（11）支持网络切片；

（12）QoS 管理与数据无线承载映射；

（13）支持处于 RRC_INACTIVE 状态的 UE；

（14）NAS 消息分发功能；

（15）无线接入网共享；

（16）双连接；

（17）NR 和 E-UTRA 的互通。

2. 接入和移动管理功能（Access and Mobility Management Function，AMF）

AMF 的功能相当于 MME 的 CM 和 MM 子层。AMF 接入移动管理网关的主要功能如下所述：

（1）NAS 非接入信令终止；

（2）NAS 非接入信令安全保护；

（3）AS 接入信令安全控制；

（4）用于 3GPP 接入网间移动的网间节点信令；

（5）空闲模式 UE 位置信息（包括控制和执行寻呼重传）；

（6）位置区管理；

（7）支持系统内和系统间的移动性；

（8）接入鉴权；

（9）漫游接入鉴权；

（10）移动性管理（订阅和强制）；

（11）支持网络切片；

（12）SMF 选择。

3. 用户面功能（User Plane Function，UPF）

UPF 相当于 SGW+PGW 的网关。数据从 UPF 到外部网络。UPF 用户面网关的主要功能如下所述：

（1）系统内 / 系统外移动性的锚点（当适用时）；

（2）与数据网络互通的外部 PDU 会话点；

（3）数据包路由和转发；

（4）数据包检查和部分用户面执行策略规则；

（5）传输使用报告；

（6）支持路由到数据网络时上行链路分类；

（7）多个 PDU 会话的分支点；

（8）用户面 QoS 处理，例如，包过滤、滤通、上行 / 下行速率保障；

（9）上行流量验证（SDF 到 QoS 流映射）；

（10）下行包缓冲和下行数据通知控制。

4. 会话管理功能（Session Management Function，SMF）

SMF 的功能相当于 PGW+PCRF 的一部分，承担 IP 地址分配，会话承载管理、计费等（没有网关功能）。SMF 的主要功能如下所述：

（1）会话管理；

（2）UE IP 地址分配和管理；

（3）选择和控制用户面功能；

（4）在 UPF 配置正确的传输路由；

（5）控制部分执行策略和 QoS；

（6）下行数据通知。

5. 政策控制功能（Policy Control Function，PCF）

PCF 的主要功能是提供统一的接入策略。访问 UDR 中签约信息相关的数据用于策略决策。

6. 网络曝光功能（Network Exposure Function，NEF）

NEF 的主要功能是提供安全方法，将 3GPP 的网络功能暴露给第三方应用，例如，边缘计算等。

7. NF 储存功能（NF Repository Function，NRF）

NRF 相当于 NF 功能仓库，支持 NF 发现，提供 NF 实例、类型、支持的服务等。

8. 统一数据管理（Unified Data Management，UDM）

UDM 是统一数据管理。其功能是产生 AKA 过程需要的数据，签约数据管理，用户鉴权处理、短消息管理。相当于归属用户服务器（Home Subscriber Server，HSS）的一部分功能，访问统一数据仓库功能（Unified Data Repository，UDR）获取这些数据。

9. 支持认证服务器功能（Authentication Server Function，AUSF）

AUSF 的主要功能有终端鉴权、提供关键材料、保护控制信息列表交互服务。

10. 非 3GPP 的互操作功能（Non-3GPP Inter Working Function，N3WF）

N3WF 包括 PSEC 隧道建立和维护，UE 和 AMF 间的 NAS 信令中继，以及用户面数据中继（3GPP 和非 3GPP 间的中继层）。

11. 应用功能（Application Function，AF）

AF 与 3GPP 和核心网相互作用，提供一些应用影响路由、策略控制、接入 NE 等功能。

12. 统一的数据仓库（Unified Data Repository，UDR）

UDR 的功能是存储和获取签约数据、策略数据，以及用来暴露给外部的结构化数据。

13. 非结构化数据存储功能（Unstructured Data Storage Function，UDSF）

UDSF 一般和 UDR 分布在一起。

14. 短消息功能（SMS Function，SMSF）

SMSF 的主要功能是校验、监控及截取短消息，以及中转给短消息中心。

15. 网络切片选择功能（Network Slice Selection Function，NSSF）

NSSF 是网络切片选择功能，为 UE 选择网络切片实例，决定允许的 NSSA 以及 AM 集合。

16. 5G 设备识别寄存器（5G-Equipment Identity Register，5G-EIR）

5G-EIR 负责检查永久设备标识符（Pemanent Equipment Identifier，PEI）的状态。

3.1.3　5G 架构部署方式

蜂窝移动通信系统主要包含无线接入网（Radio Access Network，RAN）和核心网（Core Network，CN）两个部分：无线接入网主要由基站组成，为用户提供无线接入功能，核心网主要为用户提供互联网接入服务和相应的管理功能等。在 4G LTE 系统中，基站和核心网分别叫作演进型 Node B（Evolved Node B，eNB）和演进型分组核心网（Evolved Packet Core，EPC）。在 5G 系统中，基站叫作 gNB，无线接入网称为新的无线接入网（New Radio，NR），核心网叫作下一代核心网（Next Generation Core，NGC）。

目前，4G LTE 网络的部署非常广泛，在发达国家几乎可以与 GSM 的覆盖比肩。而此时，5G 的标准化过程正在如火如荼地进行。电信运营商部署 5G 网络不可能是一蹴而就的，必定是逐步部署。这样才能避免短期内的高投入，也能有效降低部署风险。

以 LTE 网络为基础，5G 一共有以下 8 种部署方式。

3.1.3.1　Option 1：LTE遗产

目前，LTE 的部署方式是由 LTE 的核心网和基站组成的，5G 的部署就是以此为基础。

Option 1 的组网方式如图 3-3 所示。

3.1.3.2　Option 2：纯5G网络

5G 网络部署最终想要完全由 gNB 和 NGC 组成。要想在 LTE 系统（Option 1）的基础上演进到 Option 2，需要完全替代 LTE 系统的基站和核心网，同时还要保证覆盖和移动性管理等，部署耗资巨大，很难一步完成。Option 2 的组网方式如图 3-4 所示。

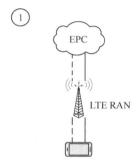

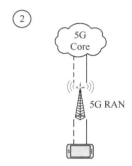

图3-3　Option 1的组网方式　　　　　图3-4　Option 2 的组网方式

3.1.3.3　Option 3：EPC + eNB（主），gNB

先演进无线接入网，保持 LTE 系统核心网不动，即 eNB 和 gNB 都连接至 EPC。先演进无线网络可以有效降低初期的部署成本。Option 3 包含 3 种模式，即 Option 3、Option 3a 和 Option 3x。

Option 3：所有的控制面信令都经由 eNB 转发，eNB 将数据分流给 gNB。

Option 3a：所有的控制面信令都经由 eNB 转发，EPC 将数据分流至 gNB。

Option 3x：所有的控制面信令都经由 eNB 转发，gNB 可将数据分流至 eNB。

此场景以 eNB 为主基站，所有的控制面信令都经由 eNB 转发。LTE eNB 与 NR gNB 采用双链接的形式为用户提供高数据速率服务。此方案可以部署在热点区域，增加系统容量的吞吐率。Option 3 的组网方式如图 3-5 所示。

3.1.3.4　Option 4：NGC + eNB，gNB（主）

Option 4 虽然同时引入了 NGC 和 gNB，但是 gNB 并没有直接替代 eNB，而是采取"兼容并举"的方式部署。在此场景中，核心网采用 5G 的 NGC，eNB 和 gNB 都连接至 NGC。类似地，Option 4 也包含两种模式：Option 4 和 Option 4a。

Option 4：所有的控制面信令都经由 gNB 转发，gNB 将数据分流给 eNB。

Option 4a：所有的控制面信令都经由 gNB 转发，NGC 将数据分流至 eNB。

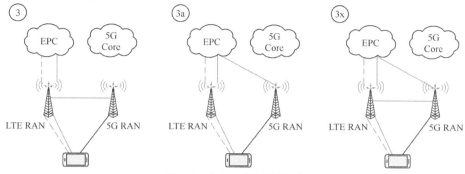

图3-5 Option 3的组网方式

与 Option 3 不同，此场景以 gNB 为主基站。LTE eNB 与 NR gNB 采用双链接的形式为用户提供高数据速率服务。LTE 网络可以保证广覆盖，而 5G 系统部署在热点区域提高系统容量和吞吐率。Option 4 的组网方式如图 3-6 所示。

3.1.3.5 Option 5：NGC+eNB

LTE 系统的 eNB 连接至 5G 的核心网 NGC。"混搭模式"可以理解为首先部署 5G 的核心网 NGC，并在 NGC 中实现 LTE EPC 的功能，之后再逐步部署 5G 无线接入网。Option 5 的组网方式如图 3-7 所示。

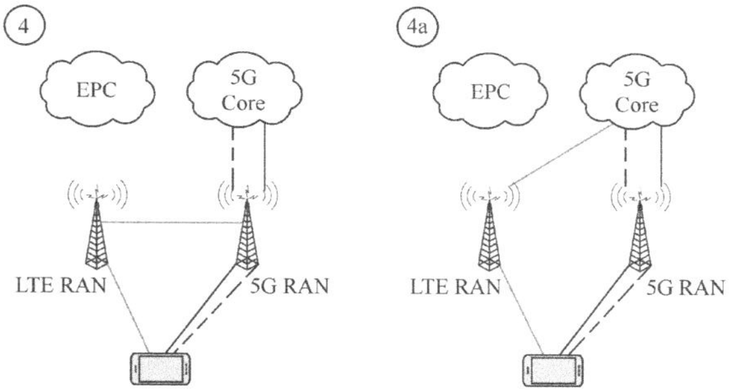

图3-6 Option 4的组网方式

3.1.3.6 Option 6：EPC+gNB

5G gNB 连接至 4G LTE EPC，这个"混搭模式"可以理解为，虽然先部署 5G 的无线接入网，但暂时采用了 4G LTE EPC。此场景会限制 5G 系统的部分功能，例如，网络切片等。Option 6 的组网方式如图 3-8 所示。

3.1.3.7 Option 7：NGC + eNB（主），gNB

虽然同时部署 5G RAN 和 NGC，但 Option 7 以 LTE eNB 为主基站。所有的控制面信令都经由 eNB 转发，LTE eNB 与 NR gNB 采用双链接的形式为用户提供高数据速率服务。此场景包含 3 种模式：Option 7、Option 7a 和 Option 7x。

图3-7　Option 5的组网方式　　　　　图3-8　Option 6的组网方式

Option 7：所有的控制面信令都经由 eNB 转发，eNB 将数据分流给 gNB。

Option 7a：所有的控制面信令都经由 eNB 转发，NGC 将数据分流至 gNB。

Option 7x：所有的控制面信令都经由 eNB 转发，gNB 可将数据分流至 eNB。Option 7 的组网方式如图 3-9 所示。

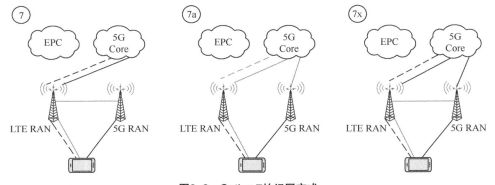

图3-9　Option 7的组网方式

3.1.3.8　Option 8

Option 8 和 Option 8a 使用的是 4G 核心网，即运用 5G 基站将控制面命令和用户面数据传输至 4G 核心网，由于需要对 4G 核心网进行升级改造，所以成本更高、改造更加复杂。Option 8 的组网方式如图 3-10 所示。

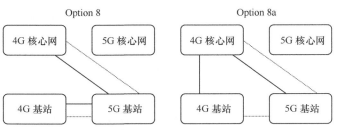

图3-10　Option 8的组网方式

3.1.4　5G 架构演进方案

目前，电信运营商的 LTE 网络部署较为广泛，要想从 LTE 系统升级至 5G 系统并同时保证良好的覆盖和移动性切换非常困难。为了加快 5G 网络部署同时降低 5G 网络初期的部署成本，各个电信运营商需要根据自身网络的特点，制订相应的演进计划。

演进计划都是从 Option 1（LTE RAN + EPC）开始，终极目标是 5G 的全覆盖（Option 2）。各家电信运营商的演进计划各不相同，以中国移动向 3GPP 提交的方案为例给大家做介绍。

Option 1：LTE/EPC → Option 2 + Option 5 → Option 4/4a → Option 2。

Option 2：LTE/EPC → Option 2 + Option 5 → Option 2。

Option 3：LTE/EPC → Option 3/3a/3x → Option 4/4a → Option 2。

Option 4：LTE/EPC → Option 7/7a → Option 2。

Option 5：LTE/EPC → Option 3/3a/3x → Option 1 + Option 2 + Option 7/7a → Option 2 + Option 5。

上述演进计划的基本思路是以 LTE/EPC 为基础，逐步引入 5G RAN 和 5G NGC。部署初期以双链接为主，LTE 用于保证覆盖和切换，热点地区架构 5G 基站，提高系统的容量和吞吐率，最后再逐步演进，进入全面 5G 时代。

目前，国内三大电信运营商采用的是 Option 3x 架构，NSA 非独立组网。

3.2　5G NR 基本信令流程

3.2.1　5G NR 终端状态说明

1. RRC_IDLE

公共陆地移动网（Public Land Mobile Network，PLMN）选择监听系统消息重选应用协商的非连续接收机制（Discontinuous Reception，DRX）配置监听寻呼消息（5GC 发起的），位置区由核心网来管理。

2. RRC_INACTIVE

监听系统消息重选应用协商的 DRX 配置监听寻呼消息（RAN 发起的），跟踪区（RAN）由 NG-RAN 管理，5GC-NG-RAN 仍然与 UE 建立承载；NG-RAN 和 UE 保留上下文信息；NG-RAN 知道 UE 属于哪个 RAN。

3. RRC 连接

5GC-NG-RAN 仍然与 UE 建立承载（both C/U-planes）；NG-RAN 和 UE 保留上下文

信息；NG-RAN 知道 UE 属于哪个 RAN；对特定 UE 建立传输；移动性管理由网络侧决定。

3.2.2　4G/5G 信令过程差别综述

1. UE/gNB/AMF 状态管理

注册状态：4G/5G 都一样，包含注册态和去注册态连接状态 NAS 层，4G 为演进型移动管理空闲态和演进型移动管理连接态，5G 为演进型移动管理空闲态和演进型移动管理连接态。连接状态 AS 层，4G 为空闲态和连接态，5G 为空闲态、连接态和非激活态。

2. 开机注册

4G attach 过程，5G Register。

RRC 连接建立、重配置、释放、修改，4G 和 5G 相同。

3. 业务发起

IDLE 态发起：4G 服务请求；5G 服务请求连接状态发起新业务：4G ERAB 建立或者修改；5G PDU Session 建立或者修改。

4. 切换

4G/5G 基本切换除去由于核心网网元变化引入的差别，大体流程上相同线接情况下的移动性由于双连接方式增多，切换方式更加复杂，产生了伴随切换的双连接激活。

5. 双连接

4G/5G 双连接信令过程与 4G 基本相同。其差别在于，消息信元上的 4G/5G 双连接由于增加 5GC 的原因，增加了 Option 4 和 Option 7 的典型双连接，导致整体上更加复杂。

6. 位置更新

4G；TAU 5G；Registration Update AN RAN Notification Area Up（用于 RC 不活动态，周期性地更新定时器小于注册更新过程定时器）。

7. 寻呼

4G：MME 发起（广播更新发起寻呼用于读广播，不算真正寻呼）。

5G：gNB 和 AMF 发起导呼，用于 RRC INACTIVE 态和 DLE 态的 UE。

8. 短消息 Over Nas

和 4G 一样，5G 核心网提供了 SMSF 作为短消息的总功能接口。

3.2.3　注册管理流程

注册管理用于用户设备（User Equipment，UE）/用户和网络之间进行注册和去注册，

在网络建立用户上下文。一个 UE/ 用户想要获取网络提供的业务必须先向网络注册。注册流程又可分为以下 3 种。

（1）初始注册。

（2）移动更新注册：UE 一旦移动到新的 TA 小区，这个新 TA 已经不属于 UE 的注册区域了，那么就要触发移动性更新注册。

（3）周期性注册：周期注册定时器超时，就会触发周期性注册，这种注册类似于心跳机制，就是让网络知道终端在服务区仍处于开机状态。

注册流程如图 3-11 所示。

3GPP-RAN 接入时的基本注册流程（TS23.502）如下所述。

（1）终端发起注册流程（可以是初始注册，或周期注册，或移动更新注册），不同的注册类型以及场景下 Register Request 携带的参数会有所不同，具体请参考 TS23.502 相关协议。

（2）接入网（也就是 gNB、ng-eNB）根据 UE 携带的参数选择合适的 AMF；接入网具体如何选择 AMF，请参考 TS23.501，clause 6.3.5。

（3）接入网→ AMF，通过 N2 消息将 NAS 层的 Registration-Request 消息发给 AMF；如果接入层（Access Stratum，AS）和 AMF 当前存在 UE 的信令连接，则 N2 消息为 "UPLINK NAS TRANSPORT" 消息，否则为 "INITIAL UE MESSAGE"。如果注册类型为周期性注册，那么步骤（4）～步骤（20）可以被忽略。

（4）～（5）新 AMF 向旧 AMF 获取 UE 的上下文信息。

（6）～（7）AMF 向 UE 获取 ID 信息。

（8）AMF 选择鉴权服务器。

（9）UE 与核心网之间的鉴权过程。

（10）新 AMF 通知旧 AMF 终端的注册结果。

（11）ID 获取流程；如果 UE 没有提供 PEI 且也无法从旧的 AMF 中获取到，那么 AMF 就会触发 ID 流程来获取 PEI，PEI 应该进行加密传输，需要注意的是，无鉴权的紧急注册除外。

（12）AMF 请求设备识别寄存器（Equipment Identification Register，EIR）检查移动设备识别码（Mobile Equipment Identifier，MEID）的合法性。

（13）UDM 选择。

（14a）～（14c）AMF 将 UE 注册到 UDM；从 UDM 获取 UE 的接入和移动订阅数据、SMF 选择订阅数据、UE 在 SMF 的上下文信息等。

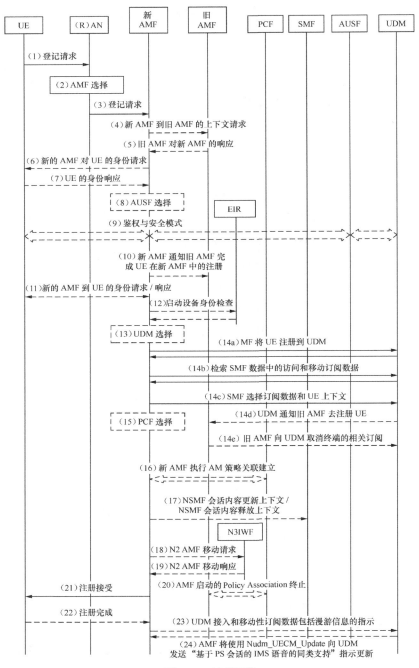

图3-11　注册流程

（14d）UDM 通知旧 AMF 去注册 UE，旧 AMF 删除 UE 上下文等信息。

（14e）旧 AMF 向 UDM 取消终端的相关订阅。

（15）～（16）如果 AMF 还没有 UE 的有效接入和移动策略信息，那么选择合适的 PCF 去获取 UE 的接入和移动策略信息。

（17）PDU Session 更新。

（18）～（19）通知 N3IWF。

（20）旧 AMF 触发 Policy Association 终结流程。

（21）新 AMF 向 UE 发注册接收消息 Registration-Accept。

（22）UE 给网络回复注册完成消息，只有网络给在 Registration Accept 消息分配了 5G-GUTI 或者网络分片订阅发生改变时才需要 UE 回复注册完成消息。

（23）如果 UDM 在（14b）中向 AMF 提供的接入和移动性订阅数据包括漫游信息，则该流程指示 UDM 对 UE 接收该信息的确认。

（24）AMF 将使用 Nudm 到 UECM 更新信令向 UDM 发送基于"PS 会话的 IMS 语音的同类支持"指示。

3.2.4　随机接入信令流程

随机接入触发条件，随机访问过程由许多事件触发。

RRC_IDLE 初始接入连接重建切换，当 UL 同步状态为"失步"时，RRC CONNECTED 中的 D 或 U 数据到达，从 RRC INACTIVE 接入 SN 建立请求其他 S 的接入 Beam 异常恢复。

当且仅当 D 的测量质量低于广播值时，UE 选择 SU 载波进行初始接入，一旦启动，随机接入进程的所有上行传输仍保留在选定的载波上。

随机接入示意如图 3-12 所示。

3.2.4.1　基于竞争随机接入

竞争随机接入信令如图 3-13 所示。

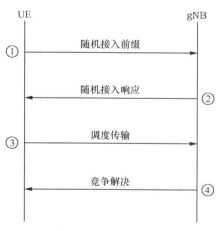

图3-12　随机接入示意

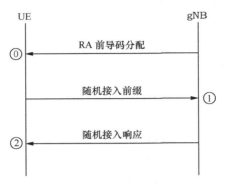

图3-13　竞争随机接入信令

3.2.4.2　非竞争随机接入

1. RRC 连接到不活动的 RRC

非竞争随机接入信令如图 3-14 所示。

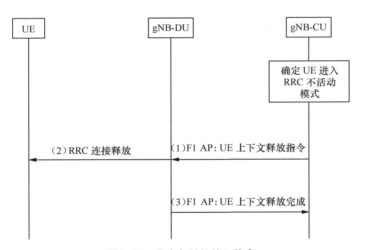

图3-14　非竞争随机接入信令

gNB-CU 从连接模式确定 UE 进入 RRC 不活动模式。

（1）gNB-CU 向 UE 生成 RC 连接释放消息。RRC 消息被封装在 F1 AP 中，通过 UE 上下文释放命令消息到 gNB-DU 中。

（2）gNB-DU 将 RRC 连接释放消息转发给 UE。

（3）BNB-DU 使用 FI AP 中的 UE 上下文释放响应消息进行响应。

RRC 连接到不活动的 RRC 如图 3-15 所示。

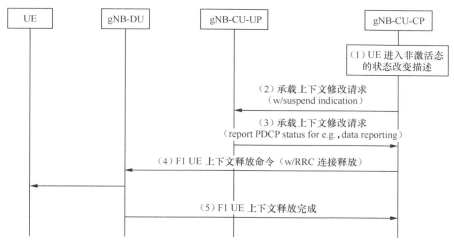

图3-15 RRC连接到不活动的RRC

gNB-CU-CP 确定 UE 应该进入 RRC 不活动状态。

（1）gNB-CU-CP 发送 E1 承载上下文修改请求，包含 gNB-CU-UP 挂起标识，这表明 UE 正在进入 RCC INACTIVE 状态。gNB-CU-CP 保持 F1 UL TEDs。

（2）gNB-CU-UP 发送 E1 承载上下文修改响应，包括 tePDCP UL 和 D 状态，这些状态可能需要用于数据量报告。gNB-CU-UP 保持承载上下文、UE 相关的逻辑 E1 连接、NG-U 相关资源，例如，NG-U DL TEID5、F1 UL TEDs。

（3）gNB-CU-CP 将 F1 UE 上下文释放命令发送到为 UE 服务的 gNB-DU，并将 RC 释放消息发送到 UE。

注意: （1）和（3）可以同时执行。

（4）gNB-DU 向 UE 发送 RRC-Release 消息。

（5）gNB-DU 将 F1 UE 上下文释放完成消息发送给 gNB-CU-CP。

2. RRC 非激活态到其他状态信令

RRC 非激活态到其他状态信令 1 如图 3-16 所示。

（1）如果从 5GC 接收到数据，gNB-CU 向 gNB-DU 发送 F1 AP 寻呼消息。

（2）gNB-DU 向 UE 发送寻呼消息注意步骤（1）和步骤（2）仅在 DL 数据到达时存在。

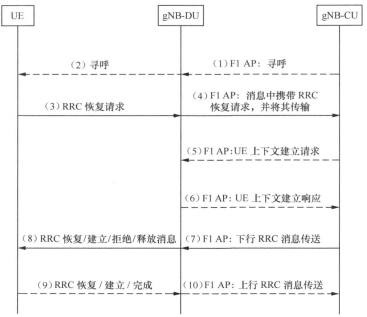

图3-16 RRC非激活态到其他状态信令1

（3）UE 在基于 RAN-based 寻呼、UL 数据到达或 RNA 更新时发送 RRC 恢复请求。

（4）gNB-DU 在一个 Non-UE 关联的 F1 AP INITIAL UL RRC MESSAGE TRANSFER 消息中携带 RRC 恢复请求，并将其传输到 gNB-CU。

（5）对于非活动到活动的 UE 转换（不包括仅由于信令交换而导致的转换）gNB-CU 分配 gNB-CU UE F1 APID，并向 gNB-DU 发送 F1 AP：UE 上下文建立请求消息，其中可能包括要设置的 SRB ID 和 DRB ID。

（6）gNB-DU 使用 F1 AP：UE 上下文建立响应消息进行响应，其中包含 gNB-DU 提供的 SRB 和 DRBs 的 RC/ MAC/PHYI 配置。

（7）gNB-CU 向 UE 生成 RC 恢复 / 建立 / 拒绝 / 释放消息。RRC 消息与 SRB0 一起封装在 F1 AP DL RRC MESSAGE TRANSFER 消息中。

（8）gNB-DU 根据 SRB0 将 RC 消息转发到 UE 或 SRB0 或 SRB1。

（9）UE 向 gNB-DU 发送 RRC 恢复 / 建立完成信息。

（10）gNB-DU 将 RRC 封装在 F1 AP UL RRC MESSAGE TRANSFER 消息中，并发送到 gNB-CU。

RRC 非激活态到其他状态信令 2 如图 3-17 所示。

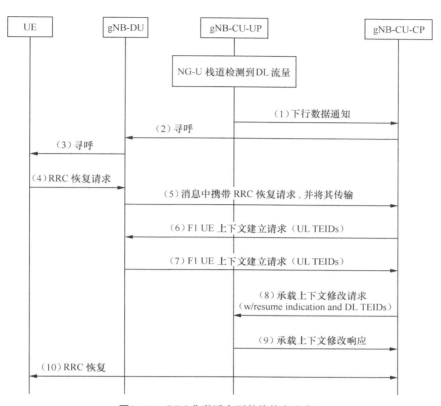

图3-17　RRC非激活态到其他状态信令2

gNB-CU-UP 接收 NGU 接口上的 DL 数据。

（1）gNB-CU-UP 向 gNB-CU-CP 发送 E1DL 数据到达通知消息。

（2）gNB-CU-CP 启动 F1 寻呼流程。

（3）gNB-DU 向 UE 发送寻呼消息。

注意：只有在 DL 数据到达时才需要（1）～（3）步。

（4）UE 在 RAN 寻呼或数据到达时发送 RRC-Resume-Request。

（5）gNB-DU 将 INITIAL UL RRC Message Transfer 消息发送到 gNB-CU。

（6）gNB-CU-CP 发送 F1 UE 上下文建立请求消息，包括存储的 F1 UL TEIDs，以在 gNB-DU 中创建 UE 上下文。

（7）gNB-DU 使用 UE 上下文建立响应消息进行响应，包括为 DRB 分配 F1 DL TEIDs。

（8）gNB-CU-CP 发送 E1 承载上下文修改请求，带有 RRC 恢复指示，表示 UE 从 RRC 非活动状态恢复。gNB-CU-CP 还包括步骤（7）中从 gNB-DU 接收到的 F1 DL TEIDs。

（9）gNB-CU-UP 响应 E1 承载上下文修改请求。

（10）gNB- CU-CP 和 UE 通过 gNB-DU 完成 RC 恢复。

注意：步骤（8）、步骤（9）、步骤（10）可以同时执行。

3. RRC 连接重配置

RRC 连接重配置如图 3-18 所示。

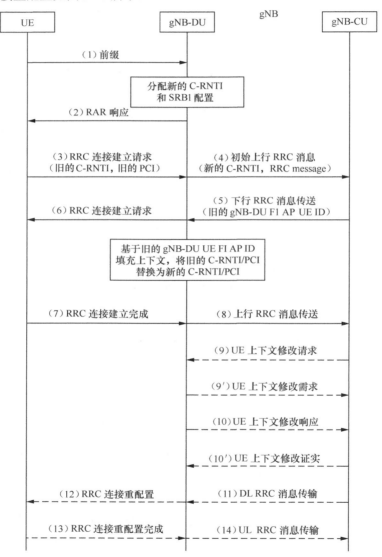

图3-18　RRC连接重配置

（1）UE 向 gNB-DU 发送序言。

（2）gNB-DU 分配新的 C-RNTI 并以 RAR 响应 UE。

（3）UE 向 gNB-DU 发送 RC 连接重建请求消息，gNB-DU 包含旧的 C-RNTI 和旧的 PCI。

（4）gNB-DU 含有 RRC 消息，并且如果允许 UE，则在 F1 AP INITIAL UL RRC MESSAGE TRANSFER 消息中包含对应的底层配置并传输到 gNB-CU 中。The INITAIL UL RRC MESSAGE TRANSFER 消息应该包含 C-RNTI。

（5）NB-CU 将包括 RC 连接重建消息和旧的 gNB-DU F1 AP UE ID 到 F1 AP DL RRC MESSAGE TRANSFERY 消息传输到 gNB-DU。

（6）NB-DU 根据旧的 IBNB-DU F1 AP UE ID 检索 UE 上下文，用新的 C-RNTI 替换旧的 C-RNTI，并向 UE 发送 RRC 连接重建消息。

（7）～（8）UE 应用新的配置并向 gNB-DU 发送 RRC 连接重建完成消息。gNB-DU 将 RRC 消息封装在 F1 AP UL RRC MESSAGE TRANSFER 消息中发送到 gNB-CU。

（9）～（10）gNB-CU 通过发送 UE 上下文修改请求触发 UE 上下文修改过程，其中可能包括要修改的 DRBs 和释放列表。带有 UE 上下文修改的 gNB-CU 响应确认消息列表来触发 UE 上下文修改过程。带有 UE 上下文修改的 gNB-CU 响应确认消息。

注意：如果 UE 接入的不是原来的 gNB-DU，则 gNB-CU 应该触发这个新的 gNB-DU 的 UE 上下文建立过程。

（11）～（12）gNB-CU 发送包括封装在 F1 AP DL RRC MESSAGE TRANSFER 消息中的再连接重配置消息到 gNB-DU，gNB-DU 将其转发给 UE。

（13）～（14）UE 向 gNB-DU 发送 RRC 连接重配完成消息，gNB-DU 将其转发给 gNB-CU。

4. UE 初始接入

UE 初始接入如图 3-19 所示。

（1）UE 向 gNB-DU 发送 RC 连接请求消息。

（2）gNB-DU 包含 RRC 消息，如果允许 UE，则在 F1 AP 初始 UL RRC 消息传输消息和传输到 gNB-CU 中对应的低层配置中对应的低层配置。初始 UL RRC 消息传输消息包括 gNB-DU 分配的 CRNT。

（3）gNB-CU 为 UE 分配一个 BNB-CU UE F1 AP，并向 UE 生成 RRC 连接设置消息。RRC 消息封装在 F1 AP DL RRC 消息传输消息中。

（4）gNB-DU 向 UE 发送 RRC 连接建立消息。

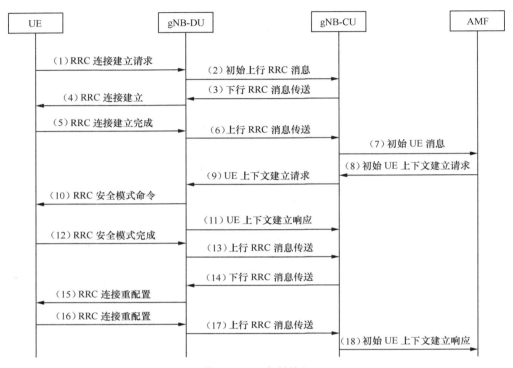

图3-19 UE初始接入

（5）UE 向 gNB-DU 发送 RRC 连接建立完成消息。

（6）gNB-DU 将 RC 消息封装在 F1 AP UL RRC 消息中传输，并将其发送给 gNB-CU。

（7）gNB-CU 向 AMF 发送初始 UE 消息。

（8）AMF 向 gNB-CU 发送初始的 UE 上下文建立请求消息。

（9）gNB-CU 发送 UE 上下文建立请求消息，用以在 gNB-DU 中建立 UE 上下文。在此消息中，它还可以封装 RRC 安全模式命令消息。

（10）gNB-DU 向 UE 发送 RRC 安全模式命令消息。

（11）gNB-DU 将 UE 上下文设置响应消息发送给 gNB-CU。

（12）UE 以 RRC 安全模式完全响应消息。

（13）gNB-DU 将 RRC 消息封装在 F1 AP UL RRC 消息中传输，并将其发送给 gNB-CU。

（14）gNB-CU 生成 RRC 连接重配置消息，并将其封装在 F1 AP DL RRC 消息中传输。

（15）gNB-DU 向 UE 发送 RRC 连接重配置消息。

（16）UE 向 gNB-DU 发送 RRC 连接重新配置完成消息。

（17）gNB-DU 将 RC 消息封装在 F1 AP UL RRC 消息中传输，并将其发送到 gNB-CU。

（18）gNB-CU 向 AMF 发送初始 UE 上下文设置响应消息。

5. F1-U 承载上下文建立

F1-U 承载上下文建立信令 1 如图 3-20 所示。

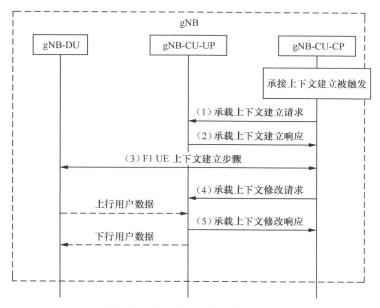

图3-20 F1-U承载上下文建立信令1

在 gNB-CU-CP 中触发承载上下文建立流程（例如，在 MeNB 的 SeNB 添加请求之后）。

（1）gNB-CU-CP 发送一个承载上下文建立请求消息，其中包含用于 S1-U 或 NG 的 UL TNL 地址信息；如果需要，还将用于 X2-U 或 Xn-U 的上下行 TNL 地址信息，用于在 gNB-CU-UP 中设置承载上下文。对于 NG-RAN，gNB-CU-CP 决定 FOW-DRB 的映射，并将生成的 SDAP 和 PDCP 配置发送到 gNB-CU-UP。

（2）gNB-CU-UP 使用承载上下文建立响应消息进行响应，其中包含用于 F1 的 ULTN

地址信息，用于 S1-U 或 NGU 的 DLTM 地址信息，如果需要，用于 X2-U 或 Xn-U 的 DL 或 UL TNL 地址信息。

（3）执行 F1 UE 上下文建立流程在 gNB-DU 中建立一个或多个承载。

（4）gNB-CU-CP 发送一个承载上下文修改请求消息，其中包含 F1-U 和 PDCP 状态的 DL TNL 地址信息。

（5）gNB-CU-UP 使用承载上下文修改响应消息进行响应。

F1-U 承载上下文建立信令 2 如图 3-21 所示。

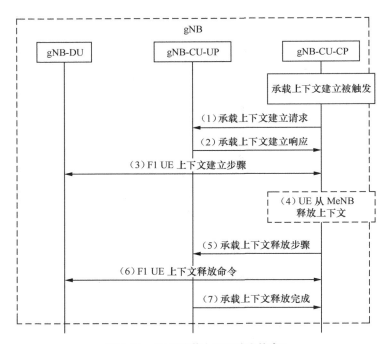

图3-21 F1-U承载上下文建立信令2

承载上下文释放，例如，在 MeNB 发出 SgNB 释放请求之后在 gNB-CU-CP 中触发。

（1）gNB-CU-CP 向 gNB-CU-UP 发送一个承载上下文修改请求消息。

（2）gNB-CU-UP 响应带有承载上下文修改响应，其中包含 PDCP UL/DL 状态。

（3）执行 F1 UE 上下文修改程序以停止 UE 的数据传输。何时停止 UE 调度取决于 gNB-DU 实现。注意：只有当承载的 PDCP 状态需要保留时才执行步骤（1）～步骤（3），例如，对于承载类型的更改。

（4）gNB-CU-CP 可以从 ENDC 操作中的 MeNB 接收 UE 上下文释放消息（双连接情况下）。

（5）gNB-CU-CP 向 eNB-CU-UP 下发承载上下文释放命令。

（6）执行 F1 UE 上下文释放过程以释放 gNB-DU 中的 UE 上下文。

（7）gNB-CU-UP 向 gNB-CU-CP 发送承载释放完成消息。

6. gNB-DU 间移动性信令流程

gNB-DU 间移动性信令如图 3-22 所示。

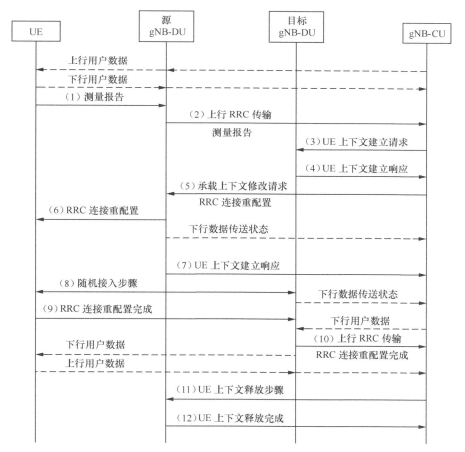

图3–22　gNB-DU间移动性信令

（1）UE 向源 gNB-DU 发送测量报告消息。

（2）源 gNB-DU 向 gNB-CU 发送上行 RC 传输消息，以传递接收到的测量报告。

（3）gNB-CU 向目标 gNB-DU 发送 UE 上下文建立请求消息，以创建 UE 上文并建立一个或多个承载程序。

（4）目标 gNB-DU 使用 UE 上下文建立响应消息响应 gNB-CU。

（5）gNB-CU 向源 gNB-DU 发送 UE 上下文修改请求消息，其中包含生成的 RRC 连接重配置消息，并指示停止 UE 的数据传输。

（6）源 gNB-DU 将接收到的 RRC 连接重配置消息转发给 UE。

（7）源 gNB-DU 使用 UE 上下文修改响应消息响应 gNB-CU。

（8）目标 gNB-DU 对目标执行随机接入过程，目标 gNB-DU 发送下行数据发送状态帧，通知 gNB-CU。下行链路包（可能包括源 gNB-DU 中未成功传输的 PDCP PDU）从 gNB-CU 发送到目标 gNB-DU。

（9）UE 发送 RRC 连接重配置完成消息响应目标 gNB。

（10）目标 gNB-DU 向 gNB-CU 发送上行 RRC 传输消息，以传递接收到的 RRC Connection Reconfiguration Complete 消息。下行数据包被发送到 UE 上行数据包从 UE 发送，通过目标 gNB-DU 转发到 gNB-CU。

（11）gNB-CU 向源 gNB-DU 发送 UE 上下文释放命令消息。

（12）源 gNB-DU 释放 UE 上下文，并且用 UE 上下文释放完成消息响应 gNB-CU。

7. gNB-CU-UP 变更信令

gNB-CU-UP 变更信令如图 3-23 所示。

（1）基于 UE 的测量报告，在 gNB-CU-CP 中，gNB-CU-UP 的变更被触发。

（2）～（3）承载上下文建立过程（参考 Bearer context setup over F1-U）。

（4）～（5）执行承载上下文修改过程（gNB-CU-CP 发起），使 gNB-CU-CP 能够检索 PDCP UL/DL 状态，并为承载交换数据转发信息。

（6）对于 gNB-DU 中的一个或多个承载，执行 F1 UE 上下文修改过程，以更改 F1-U 的 UL TNL 地址信息。

（7）～（8）执行承载上下文修改过程（参考 Bearer context setup over F1-U）。

（9）～（10）承载上下文释放过程 gNB-CU-CP 发起，参考 Bearer context release over F1-U）。

（11）数据转发可以从源 gNB-CU-UP 执行到目标 gNB-CU-UP。

（12）～（14）通过路径变更过程将 DL TNL 地址信息更新到核心网中。

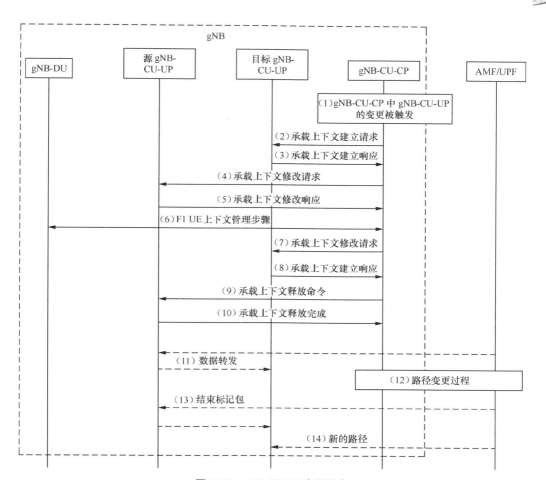

图3-23　gNB-CU-UP变更信令

8. 涉及 gNB 用户面变更的 gNB 间切换

涉及 gNB 用户面变更的 gNB 间切换如图 3-24 所示。

（1）源 gNB-CU-CP 向目标 gNB-CU-CP 发送 Xn 切换请求消息。

（2）～（4）承载上下文建立过程（参考 Bearer context setup over F1-U）。

（5）目标 gNB-CU-CP 用 Xn 切换请求确认消息响应源 gNB-CU-CP。

（6）执行 F1 UE 上下文修改过程，以停止在 gNB-DU 上的 UL 数据传输，并将切换命令发送给 UE。

（7）～（8）执行承载上下文修改过程 gNB-CU-CP 发起，使 gNB-CU-CP 能够检索 PDCP UL/DL 状态，并为承载交换数据转发信息。

（9）源 gNB-CU-CP 向目标 gNB-CU-CP 发送一个 SN 状态传输消息。

（10）～（11）执行承载上下文修改过程（参考 Bearer context setup over F1-U）。

（12）数据转发从源 gNB-CU-UP 执行到目标 gNB-CU-UP。

（13）～（15）通过路径变更过程将 DL TNL 地址信息更新到核心网中。

（16）目标 gNB-CU-CP 向源 gNB-CU-CP 发送 UE 上下文释放消息。

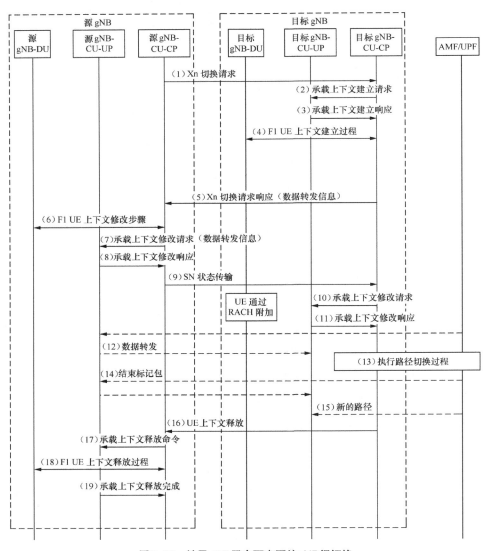

图3-24　涉及gNB用户面变更的gNB间切换

（17）～（19）执行 F1 UE 上下文释放过程，以释放源 gNB-DU 中的 UE 上下文。

9. 服务请求

服务请求信令如图 3-25 所示。

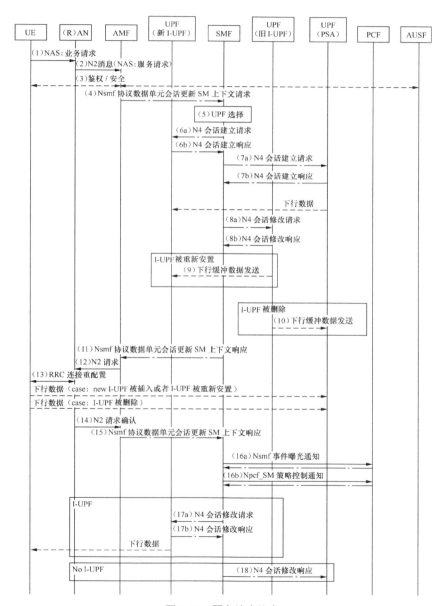

图 3-25　服务请求信令

10. PDU 会话建立

PDU 会话建立如图 3-26 所示。

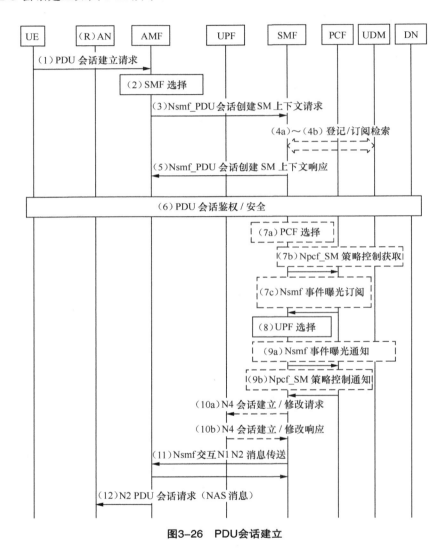

图3-26　PDU会话建立

3.2.5　AMF/UPE 内的切换

AMF/UPE 内的切换如图 3-27 所示。

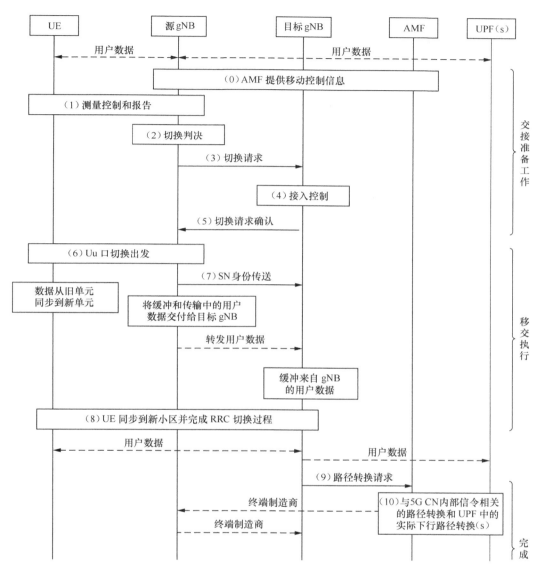

图3-27　AMF/UPE内的切换

3.2.6　基于 Xn 切换（AMF/UDF 未变）

基于 Xn 切换（AMF/UDF 未变）如图 3-28 所示。

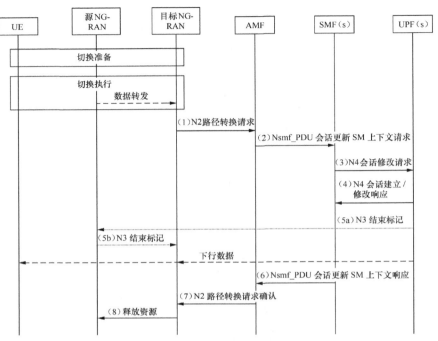

图3-28　基于Xn切换（AMF/UDF未变）

3.2.7　RAN 更新过程

RAN 更新过程如图 3-29 所示。

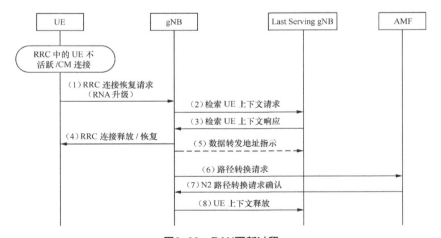

图3-29　RAN更新过程

3.3　5G NSA 信令流程

非独立组网（Non-Stand Alone，NSA）模式与独立组网（Stand Alone，SA）模式是 5G NR 在实际网络发展过程中的两种组网配置形态。NSA 是一种能够快速提供 5G 能力、实现规模部署的组网方案。一般非独立组网模式都是通过多射频技术双连接（Multi-Radio Dual Connectivity，MR-DC）实现的，尽管非独立组网模式也存在多种实现形态，例如，EN-DC、NGEN-DC、NE-DC、NR-DC，但我们一般认为核心网基于 4G 的核心网 EPC，锚定 4G 基站 eNB 作为主节点，辅节点为 NR 基站 gNB，这种形态作为目前 NSA 模式的认知范畴，即 EN-DC（E-UTRA-NR Dual Connectivity）。独立组网模式则完全脱离了 4G 在基站侧的锚定，核心网也彻底从 EPC 实现了向 5GC 的变革转换。除了组网物理架构方面的差异，如果从系统流程设计的角度来观察，NSA 模式与 SA 模式一个显著的区别在于高层信令流程的路由，SA 的信令流程路径是 5GC-gNB-UE，即 5G 核心网通过 5G NR 基站实现与 UE 的信令交互，而 NSA 的信令流程路径则是（以 EN-DC 为例）4G 核心网以 4G 基站作为主节点实现信令交互，同时 5G 基站也可以选配以辅节点的形态传递信令，但核心网 EPC 与 5G 基站之间没有信令互通。5G 基站辅节点与 4G 基站主节点之间通过 X2 接口可以实现信令互通。NSA 模式的意思是 4G 基站为主，5G 基站为辅，有业务的时候是双连接，与两个基站都有连接。UE 从 4G 基站 rach 接入，连接建立的信令过程都走 4G 基站，信令消息里会包含 5G 的基站信息。很多 NR 信令流程和 LTE 信令流程一样，只是增加了 5G 邻区测量等 5G 服务（在重配置里面设置）。

3.3.1　NSA 总流程

NSA 总流程如图 3-30 所示。

3.3.1.1　UE 的初始接入

UE 的初始接入流程如下所述。

（1）RRC 连接设置请求（RRC Connection Setup Request）。此请求的功能是建立 RRC 连接，之后收到网络侧回复的 RRC 连接设置，RRC 建立完成。

（2）RRC 连接设置。

（3）RRC 连接设置完成。

（4）将上行 NAS 信息传输发送到 MME。

（5）将初始直传消息发送到 MME。

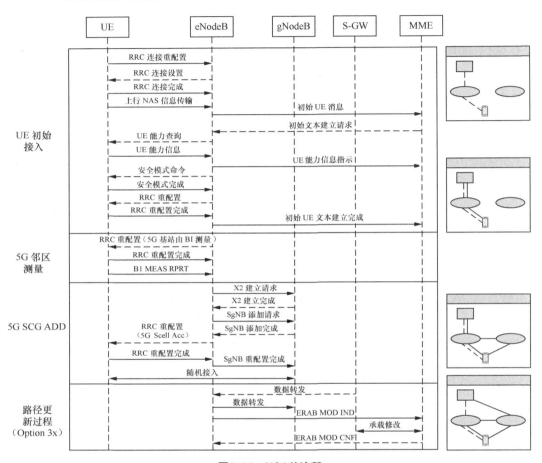

图3-30　NSA总流程

（6）初始文本建立请求接收自 MME。

（7）将 UE 能力查询发送到 UE。

（8）RRC UE 能力信息接收自 UE。

（9）将 UE 能力信息指示发送到 MME。

（10）将 RRC 安全模式命令发送到 UE。

（11）连接重配置完成接收自 UE。

（12）将 RRC 连接重配置发送到 UE。

（13）RRC 连接重配置完成接收自 UE。

（14）将初始文本建立完成发送到 MME。

3.3.1.2 5G邻区测量

5G 邻区测量流程如下所述。

（1）RRC 连接重配置（5G 小区测量基于 B1 策略）。

（2）连接重配置完成消息。

（3）测量报告。

3.3.1.3 5G小区添加辅小区组（Secondary Cell Group，SCG）

5G 小区添加辅小区组的流程如下所述。

（1）eNB → gNB X2 接口连接请求。

（2）gNB → eNB X2 接口连接响应。

（3）eNB → gNB SgNB 添加请求。

（4）gNB → eNB SgNB 添加响应。

（5）eNB → UE RRC 连接重配置（5G 辅小区添加）。

（6）UE → eNB RRC 连接重配置完成。

（7）SgNB 重配置完成。

（8）随机接入完成。

3.3.1.4 路径更新过程（Option 3x）

Option 3x 的路径更新过程如下所述。

（1）数据转发。

（2）ERAB 修改指示。

（3）承载修改。

（4）ERAB 修改。

3.3.2 NSA 下行数据分流

NSA 下行数据分流如图 3-31 所示。

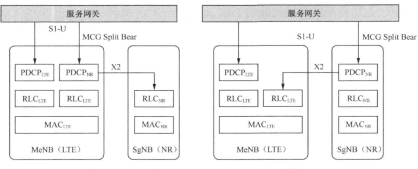

图3-31　NSA下行数据分流

3.3.3　NSA 辅站添加流程

NSA 辅站添加流程如图 3-32 所示。

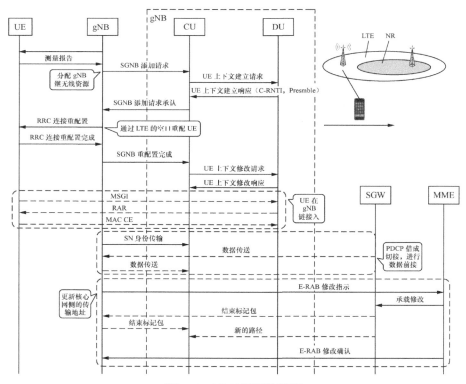

图3-32　NSA辅站添加流程

3.3.4　测量控制及测量报告上报

测量控制及测量报告信令流程如图 3-33 所示。

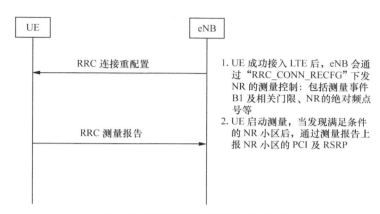

图3-33　测量控制及测量报告信令流程

3.3.5　辅站添加

辅站添加如图 3-34 所示。

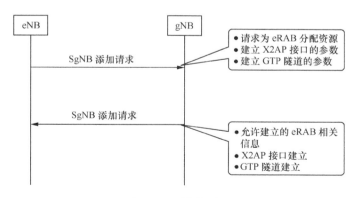

图3-34　辅站添加

3.3.6 空口辅站添加信令流程

空口辅站添加信令流程如图 3-35 所示。

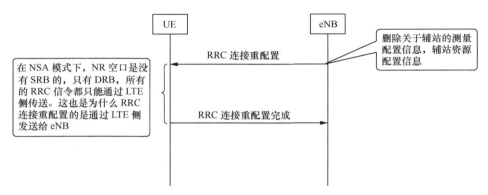

图3-35 空口辅站添加信令流程

3.3.7 gNR 侧的随机接入

UE 在 LTE 侧发送 RRC 连接重配置完成后，就会尝试接入 NR；以下三条信令因为是层 1 信令，所以无法通过 LMT 跟踪。在 NSA 模式下，NR 空口是没有 SRB 的，只有 DRB，所有的 TTC 信令只能通过 LTE 传送。

gNR 侧的随机接入如图 3-36 所示。

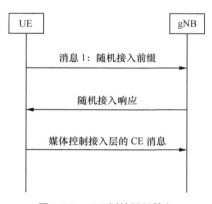

图3-36 gNR侧的随机接入

3.3.8　辅站添加流程

辅站添加流程如图 3-37 所示。

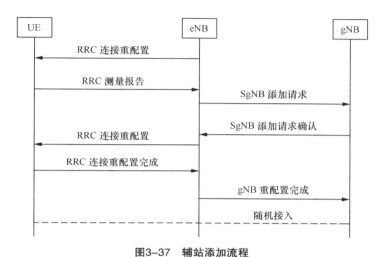

图3-37　辅站添加流程

3.3.9　核心网侧的传输地址更新

核心网侧的传输地址更新如图 3-38 所示。

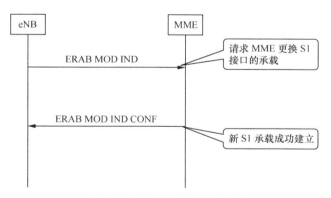

图3-38　核心网侧的传输地址更新

3.3.10 NSA 辅站修改（主站触发）

NSA 辅站修改（主站触发）如图 3-39 所示。

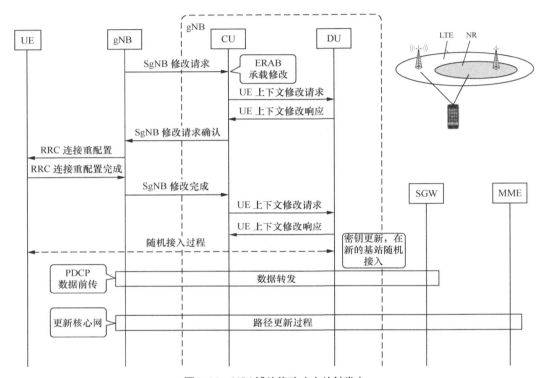

图3-39 NSA辅站修改（主站触发）

3.3.11 NSA 辅站修改（辅站触发）

NSA 辅站修改（辅站触发）如图 3-40 所示。

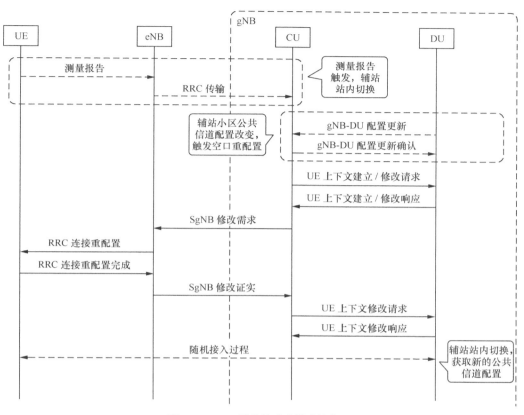

图3-40　NSA辅站修改（辅站触发）

3.3.12　主站触发的辅站释放

主站触发的辅站释放如图 3-41 所示。

3.3.13　辅站触发的辅站释放

辅站触发的辅站释放如图 3-42 所示。

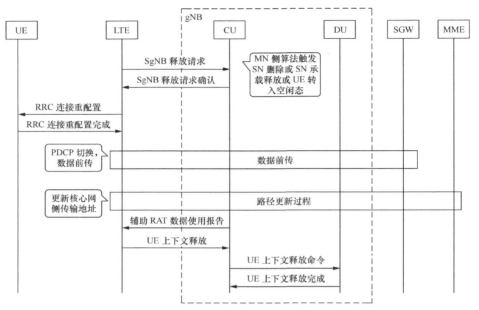

图3-41　主站触发的辅站释放

辅站发起的辅站释放

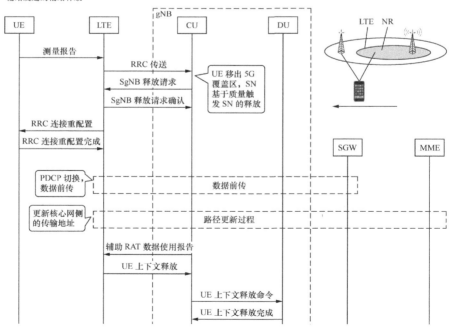

图3-42　辅站触发的辅站释放

第4章 5G 关键技术

4.1 NR 新空口技术

NR 空口协议层的总体设计基于 LTE，并进行了增强和优化。用户面在 PDCP 层上新增 SDAP 层，优化了 PDCP 层和 RLC 层的功能，以降低时延和增强可靠性。控制面 RRC 层新增 RRC_INACTIVE 态，利于终端节电，降低控制面时延。在物理层，NR 优化了参考信号设计，采用更灵活的波形和帧结构参数，降低了空口开销，利于前向兼容和适配多种不同应用场景的需求。LTE 业务信道采用 Turbo 码，控制信道采用卷积码。NR 则在业务信道采用可并行解码的 LDPC 码，控制信道主要采用 Polar 码。NR 采用的信道编码理论性能更优，具有更低的时延、更高的吞吐量等特点。

与 LTE 上行仅采用 DFT-S-OFDM 波形不同，NR 上行同时采用了 CP-OFDM 波形和 DFT-S-OFDM 两种波形，可根据信道状态自适应转换。CP-OFDM 波形是一种多载波传输技术，在调度上更加灵活，在高信噪比环境下链路性能较好，适用于小区中心用户。类似于 LTE，NR 空口支持时频正交多址接入。相比 LTE 采用相对固定的空口参数，NR 设计了一套灵活的空口参数集，通过不同的参数配置，可适配不同应用场景的需求。不同的子载波间隔可实现长度不同的 slot/mini-slot，一个 slot/mini-slot 中的 OFDM 符号包括上行、下行和灵活符号，可半静态或动态配置。NR 取消了 LTE 空口中的小区级参考信号 CRS，保留 UE 级的参考信号 DMRS、CSI-RS 和 SRS，并针对高频场景中的相位噪声，引入参考信号 PTRS。NR 主要的参考信号仅在连接态或有调度时传输，降低了基站的能耗和组网干扰，其结构更适合在 Massive MIMO 系统多天线端口发送。

从 3GPP 来看，NR 的空口设计十分灵活，考虑到设备实现和组网的复杂度，在实际部署中应根据应用场景特性和频率资源情况，从空口协议中找到一个简洁可行的技术方案。

4.2 非正交多址接入（NOMA）技术

非正交多址接入（Non-Orthogonal Multiple Access，NOMA）技术，通过功率复用或特征码本设计，允许不同用户占用相同的频谱、时间、空间等资源，在理论上相对于正交多址接入技术（Orthogonal Multiple Access，OMA）技术可以取得明显的性能增益。NOMA 不同于传统的正交传输，在发送端采用非正交发送，主动引入干扰信息，在接收端通过串行干扰删除技术实现正确解调。与正交传输相比，接收机的复杂度有所提升，可以获得更高的频谱效率。非正交传输的思想是利用复杂的接收机设计来换取更高的频谱效率，随着芯片处理能力的增强，将使非正交传输技术在实际系统中的应用成为可能。

目前，主流的 NOMA 技术方案包括基于功率分配的 NOMA（Power Division based NOMA，PD-NOMA）、基于稀疏扩频的图样分割多址接入（Pattern Division Multiple Access，PDMA）、稀疏码多址接入（Sparse Code Multiple Access，SCMA）、基于非稀疏扩频的多用户共享多址接入（Multiple User Sharing Access，MUSA）等。此外，还包括基于交织器的交织分割多址接入（Interleaving Division Multiple Access，IDMA）、基于扰码的资源扩展多址接入（Resource Spread Multiple Access，RSMA）等 NOMA 方案。尽管不同的方案具有不同的特性和设计原理，但由于资源的非正交分配，NOMA 比传统的 OMA 具有更高的过载率，从而在不影响用户体验的前提下增加了网络的总体吞吐量，实现 5G 的海量连接和高频谱效率的需求。

尽管 NOMA 比 OMA 有明显的性能增益，但是由于多用户通过扩频等方式进行信号叠加传输，用户间存在严重的多址干扰，多用户检测的复杂度急剧增加。因此，近似最大似然（Maximum Likelihood，ML）检测性能的低复杂度接收机的实现是 NOMA 实用化的前提。

从 2G、3G 到 4G，多用户复用技术无非就是在时域、频域、码域上做文章，而 NOMA 在 OFDM 的基础上增加了一个维度——功率域。新增这个功率域的目的是，利用每个用户不同的路径损耗来实现多用户复用，3G/4G 与 FRA 多址方式比较如图 4-1 所示。

NOMA 中的关键技术有串行干扰删除、功率复用等。

	3G	3.9/4G	FRA
用户复用信号	非正交 CDMA	正交	非正交 SIC　with（NOMA）
信号波形	单载波	OFDM（or DFT-s-OFDM）	OFDM（or DFT-s-OFDM）
链路自适应	快速功控	AMC	自适应和功率分配
图像	 非正交辅助功率控制	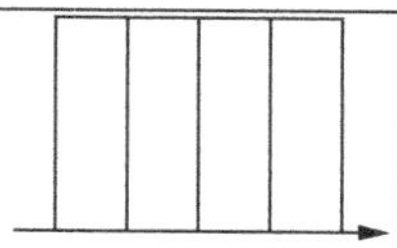 用户间正交	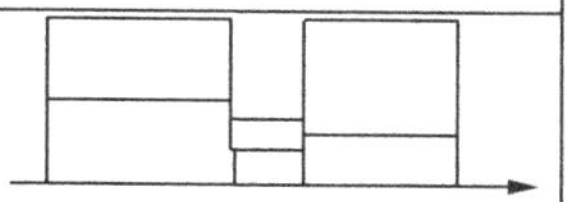 叠加与权力分配

图4-1　3G/4G与FRA多址方式比较

4.2.1　串行干扰删除（SIC）

在发送端，类似于 CDMA 系统，引入干扰信息可以获得更高的频谱效率，但是同样也会遇到多址干扰（Multiple Access Interference，MAI）的问题。关于消除多址干扰的问题，在研究第三代移动通信系统的过程中已经取得了很多成果，串行干扰消除（Successive Interference Cancellation，SIC）也是其中之一。采用 NOMA 方案的接收端中 SIC 算法示意如图 4-2 所示。

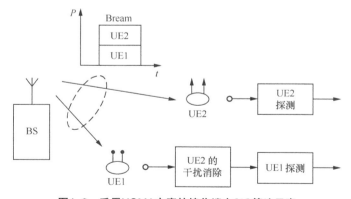

图4-2　采用NOMA方案的接收端中SIC算法示意

NOMA 在接收端采用 SIC 技术检测接收信号，SIC 处理性能的优劣直接影响接收机的性能。SIC 技术的基本思想是逐阶消除干扰接收的多个用户的叠加信号。在接收信号中，按照 SNR 大小对信号进行排序，先对 SNR 最大的用户进行判决，重构得到对应的信号后，将该用户信号当作干扰从接收信号中减去，再对 SNR 第二大的用户进行判决，循环执行上述操作，直至完成所有用户的信号检测。

4.2.2　功率复用

SIC 在接收端消除 MAI，需要在接收信号中对用户进行判决来排出消除干扰的用户的先后顺序，而判决的依据就是用户信号功率的大小。基站在发送端会给不同的用户分配不同的信号功率来获取系统最大的性能增益，达到区分用户的目的，这就是功率复用技术。不同于其他的多址方案，NOMA 首次采用了功率复用技术。功率复用技术在其他几种传统的多址方案中没有被充分利用，其不同于简单的功率控制，而是由基站遵循相关的算法来进行功率分配。在发送端，对不同的用户分配不同的发射功率，从而提高系统的吞吐率。另外，NOMA 在功率域叠加多个用户，在接收端，SIC 接收机可以根据不同的功率区分不同的用户，也可以通过诸如 Turbo 码和 LDPC 码的信道编码来进行区分。这样，NOMA 能够充分利用功率域，而功率域在 4G 系统中是没有被充分利用的。与 OFDM 相比，NOMA 具有更好的性能增益。

NOMA 可以利用不同路径损耗的差异来对多路发射信号进行叠加，从而提高信号增益。它能够让同一小区覆盖范围的所有移动通信设备获得最大的可接入带宽，可以解决由于大规模连接带来的网络挑战。

NOMA 的另一个优点是，无须知道每个信道的信道状态信息（Channel State Information，CSI），就能够在高速移动的场景下获得更好的性能，并组建更好的移动节点回程链路。

4.3　滤波组多载波（FBMC）技术

在 OFDM 系统中，各个子载波在时域相互正交，它们的频谱相互重叠，因而具有较高的频谱利用率。OFDM 技术一般被应用在无线系统的数据传输中。在 OFDM 系统中，无线信道的多径效应产生符号间的干扰（Inter Symbol Interference，ISI）。为了消除 ISI，可以在符号间插入保护间隔。插入保护间隔的一般方法是符号间置零，即发送第一个符号后停留一段时间（不发送任何信息），再发送第二个符号。在 OFDM 系统中，这样虽然减弱或消除了符号间干扰，但由于破坏了子载波间的正交性，导致了子载波之间的干扰，即信道干扰（Inter-Channel Interference，ICI）。因此，这种方法在 OFDM 系统中不能被采用。在

OFDM 系统中，为了既可以消除 ISI，又可以消除 ICI，通常保护间隔是由循环前缀（Cycle Prefix，CP）充当的。CP 是系统开销，不传输有效数据，从而降低了频谱效率。

而滤波器组多载波（Filter Bank Multi-Carrier，FBMC）利用一组不交叠的子载波实现多载波传输，FBMC 对于频偏引起的载波间干扰非常小，不需要 CP，较大地提高了频率效率。OFDMA 和 FBMC 的框架示意如图4-3 所示。OFDM 和 FBMC 的波形对比如图4-4 所示。

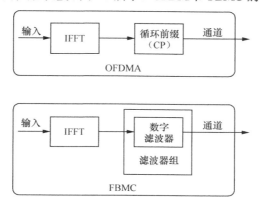

图4-3　OFDMA和FBMC的框架示意

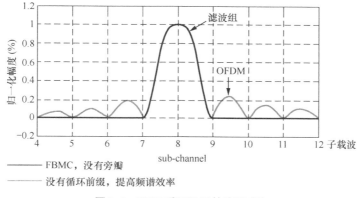

图4-4　OFDM和FBMC的波形对比

4.4　毫米波

什么叫毫米波？毫米波即频率在 30GHz ～ 300GHz，波长在 1mm ～ 10mm 的电磁波。

由于有足够的可用带宽、较高的天线增益，毫米波技术可以支持超高的传输速率，且由于其波束窄、灵活可控，因此可以连接大量设备。毫米波技术示意如图 4-5 所示。

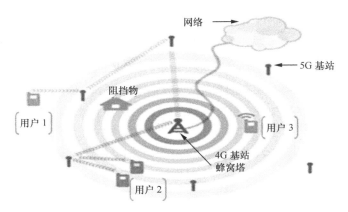

图4-5 毫米波技术示意

在图4-5中，用户1处于4G小区覆盖边缘，信号较差，且有建筑物阻挡，此时就可以通过毫米波传输，绕过建筑物的阻挡，实现高速传输。

同样，用户2也可以使用毫米波实现与4G小区的连接，且不会产生干扰。当然，由于用户3距离4G小区较近，因此可以直接和4G小区连接。

高频段（毫米波）在5G时代的多种无线接入技术叠加型移动通信网络中可以有以下两种应用场景。

4.4.1 毫米波小基站：增强高速环境下移动通信的使用体验

在传统的多种无线接入技术叠加型网络中，宏基站与小基站均在低频段工作，这就带来了需要频繁切换的问题，用户体验差。为解决这个关键问题，在未来的叠加型网络中，宏基站将工作于低频段并作为移动通信的控制平面，毫米波小基站将工作于高频段并作为移动通信的用户数据平面。毫米波应用于小基站示意如图4-6所示。

图4-6 毫米波应用于小基站示意

4.4.2　基于毫米波的移动通信回程

毫米波应用于移动通信回程示意如图 4-7 所示，在采用毫米波信道作为移动通信的回程后，叠加型网络的组网将具有很大的灵活性，可以随时随地根据数据流量的增长需求部署新的小基站，并可以在空闲时段或轻流量时段灵活、实时地关闭某些小基站，从而收到节能降耗的效果。

图4-7　毫米波应用于移动通信回程示意

4.5　大规模 MIMO 技术

MIMO 技术已经广泛应用于 Wi-Fi、LTE 等。从理论上看，天线越多，频谱效率和传输可靠性就越高。

具体而言，当前 LTE 基站的多天线只在水平方向排列，只能形成水平方向的波束，并且当天线数目较多时，水平排列会使天线总尺寸过大，从而导致安装困难。而 5G 的天线设计大幅提升了系统的空间自由度。基于这个思想的大规模天线系统（Large Scale Antenna System，LSAS）技术，通过在水平和垂直方向同时放置天线，增加了垂直方向的波束维度，并提高了不同用户间的隔离，5G 天线与 4G 天线对比如图 4-8 所示。同时，有源天线技术的引入还将更好地提升天线的性能，降低天线耦合造成的能耗损失，使 LSAS 技术的商用成为可能。

（a）传统 MIMO 天线阵列排布　　　　（b）5G 中基于 Massive MIMO 的天线阵列排布

图4-8　5G天线与4G天线对比

由于 LSAS 可以动态地调整水平方向和垂直方向的波束，因此可以形成针对用户的特定波束，并利用不同的波束方向区分用户，基于 3D 波束成形技术的用户区分如图 4-9 所示。基于 LSAS 的 3D 波束成形技术，可以提供更细的空域粒度，提高单用户 MIMO 和多用户 MIMO 的性能。

同时，LSAS 技术的使用为提升系统容量带来了新的思路。例如，可以通过半静态地调整垂直方向波束，在垂直方向上通过垂直小区分裂（Cell Split）区分不同的小区，实现更大的资源复用，基于 LSAS 的小区分裂技术如图 4-10 所示。

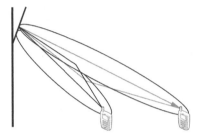
图4-9　基于3D波束成形技术的用户区分

图4-10　基于LSAS的小区分裂技术

3D-MIMO 技术在原有的 MIMO 基础上增加了垂直维度，使波束在空间上三维赋型，避免了相互之间的干扰。配合大规模 MIMO，可实现多方向波束赋型。

5G 基站天线数及端口数将大幅增长，可支持配置上百根天线和数十个天线端口的大规模天线阵列，并通过多用户 MIMO 技术，支持更多用户的空间复用传输，将 5G 系统的频谱效率提升几倍，用于在用户密集的高容量场景提升用户体验。大规模多天线系统还可以控制每一个天线通道的发射（或接收）信号的相位和幅度，从而产生具有指向性的波束，以增强波束方向的信号，补偿无线传播损耗，获得赋形增益。赋形增益可用于提升小区覆盖，例如，广域覆盖、深度覆盖、高楼覆盖等。

大规模天线阵列还可用于毫米波频段，通过波束赋形、波束扫描、波束切换等技术补偿毫米波频段带来的额外传播损耗，使毫米波频段基站能够用于室外蜂窝移动通信。大规模天线还需要采用数模混合架构减少毫米波射频器件的数量，降低大规模天线的器件成本。

大规模天线在提升性能的同时，设备成本、体积和重量比传统的无源天线也有明显的增加。大规模天线模块化后易于安装、部署、维护，预期能够降低运营成本，并且易于组成不同天线形态用于不同的应用场景。目前，3GPP 在 5G NR 标准化中已经完成了针对模块化形态的大规模天线码本设计，后续将继续推动技术产业化。

4.6 认知无线电技术

认知无线电（Cognitive Radio，CR）的概念起源于 1999 年约瑟夫·米托拉（Joseph Mitola）博士的奠基性工作。其核心思想是 CR 具有学习能力，能与周围的环境交互信息，以感知和利用在该空间的可用频谱，并限制和减少冲突的发生。它可以通过学习、理解等方式，自适应地调整内部的通信机理，实时改变特定的无线操作参数（例如，功率、载波调制和编码等）等，适应外部无线环境，自主寻找和使用空闲频谱。它能帮助用户选择最合适的服务进行无线传输，甚至能够根据现有的或者即将获得的无线资源时延主动发起传送。

CR 又被称为智能无线电，它以灵活、智能、可重配置为显著特征，通过感知外界环境，并使用人工智能技术从环境中学习，有目的地实时改变某些操作参数（例如，传输功率、载波频率、调制技术等），使其内部状态适应接收到的无线信号的统计变化，从而高效利用在任何时间、任何地点的高可靠通信以及对异构网络环境有限的无线频谱资源。

在 CR 中，次级用户动态地搜索频谱空穴进行通信，这种技术称为动态频谱接入。在主用户占用某个授权频段时，次级用户必须从该频段退出，去搜索其他空闲频段，以完成自己的通信。

CR 技术最大的特点就是能够动态地选择无线信道。在不产生干扰的前提下，手机通过不断地感知频率，选择并使用可用的无线频谱。

4.7 超密度异构网络

立体分层网络（HetNet）是指在宏蜂窝网络层中布放大量微蜂窝（MicroCell）、微微蜂窝（PicoCell）、毫微微蜂窝（FemtoCell）等接入点，满足数据容量的增长要求。

为应对未来持续增长的数据业务需求，采用密集异构网络部署将会成为应对当前无线通信发展所面临的挑战的一种方案。面对更加密集的中小区部署，小区的覆盖范围变得更小，终端在网络中移动时会频繁地发生切换，传统的异构网络切换策略也变得不再适用。为了解决这种问题，3GPP 提出用户面与控制面分离的方案。同时，在密集小区部署中，可能无法保证所有的小区都有有线部署的回程线路。即使有连接，回程线路的时延和容量会与宏站之间的回程线路相差很多。但是，随着小区密度的增加，整个网络拓扑变得更复杂，不可避免地带来了严重的干扰问题。基站间干扰会对异构网络的整体性

能造成影响，因此，需要进行有效的干扰管理，有效地进行小区间的干扰协调抑制，从而提高异构网络的性能，特别是小区边缘用户的性能。

小区尺寸的缩小带来的好处是频谱在空间上的重用，并降低每个 BS 下用户的数目，减少对资源的竞争。但是网络并不是越密越好，密度大了会面临以下问题。

（1）站点密度提高后，BS 的负载变小，BS 的功率也会降低。

（2）UE 和 BS 间的关联会存在困难，特别是当面对多个 RAT 时。

（3）移动性管理会是一个挑战，特别是当 UE 穿过 HetNet 时。

（4）安装、维护、回程线路的成本会变得高昂。

密集小区技术也增加了网络的灵活性，可以针对用户的临时性需求和季节性需求快速部署新的小区。在这个技术背景下，未来网络架构将形成"宏蜂窝＋长期微蜂窝＋临时微蜂窝"的网络架构，超密集网络组网的网络架构如图 4-11 所示。这个结构将大幅降低网络性能对于网络前期规划的依赖，为 5G 时代实现更加灵活自适应的网络提供保障。

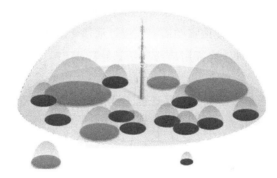

图4-11 超密集网络组网的网络架构

到了 5G 时代，更多的物—物连接接入网络，HetNet 的密度将会大幅增加。

与此同时，小区密度的增加也会带来网络容量和无线资源利用率的大幅提升。仿真表明，当宏小区用户数为 200 时，只需将微蜂窝的渗透率提高到 20%，就可能带来理论上 1000 倍的小区容量提升，超密集组网技术带来的系统容量提升如图 4-12 所示。同时，这一性能的提升会随着用户数量的增加而更加明显。考虑到 5G 主要的服务区域是城市中心等人员密度较大的区域，因此，这个技术将会给 5G 的发展带来巨大的潜力。当然，密集小区所带来的小区间干扰也将成为 5G 面临的重要技术难题。目前，在这个领域的研究中，除了传统的基于时域、频域、功率域的干扰协调机制外，3GPP Rel-11 提出了进一步增强的小区干扰协调（enhanced Inter-Cell Interference Coordination，eICIC）技术，包括特定参考信号（Cell-specific Reference Signal，CRS）抵消技术、网络侧的小区检测和干扰消除技术等。这些 eICIC 技术均在不同的自由度上通过调度使相互干扰的信号互相正交，从而消除干扰。除此之外，还有一些新技术也为干扰管理提供了新的手段，例如，认知技术、干扰消除技术、干扰对齐技术等。随着相关技术难题被陆续解决，在 5G 中，密集网络技术将得到更加广泛的应用。

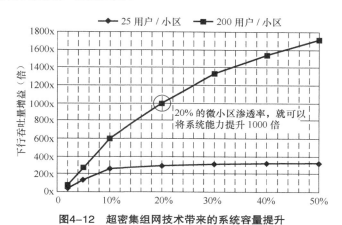

图4-12　超密集组网技术带来的系统容量提升

4.8　无线网 CU/DU 网络架构

为了满足 5G 网络的需求，电信运营商、主设备厂商等提出多种无线网络架构。按照协议功能划分方式，3GPP 标准化组织提出了面向 5G 的无线接入网功能重构方案，引入 CU/DU 架构。在此架构下，5G 的 BBU 基带部分被拆分成 CU 和 DU 两个逻辑网元，而射频单元以及部分基带物理层底层功能与天线构成 AAU。3GPP 确定了 CU/DU 划分方案，即 PDCP 层及以上的无线协议功能由 CU 实现，PDCP 以下的无线协议功能由 DU 实现。CU 与 DU 作为无线侧逻辑功能节点，可以映射到不同的物理设备上，也可以映射为同一物理实体。对于 CU/DU 合设部署方案，DU 难以实现虚拟化，CU 虚拟化目前存在成本高、代价大的挑战；分离部署方案适用于 mMTC 小数据包业务，有助于避免 NSA 组网双链接下的路由迂回，而 SA 组网无路由迂回问题，因此初期可采用 CU/DU 合设部署方案。CU/DU 合设部署方案可节省网元，减少规划与运维的复杂度，降低部署成本，减少时延（无须中传），缩短建设周期。

　　从长远来看，根据业务应用的需要再逐步向 CU/DU/AAU 三层分离的新架构演进。因此要求现阶段的 CU/DU 合设设备采用模块化设计，易于分解，方便未来实现 CU/DU 分离的架构。同时，还需解决通用化平台的转发能力的提升、与现有网络管理的协同、CU/DU 分离场景下移动性管理标准流程的进一步优化等问题。

　　设备厂商在 DU 和 AAU 之间的接口存在较大的差异，难以标准化。在部署方案上，目前主要存在通用公共无线电接口（Common Public Radio Interface，CPRI）与 eCPRI 两种方案。当采用传统 CPRI 接口时，前传速率需求基本与 AAU 天线端口数呈线性关系，以 100MHz/64 端口 /64QAM 为例，需要 320Gbit/s，即使考虑 3.2 倍的压缩，速率需求也已经达到 100Gbit/s。当采用 eCPRI 接口时，速率需求基本与 AAU 支持的流数呈线性关系，同条件下速率需求将降到 25Gbit/s 以下，因此 DU 与 AAU 接口首选 eCPRI 方案。

第 5 章 5G 关键算法与参数设置

5.1 小区选择和重选

5.1.1 概述

RRC_IDLE 状态和 RRC_INACTIVE 状态可细分为以下 3 个阶段：

（1）PLMN 选择；

（2）小区选择和重选；

（3）位置注册和 RNA 更新。

PLMN 选择、小区重选过程和位置注册对于 RRC_IDLE 状态和 RRC_INACTIVE 状态都是相同的。RNA 更新仅适用于 RRC_INACTIVE 状态。当 UE 接通时，NAS 选择 PLMN。对于所选择的 PLMN，可以设置相关联的 RAT。

通过小区选择，UE 搜索所选 PLMN 的合适小区，选择该小区以提供可用服务，并监视其控制信道。该过程称为小区驻留。如有需要，UE 则通过 NAS 注册过程在所选小区的跟踪区域中注册。位置注册成功后，所选择的 PLMN 成为注册的 PLMN。

如果 UE 找到更合适的小区，则根据小区重选标准，UE 重新选择该小区并驻留在其上。如果新小区不在 UE 注册的跟踪区域列表中，则执行位置更新注册流程。在 RRC_INACTIVE 状态中，如果新小区不属于配置的 RNA，则执行 RNA 更新流程。如有需要，则搜索更高优先级的 PLMN。同时，如果 NAS 已经选择了另一个 PLMN，则搜索合适的小区。

NAS 可以控制在其中执行小区选择的 RAT，通过指示与所选择的 PLMN 相关联的 RAT，以及通过维护禁止注册区域的列表和等效 PLMN 的列表，UE 基于 RRC_IDLE 或 RRC_INACTIVE 的状态测量和小区选择标准来选择合适的小区。

为了加速小区的选择过程，UE 可以使用多个 RAT 的存储信息。当驻留在小区上时，UE 根据小区重选标准定期搜索更好的小区。如果找到更好的小区，则选择该小区。

小区的变化可能意味着 RAT 的变化。

如果 UE 离开了注册的 PLMN 的覆盖范围，则自动选择新 PLMN（自动模式），或者由用户给出可用 PLMN 的指示，执行手动选择（手动模式）。

5.1.2　小区选择

5.1.2.1　小区选择过程

通过以下两个过程之一执行小区选择。

1. 初始小区选择

初始小区选择的要点如下所述。

（1）UE 根据其能力扫描 NR 频带中的所有 RF 信道，以找到合适的小区。

（2）在每个载波频率上，UE 只需搜索最强的小区。

（3）一旦找到合适的小区，就应选择该小区。

2. 利用存储的信息选择小区

利用存储的信息选择小区的要点如下所述。

（1）该过程需要存储载波频率的信息，并且还要利用先前接收的测量控制消息及先前检测的小区信元参数信息。

（2）一旦 UE 找到合适的小区，UE 就应该选择它。

（3）如果没有找到合适的小区，则应开始将小区选择过程初始化。

5.1.2.2　小区选择标准

满足正常覆盖范围内的小区选择标准 S：

$$Srxlev > 0 \text{ AND } Squal > 0$$

其中：

$$Srxlev = Q_{\text{rxlevmeas}} - (Q_{\text{rxlevmin}} + Q_{\text{rxlevminoffset}}) - P_{\text{compensation}} - O_{\text{offsettemp}}$$

$$Squal = Q_{\text{qualmeas}} - (Q_{\text{qualmin}} + Q_{\text{qualminoffset}}) - O_{\text{offsettemp}}$$

小区选择参数见表 5-1。

表5-1　小区选择参数

参数	释义
$Srxlev$	小区选择 RX 电平值（dB）
$Squal$	小区选择质量值（dB）
$Q_{\text{offsettemp}}$	临时应用指定的小区的偏移量（dB）
$Q_{\text{rxlevmeas}}$	测量的小区 RX 水平值（RSRP）
Q_{qualmeas}	测量的小区质量值（RSRQ）
Q_{rxlevmin}	小区中所需的最低 RX 电平（dBm）。如果 UE 支持该小区的 SUL 频率，则 Q_{rxlevmin} 从 SIB1.SIB2 和 SIB4 中的 q-rxlevminul（如果存在）中获得。此外，如果相关小区的 SIB3 和 SIB4 中存在 $Q_{\text{rxlevminoffset}}$CellSUL，则将该小区特定偏移量添加到相应的 Q_{rxlevmin} 中以实现相关小区中所需的最小 RX 电平；否则，q-RxLevMin 从 SIB1.SIB2 和 SIB4 中的 q-RxLevMin 获得。此外，如果 $Q_{\text{rxlevminoffset}}$Cell 存在于 SIB3 和 SIB4 中，则该单元特定偏移量将添加到相应的 Q_{rxlevmin} 中，以实现相关单元中所需的最小 RX 电平
Q_{qualmin}	小区中所需的最低质量等级（dB）
$Q_{\text{rxlevminoffset}}$	根据 TS 23.122[9] 的规定，当在 VPLMN 中正常驻留时，定期搜索更高优先级的 PLMN，在 $Srxlev$ 评估中考虑到信号的 Q_{rxlevmin} 的偏移量
$Q_{\text{qualminoffset}}$	根据 TS 23.122[9] 的规定，当在 VPLMN 中正常驻留时，周期性地搜索更高优先级 PLMN，在 $Squal$ 评估中考虑到信号 Q_{qualmin} 的偏移量
$P_{\text{compensation}}$	如果 UE 支持 NR NS PmaxList 中的 additionalPmax，如果存在，则在 SIB1、SIB2 和 SIB4 中：max（PEMAX1-PPOWERCLASS, 0）-（min（PEMAX2, PPOWERCLASS）-min（PEMAX1, PPOWERCLASS））（dB）；其他：max（PEMAX1-PPOWERCLASS, 0）（dB）

5.1.3　小区重选

5.1.3.1　小区重选原则

为了重选而评估非服务小区的 $Srxlev$ 和 $Squal$，UE 应使用由服务小区提供的参数。UE 使用以下规则来进行重选测量。

如果服务小区满足 $Srxlev>SIntraSearchP$ 和 $Squal>SIntraSearchQ$，则 UE 可以选择不执行频率内测量。否则，UE 应执行频率内测量。

UE 应对 NR 频率和 RAT 频率使用以下规则，在系统信息中指示并且 UE 具有相应的优先级。

对于具有高于当前 NR 频率的重选优先级的 NR 频率或 RAT 频率，UE 应执行更高优先级的 NR 频率或 RAT 频率的测量。

对于具有与当前 NR 频率的重选优先级相等或更低的重选优先级的 NR 频率，以及具有比当前 NR 频率的重选优先级更低的重选优先级的 RAT 频率，如果服务小区满足 *Srxlev>SnonIntraSearchP* 和 *Squal>SnonIntraSearchQ*，则 UE 选择不执行相同或更低优先级的 NR 频率或 RAT 频率小区的测量。否则，UE 应执行具有相同或更低优先级的 NR 频率或 RAT 频率小区的测量。

5.1.3.2 NR频率和RAT间小区重选标准

如果 ThreshServingLow*Q* 在系统信息中广播并且自 UE 驻留在当前服务小区已超时 1s，在以下情况下将执行对比服务频率更高优先级的 NR 频率或 RAT 间频率小区的小区重选。

在时间间隔 TreselectionRAT 期间，具有较高优先级 NR 或 EUTRAN RAT/ 频率的小区满足 *Squal>ThreshX*，High*Q*。

否则，如果出现以下情况，则应执行对服务频率高于优先级 NR 频率或 RAT 间频率小区的小区重选。在时间间隔 TreselectionRAT 期间，优先级较高的 RAT/ 频率的小区满足 *Srxlev>ThreshX*，High*P*；自 UE 驻留在当前服务小区后已超时 1s。

如果 ThreshServingLow*Q* 在系统信息中广播并且自 UE 驻留在当前服务小区后已超时 1s，则在以下情况下将执行对比服务频率低的优先级 NR 频率或 RAT 间频率的小区的小区重选。服务小区在时间间隔 TreselectionRAT 期间满足 *Squal<Thresh* 服务，Low*Q*，并且较低优先级 NR 或 E-UTRANRAT/ 频率的小区满足 *Squal>ThreshX*，Low*Q*。

否则，如果出现以下情况，则应执行对服务频率低于优先级 NR 频率或 RAT 间频率的小区的小区重选：服务小区在时间间隔 TreselectionRAT 期间满足 *Srxlev<Thresh* 服务，Low*P* 并且较低优先级 RAT/ 频率的小区满足自 UE 驻留在当前服务小区以来已超时 1s。

如果具有不同优先级的多个小区满足小区重选标准，则对较高优先级 RAT/ 频率的小区重选应优先于较低优先级 RAT/ 频率。

5.1.3.3 频内和同优先频率间小区重选标准

服务小区的小区排序标准 R_s 和相邻小区的 R_n 由下式定义：

$$R_s=Q_{\text{meas,s}}+Q_{\text{hyst}}-O_{\text{offsettemp}}$$

$$R_n=Q_{\text{meas,n}}+Q_{\text{offset}}-O_{\text{offsettemp}}$$

其中，小区重选参数见表 5-2。

表5-2　小区重选参数

参数	用途
Q_{meas}	用于小区重选的 RSRP 测量
Q_{offset}	对于频率内：如果 $Q_{offset_{n, n}}$ 有效，等于 $Q_{offset_{n, n}}$；如果无效，则等于零
	对于频率间：如果 $Q_{offset_{n, n}}$ 有效，等于 $Q_{offset_{n, n}}$ 加 $Q_{offsetfrequency}$，否则，等于 $Q_{offsetfrequency}$
$Q_{offsettemp}$	临时应用于指定的单元格的偏移量

UE 应执行满足小区选择标准 S 的所有小区的排名。

通过导出 Q_{meas}，正和 $Q_{meas, s}$ 并使用平均 RSRP 结果计算 R 值，应根据上面指定的 R 标准对小区进行排序。

如果未配置 Range To BestCell，则 UE 应该对被列为最佳小区的小区执行小区重选。

如果配置了 Range To BestCell，则 UE 应该对按照 R 标准被列为最佳小区并且具有高于阈值的最大波束数（即 absThreshSS-Consolidation）的小区执行小区重选。如果存在多个这样的小区，则 UE 应该对其中排名最高的小区执行小区重选。然后，重新选择的小区成为排名最高的小区。

在所有情况下，仅当以下条件满足时，UE 才应重新选择新小区。

（1）在该时间间隔 Treselection RAT 期间，新小区比服务小区更好地排名 RAT。

（2）自 UE 驻留在当前服务小区以来的时间已超过 1s。

5.1.3.4　小区重选参数

小区重选参数在系统信息中广播，具体如下所述。

$C_{Cell\ Reselection\ Priority}$：指定了 NR 频率或 E-UTRAN 频率的绝对优先级。

$Q_{offset, n}$：指定了两个小区之间的偏移量。

$Q_{offsetfrequency}$：相等优先级 NR 频率的频率特定偏移。

Q_{HYST}：指定了排名标准的滞后值。

$Q_{qualmin}$：指定了小区中所需的最低质量等级，单位为 dB。

$Q_{rxlevmin}$：指定了小区中所需的最小 Rx 电平，单位为 dBm。

$T_{reselectionRAT}$：指定了小区重选计时器值。对于每个目标 NR 频率和除 NR 之外的每个 RAT，定义小区重选定时器的特定值，其在评估 NR 时或向其他 RAT 重选时适用（即 NR 的 $T_{reselectionRAT}$ 是 $T_{reselectionNR}$，用于 EUTRAN$T_{reselectionEUTRA}$）。注意：$T_{reselectionRAT}$ 不在系统信息中

广播，而是在 UE 的重选规则中用于每个 RAT。

$T_{reselectionNR}$：指定 NR 的小区重选定时器值 $T_{reselectionRAT}$，可以根据 NR 频率设置参数。

$T_{reselectionEUTRA}$：指定了 E-UTRAN 的小区重选定时器值 $T_{reselectionRAT}$，可以根据 E-UTRAN 频率设置参数。

$T_{hreshX, HighP}$：指定了 UE 在重新选择比当前服务频率更高优先级的 RAT/ 频率时使用的 $Srxlev$ 阈值（以 dB 为单位），NR 和 E-UTRAN 的每个频率可能具有特定阈值。

$T_{HRESHX, HighQ}$：指定了 UE 在重新选择比当前服务频率更高优先级的 RAT/ 频率时使用的 $Squal$ 阈值（以 dB 为单位），NR 和 E-UTRAN 的每个频率可能具有特定阈值。

$T_{HRESHX, LowP}$：指定了 UE 在重新选择比当前服务频率更低优先级 RAT/ 频率时使用的 $Srxlev$ 阈值（以 dB 为单位），NR 和 E-UTRAN 的每个频率可能具有特定阈值。

$T_{HRESHX, LowQ}$：指定了 UE 在重新选择比当前服务频率更低优先级 RAT/ 频率时使用的 $Squal$ 阈值（以 dB 为单位），NR 和 E-UTRAN 的每个频率可能具有特定阈值。

$T_{hreshServing, LowP}$：指定了当向较低优先级 RAT/ 频率重选时 UE 在服务小区上使用的 $Srxlev$ 阈值（以 dB 为单位）。

$T_{hreshServing, LowQ}$：指定了当向较低优先级 RAT/ 频率重选时 UE 在服务小区上使用的 $Squal$ 阈值（以 dB 为单位）。

$S_{IntraSearchP}$：指定了频率内测量的 $Srxlev$ 阈值（以 dB 为单位）。

$S_{IntraSearchQ}$：指定了频率内测量的 $Squal$ 阈值（以 dB 为单位）。

$S_{nonIntraSearchP}$：指定了 NR 频率间和 RAT 间测量的 $Srxlev$ 阈值（以 dB 为单位）。

$S_{nonIntraSearchQ}$：指定了 NR 频率间和 RAT 间测量的 $Squal$ 阈值（以 dB 为单位）。

5.2 小区接入

5.2.1 双连接技术原理

EUTRA-NR 双连接（EUTRA-NR Dual Connectivity），简称 EN-DC，就是具备多 Rx/Tx 能力的 UE 使用两个不同的网络节点（MeNB 和 SgNB）上的不同调度的无线资源。其中，一个提供 EUTRAN 接入，另一个提供 NR 接入；一个调度器位于 MeNB 侧，另一个调度器位与 SgNB 侧。

在 EN-DC 双连接场景中，UE 连接到作为主节点的 eNB 和作为辅节点的 gNB 上，其中，

eNB 通过 S1-MME 和 S1-U 接口分别连接到 MME 和 SGW，并同时通过 X2-C 和 X2-U 接口连接到 gNB，gNB 也可以通过 S1-U 接口连接到 SGW，双连接架构如图 5-1 所示。

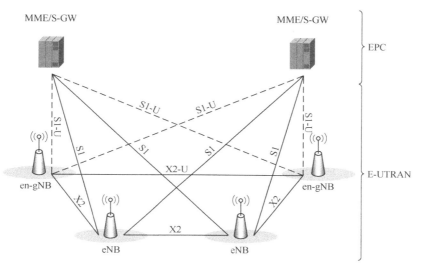

图5-1　双连接架构

5.2.1.1　双连接控制面架构

双连接控制面架构如图 5-2 所示。

（1）LTE eNB 作为双连接的主节点 MeNB，承载控制面和用户面数据，终端通过 LTE eNB 接入核心网 EPC，NR gNB 则作为辅节点承载用户面数据。

（2）UE 和主站、从站分别有各自的 RRC 连接，独立进行各自的无线资源管理（Radio Resource Management，RRM），但是 UE 只有面向主站的 RRC 状态。

（3）UE 初始连接建立必须通过 MeNB 主站，SRB1 和 SRB2 在主站建立。

（4）UE 可以建立 SRB3，用于和从站 SgNB 直接进行 RRC PDU 传输。

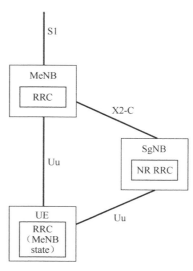

图5-2　双连接控制面架构

（5）SgNB 侧空口至少要广播 MIB 系统信息。在 EN-DC 场景（例如，SgNB 添加），SgNB 侧 PSCell 小区的广播系统信息 SIB1 通过专有信令 RRC 连接重新配置消息提供给 UE，该 RRC 连接重新配置消息通过 MeNB 被透传给 UE。

5.2.1.2 双连接用户面架构

EN-DC Option 3/3a/3x 用户面架构如图 5-3 所示。

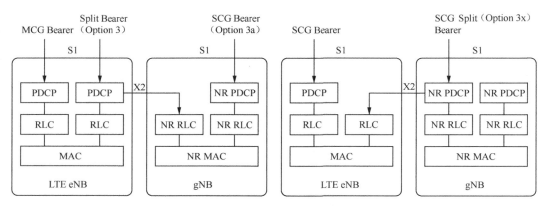

图5-3　EN-DC Option 3/3a/3x用户面架构

用户面在不同的 EN-DC 双连接模式下有不同的用户面部署架构。在 EN-DC 用户面架构中，一条数据承载可以由 LTE eNB 或 gNB 单独服务，也可由 LTE eNB 或 gNB 同时服务。承载类型有主节点分离承载（MCG Split Bearer）、辅节点承载（SCG Bearer）、辅节点分离承载（SCG Split Bearer），分别对应 5G 部署架构 Option 3、Option 3a、Option 3x。

1. Option 3 部署架构（数据承载由 LTE 将数据分流给 NR）

（1）同一个承载的用户面数据可在 LTE 和 NR 上同时传输；

（2）LTE 需要更强的处理能力；

（3）LTE 和 NR 之间回传须支持 NR 的传输速率。

2. Option 3a 部署架构（数据承载由 EPC 将数据分流至 NR）

（1）同一个承载的用户面数据可在 LTE 或 NR 上传输；

（2）EPC 须支持与 NR 相连；

（3）LTE 和 NR 之间回传无容量要求。

3. Option 3x 部署架构（数据承载由 NR 可将数据分流至 LTE）

（1）同一个承载的用户面数据可在 LTE 和 NR 上同时传输；

（2）EPC 须支持与 NR 相连；

（3）LTE 和 NR 之间回传须支持 LTE 的传输速率。

5.2.2　NSA 接入流程

5.2.2.1　X2连接建立流程

1. SgNB 触发 X2 建立连接

SgNB 触发 X2 建立连接流程如图 5-4 所示。

图5-4　SgNB触发X2建立连接流程

步骤说明：SgNB 向 MeNB 发送 X2 设置请求消息，请求建立 X2 连接，MeNB 接收到该消息回复 X2 设置响应消息。

2. MeNB 触发 X2 建立连接

MeNB 触发 X2 建立连接流程如图 5-5 所示。

图5-5　MeNB触发X2建立连接流程

步骤说明：MeNB 向 SgNB 发送 X2 设置请求消息，请求建立 X2 连接，SgNB 接收到该消息回复 X2 设置响应消息。

5.2.2.2　SgNB添加流程

UE 在 LTE 侧（MeNB）完成附着后，会触发基于测量 SgNB 添加过程。SgNB 添加

流程如图 5-6 所示。SgNB 添加步骤见表 5-3。

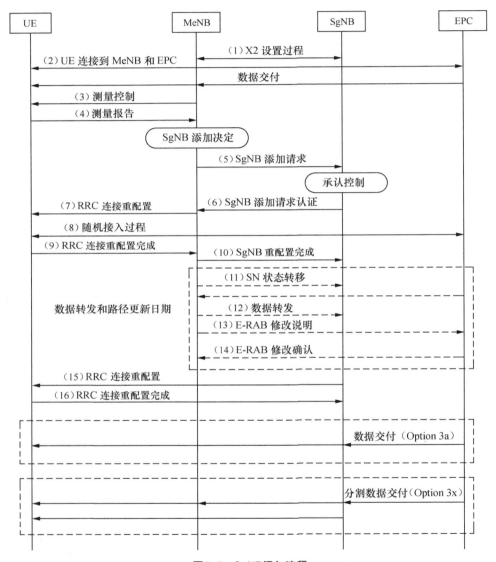

图5-6　SgNB添加流程

表5-3　SgNB添加步骤

步骤	流程释义
1	MeNB 和 SgNB 建立 X2 连接
2	UE 附着到主节点 MeNB 网络和核心网 EPC 上，并建立业务承载
3	MeNB 给 UE 下发 NR 测量配置，含 B1 事件门限。B1 事件门限的含义是异系统邻居信号高于一个门限值
4	满足 B1 事件门限，UE 上报 B1 测量报告。MeNB 通过 RRM 判决出为添加 SgNB，向 SN 发送 Sn 添加请求消息。该 Sn 添加请求消息主要携带 E-RABs-ToBeAdded-List 信元和 MeNBtoSeNBContainer 信元。其中，MeNBtoSeNBContainer 携带 SCG-ConfigInfo 信元
5	SgNB 接收到 SgNB 添加请求消息后，PsCell 候选小区选择和接纳控制，接纳成功则给 MeNB 回复 SgNB 添加请求认证消息，接纳失败则给 MeNB 回复 SgNB Addition Request Reject 消息
6	MeNB 收到 SgNB 的 SgNB 添加请求认证消息后，下发空口 RRC 连接重配置消息给 UE，携带 SgNB 侧的 SCG 配置
7/8/9	（1）UE 收到 RRC 连接重配置消息后，完成配置 SCG，并给 MeNB 回复 RRC 连接重配置完成消息；UE 检测 PSCell 的下行信号捕获到系统广播 MIB 信息，解析 RRC 连接重配置消息携带的 ServingCellConfigCommon 信元获取到相关系统广播 SIB1 参数。说明：在 EN-DC 场景下（例如，SgNB 添加），SgNB 侧 PSCell 小区的广播系统信息 SIB1 的 ServingCellConfigCommon 信元信息通过专有信令重配 RRC 连接重配置消息提供给 UE，该重配 RRC 连接重配置消息通过 MeNB 透传给 UE （2）UE 竞争或非竞争接入到 SgNB 小区
10	MeNB 收到 UE 的 RRC 连接重配置完成消息后，给 SgNB 发送 Sn 连接重配置完成消息，通知 SN 对 UE 的空口重配完成。SgNB 收到该消息后，激活配置，并完成 SgNB 增加过程
11/12	仅在跨 PCE 场景下，MeNB 给 SgNB 回复 SN 状态转移消息，数据反传从 MeNB 到 SgNB，避免在激活双连接过程中引起业务中断。本指导书对应的 NSA 基站 2.00.10 版本不支持跨 PCE 场景
13/14	仅在跨 PCE 的场景下，MeNB 发送给 EPC E-RAB Modification Indication 消息，通知 EPC 承载的下行隧道信息发生变更，EPC 接收到回复 E-RAB Modification Confirmation 消息
15/16	完成添加 SgNB 流程后，SgNB 侧的 PSCell 小区通过 SRB3 给 UE 下发测量重配消息，携带有 A2 事件门限。A2 事件门限：服务小区信号低于门限值

注：PCE 是软件模块，相当于 5G 的 PDCP，主要起分流的作用。

5.2.2.3　非竞争随机接入流程

非竞争随机接入流程如图 5-7 所示。

图5-7 非竞争随机接入流程

非竞争随机接入说明：UE 根据 gNB 的指示，在指定的 PRACH 上使用指定的 Preamble 码发送给 gNB 基站，然后 gNB 向 UE 回复随机接入响应。

5.2.3 NSA 接入参数核查

NSA 接入参数见表 5-4。按照表 5-4 核查 NSA 接入涉及的无线参数。

表5-4 NSA接入参数

参数分类	参数名称	英文名称	推荐值	备注
4G	LTE-NR 双连接的支持指示	asPSCellSwch	打开	—
4G	EN-DC 添加 PSCell 的异系统 NR 测量 B1 事件门限	B1Threshold ENDCNR	−105dBm 到 −110dBm	—
4G	EN-DC 添加 PSCell 的异系统 NR 测量 B1 事件迟滞	B1Hysteresis ENDCNR	1.5dB	—
4G	EN-DC 添加 PSCell 的异系统 NR 测量 B1 事件持续时间	B1TimeToTrigger ENDCNR	256ms	—
5G	EN-DC 功能开关	En-dc SwitchNR	打开	—
5G	A2 事件 RSRP 门限	A2rsrpThreshold	−115dBm 到 −120dBm	A2 和 B1 之间有 5dB ~ 10dB 的间隔
5G	A2 事件判决迟滞范围	hysteresis	1.5dB	—
5G	A2 事件发生到上报的时间差	timeToTrigger	320ms	—
5G	PUSCH 256QAM 使能开关	256QAMEnableUl	FALSE	高通芯片终端暂不支持上行 256QAM
5G	下行 PDSCH 内环 AMC 使能开关	dlIlAMCEnable	TRUE	—

（续表）

参数分类	参数名称	英文名称	推荐值	备注
5G	下行 PDSCH 外环 AMC 使能开关	dlOlAMCEnable	TRUE	—
5G	上行传输模式集合	ulTmSe	自适应	—
5G	下行传输模式集合	dlTmSet	PMI 传输模式	—

5.2.4　NSA 接入优化问题排查思路

如果出现接入问题，可参考以下思路和步骤排查分析。NSA 接入问题排查思路如图 5-8 所示。

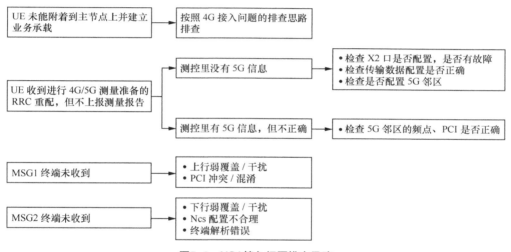

图5-8　NSA接入问题排查思路

（1）接入的小区需要保证小区正常建立，是否禁止；4G 侧获取的 PCEID 是否正确。

（2）检查小区的状态是否正常，看是否有硬件、射频类、小区类（重点关注 X2 口）故障告警，如有相关故障告警，通知相关维护团队处理故障。

（3）4G 侧接入如果出现问题，参考 4G 的接入优化流程排查。

（4）UE 收到准备进行 4G/5G 测量的 RRC 重配，但是不上报 B1 测量报告。出现这种情况，一般由以下原因导致。

● 测量控制里没有 5G 信息。如果出现这种情况，则分以下步骤进行处理。

　■ 首先，排除 X2 口有无故障。

■ 然后，检查是否配置 4G ≥ 5G 单向邻区。

■ 其次，检查 4G 获取的 PCEID 是否正确，检查配置对应 gNB 的 X2 SCTP 的流个数是否为 3，远端端口和远端 IP 是否为 5G 的配置。

■ 最后，检查传输配置是否正确。

● 测量控制里有 5G 信息，但不正确。例如，5G 邻区的频点 /PCI 配置错误。

● 测量控制里有 5G 信息，并且正确，但还是不发 B1 测量报告。出现这种情况时，小区需要重新删建，并进一步分析，找出问题的根本原因并处理。

（5）5G 侧信令，看到 UE 不停发 Msg1，但基站侧没有收到，导致不下发 Msg2。出现这种情况时，一般是上行空口存在问题。

● 检查上行 NI 是否正常。如果 NI 高，则会出现这种现象。

● 检查 5G 是否存在 PCI 冲突 / 混淆。

5.3 切换

5.3.1 概述

目前，5G NR 组网有 SA 和 NSA 两种模式。其中，SA 采用 Option 2 方案，NSA 采用 Option 3x 方案，SA 采用的 Option 2 方案及 NSA 采用的 Option 3x 方案如图 5-9 所示。

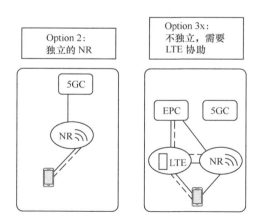

图5-9　SA采用的Option 2方案及NSA采用的Option 3x方案

SA 的切换原理和 4G 一致，NSA 的切换由于引入了 SN，与 4G 有较大区别。

5.3.2　NR 切换原理概述

由于 SA 的切换原理和 4G 一样，在此将不再赘述，我们下面重点介绍 NSA 组网下的切换原理。

图 5-10 所示的为 NSA 组网移动性管理，主要分为 LTE 系统内移动性和 NR 系统内移动性。

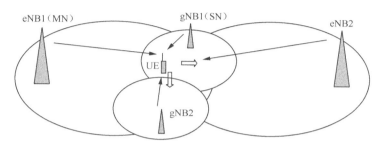

图5-10　NSA组网移动性管理

5.3.2.1　LTE系统内移动性

该场景下的切换主要是 SN 添加和 SN 释放。

UE 在 eNB1 和 gNB 的覆盖区内，已接入 LTE/NR 双连接。UE 向基站 eNB2 移动时触发 MN 切换，从 eNB1 切换到 eNB2。在此种场景下，源 MN 在切换之前会先发起 SN 释放流程，释放掉 SN，切换成功后再触发 SN 增加流程，将 SN 增加到目标侧 MN。LTE 系统内移动性如图 5-11 所示。

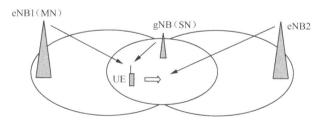

图5-11　LTE系统内移动性

5.3.2.2　NR系统内移动性

后台 NR 只有配备同频邻区才能触发上报 A3 测量报告，接下来才会触发 PSCell 变更或 SN 变更流程。如果未配同频邻区，则会下发 A2 测量来释放 SN。

1. UE 在 NR 服务区内移动

UE 在 NR 服务区内部移动时，由于覆盖的原因，检测到信号质量更好的邻区时将发生 PSCell 切换。如果切换的目标 PSCell 在本 gNB 内称为 PSCell 变更，那么目标 PSCell 在另一个 gNB 则称为 SN 变更。PSCell 变更和 SN 变更流程如图 5-12 所示。

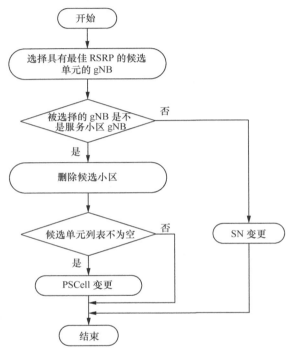

图5-12　PSCell变更和SN变更流程

● 当 SN 收到 UE 的 A3 测量报告之后，选择候选 PSCell 列表中信号质量最好的 PSCell 对应的 gNB，并将该小区的 PSCell 按照信号质量排列。

● 判断该 gNB 是否为本 gNB：如果是，则执行 PSCell 变更；如果不是，则执行 SN 变更。

● 判断候选 PSCell 列表是否存在邻区配置为 PSCell 开关打开的 NR 小区，如果存在，则执行 PSCell 变更流程。

（1）PSCell 变更

UE 通过双连接接入 eNB1 和 gNB 的 PSCell 1，UE 向 PSCell 2 覆盖区移动时，达到 A3 测量门限，触发 A3 事件测量报告，gNB 接收到测量报告后，选择信号质量最好的候选小区，即选中站内的 CCell 2，gNB 触发 PSCell 变更过程。

在 NR 服务区内向 gNB2 移动时可能发生 SN 变更或者 PSCell 变更。其中，SN 进行 PSCell 变更时通过自身的 SRB3 进行 UE 重配。PSCell 变更如图 5-13 所示。PSCell 变更信令流程如图 5-14 所示。

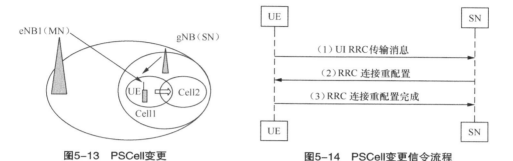

图5-13　PSCell变更　　　　　图5-14　PSCell变更信令流程

- UE 通过 UL RRC 传输消息向源侧 SN 上报 A3 测量报告。

- SN 根据测量上报结果做出 PSCell 变更判决，SN 建立目标小区资源，然后下发 RRC 连接重配置消息进行空口重配。

- UE 收到 RRC 连接重配置消息后，删除源测小区配置，并建立目标小区配置，给 SN 回复 RRC 连接重配置完成消息。

- SN 收到 RRC 连接重配置完成消息后，删除源小区配置，目标小区配置生效。

（2）SN 变更

UE 已通过双连接接入 eNB1 和 gNB1，在向 gNB2 移动的过程中，达到 A3 测量门限，触发 A3 事件测量报告，gNB1 接收到 UE 的测量报告后，依据信号强度选择测量上报的邻小区列表中信号最好的小区，即 gNB2 内小区，发起 SN 变更流程。SN 变更如图 5-15 所示。

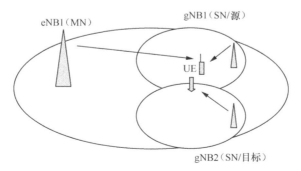

图5-15　SN变更

SN 变更信令流程如图 5-16 所示。

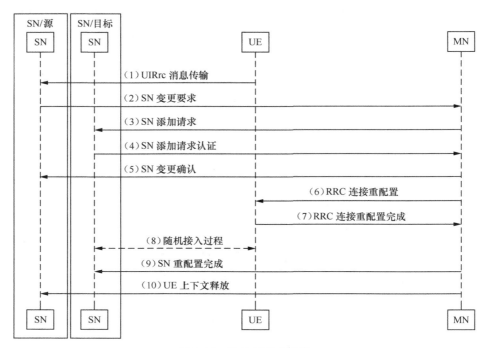

图5-16　SN变更信令流程

（1）UE 通过 UL RRC 传输消息向源侧 SN 上报 A3 测量报告。

（2）源侧 SN 根据测量上报结果做出 SN 变更判决，通过 X2 口向 MN 发送 SN 变更要求发起 SN 变更过程。

（3）MN 收到源侧 SN 的 SN 变更要求后，向目标侧 SN 发送 SN 添加请求消息，发起 SN 增加过程。

（4）目标侧 SN 完成增加准备后，给 MN 回复 SN 添加请求认证。

（5）MN 收到 SN 添加请求认证后，给源侧 SN 发送 SN 变更确认。

（6）MN 给 UE 下发 RRC 连接重配置消息，进行空口重配。

（7）UE 收到 RRC 连接重配置消息后，删除源测 SN 配置，建立目标侧 SN 配置，并回复 RRC 连接重配置完成消息。

（8）UE 在目标侧 SN 进行非竞争性随机接入过程，同步到目标侧 SN。

（9）MN 给目标侧 SN 发送 SN 重配置完成消息，目标侧 SN 配置生效。

（10）MN 给源侧 SN 发送 UE 上下文释放消息，释放源侧 SN 资源。

2. UE 移动到 NR 服务区边缘

UE 处于 LTE 和 NR 基站覆盖范围内，已建立 LTE/NR 双连接，UE 向 NR 基站覆盖范围边缘移动，信号变差，到达 A2 测量门限，UE 进行 A2 测量上报，并触发 SN 释放流程，UE 移动到 NR 服务区边缘切换如图 5-17 所示。

5.3.2.3　NR切换的测量机制

5G NR 的切换流程同 4G 一样仍然包括测量、判决、执行 3 个流程。

（1）测量：由 RRC 连接重配置消息携带下发；测量 NR 的 SSB、EUTRAN 的 CSI-RS。

（2）判决：UE 上报 MR（该 MR 可以是周期性的也可以是事件性的），基站判断是否满足门限。

（3）执行：基站将 UE 要切换到的目标小区下发给 UE。

终端测量机制如图 5-18 所示。

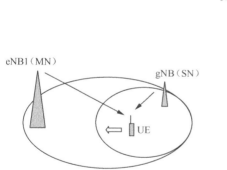

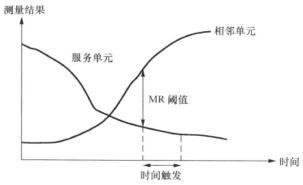

图5-17　UE移动到NR服务区边缘切换　　　　图5-18　终端测量机制

当终端满足（A3 事件）$Mn+Ofn+Ocn-Hys > Ms+Ofs+Ocs+Off$ 且持续时间触发后上报测量报告。

（1）Mn：邻小区测量值。

（2）Ofn：邻小区频率偏移。

（3）Ocn：邻小区偏置。

（4）Hys：迟滞值。

（5）Ms：服务小区测量值。

（6）*Ofs*：服务小区频率偏移。

（7）*Ocs*：服务小区偏置。

（8）*Off*：偏置值。

5.3.2.4　NR切换策略

NR 使用的切换事件见表 5-5。

表5-5　NR使用的切换事件

事件类型	事件含义
A1	服务小区高于绝对门限
A2	服务小区低于绝对门限
A3	邻区—服务小区高于相对门限
A4	邻区高于绝对门限
A5	邻区高于绝对门限且服务小区低于绝对门限
A6	载波聚合中，辅载波与本区的 RSRP/RSRQ/SINR 差值比该值实际 dB 值大时，触发 RSRP/RSRQ/SINR 上报
B1	异系统邻区高于绝对门限
B2	本系统服务小区低于绝对门限且异系统邻区高于绝对门限

切换功能对应事件策略建议见表 5-6。

表5-6　切换功能对应事件策略建议

功能	事件
基于覆盖的同频测量	A3，A5
释放 SN 小区	A2
更改 SN 小区	A3
CA 增加 SCell 测量	A4
CA 删除 SCell 测量	A2
基于覆盖的异频测量	A3，A5
打开用于切换的异频测量	A2
关闭用于切换的异频测量	A1

5.4　PCI 规划

物理小区 ID（Physical Cell ID，PCI）是 5G 系统中终端区分不同小区的无线信号标识（类似于 LTE 制式下的 PCI），整体规划原则与 4G 类似，建议参考 4G 的 PCI 同步规划。在 5G 网络中，PCI 规划要结合频率和小区之间的关系，统一考虑。

5.4.1　PCI 规划原则

5.4.1.1　PCI复用

现实组网不可避免地要复用 PCI，在 PCI 规划时应当避免以下情况。

1. PCI 冲突

假如两个相邻的小区分配相同的 PCI，这种情况下会导致重叠区域中至多只有一个小区会被终端检测到，而造成初始小区搜索时只能同步到其中一个小区，而该小区不一定是最合适的，称这种情况为冲突（Collision），PCI 冲突如图 5-19 所示。

2. PCI 混淆

假如一个小区的两个相邻小区具有相同的 PCI，在这种情况下如果终端请求切换到 ID 为 A 的小区，但 eNB 不知道哪个为目标小区，那么就称这种情况为 PCI 混淆，PCI 混淆如图 5-20 所示。

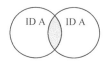

图5-19　PCI冲突

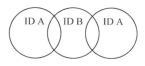

图5-20　PCI混淆

3. PCI 干扰

主小区边界上可能会收到非邻区关系的其他小区信号，虽然这类小区的信号强度小于终端的接入电平，但对终端的接收仍然存在干扰，建议 PCI 规划时也要规避。

5.4.1.2　模4干扰

5G 中的 SSB 信号包含 PSS、SSS 和 PBCH，目前，各厂家内部均放置在同频域位置，即时域和频域处于同位置。

PSS 和 SSS 采用 PN 序列，解调较强，PBCH 使用 DMRS 用于解调，采用模 4 错开，但 DMRS 和 PBCH 数据本身存在干扰，故模 4 错开无意义。RS 位置与 PCI 模 4 的关系如图 5-21 所示。

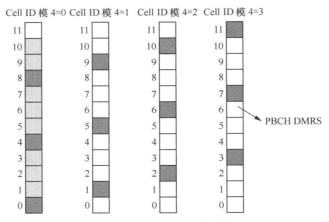

图5-21　RS位置与PCI模4的关系

5.4.1.3　模3干扰

由于部分算法（如 PDSCH 调度—干扰协调）需要基于 PCI 输入，这些算法的输入基于 PCI 模 3，从不改动这些算法的输入角度，PCI 模 3 作为 PCI 规划的建议项，建议遵从，规避与模 3 相同的规划示意如图 5-22 所示。

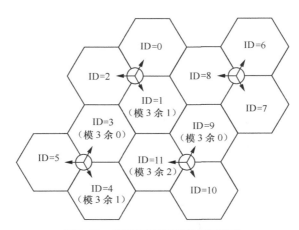

图5-22　规避与模3相同的规划示意

5.4.1.4　模30干扰

PUSCH 的 DMRS 和 SRS 是基于 ZC 序列产生的，将这些序列编为组，记为 Group0 ～ Group29（共 30 组），不同组代表不同的序列。

规划时相邻小区不能使用相同的组，以保证终端的上行参考信号的正交性。PCI 模 30 相同的小区间复用距离要足够远，以防出现共覆盖区的情况。实际情况是模 30 相等的扇区组（基站）至少间隔 1 个基站。

避免邻区 PCI 模 30 相同的规划示意如图 5-23 所示。

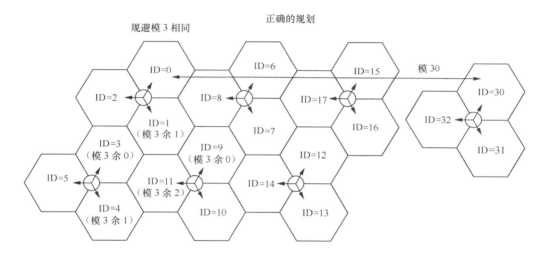

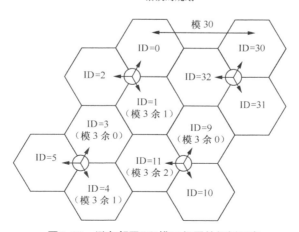

图5-23　避免邻区PCI模30相同的规划示意

5.4.2　PCI 分组方案

$$PCI=(3 \times NID1)+NID2$$

（1）NID1：物理层小区识别组，范围为 0 ～ 335，定义 SSS 序列。

（2）NID2：在组内的识别，范围为 0 ～ 2，定义 PSS 序列。

（3）PCI 规划延续 L 网的规划原则，将 0 ～ 1008 个 PCI 分为 336 组，组号为 0 ～ 335，即 NID1；每组 3 个 PCI，即 NID2；每组的 PCI 为 NID1×3+0、NID1×3+1 和 NID2×3+2。

第6章 5G 网络优化的方法和流程

6.1 网络优化项目的准备和启动

6.1.1 收集电信运营商的优化目标

启动项目后，首先可通过项目启动会的方式收集项目的优化目标。主要优化目标如下所述：测试评估，收集测试评估所需的测试范围、测试方式、测试内容等；单站验证优化；射频优化；参数优化；KPI 优化，并对现阶段的 KPI 数据做好相关备份，便于项目完成时进行效果对比；特殊场景优化，特殊场景包括高铁、地铁、高速公路、楼宇等；专题优化。

6.1.2 收集网络基本数据

网络优化的前提是充分了解网络运行的性能状况，针对存在的问题进行分析，从而找出解决办法。用于网络优化的数据主要包括话务统计、测试数据、告警信息、参数配置信息等。

6.1.2.1 收集话统数据

话统数据从统计的观点反映了整个网络的运行质量。一般地，电信运营商将 KPI 作为评估网络性能的主要依据。话统数据里包含详细的统计指标和计数点，这些指标有的是以整网范围为基准进行统计的，有的则是以每个扇区为基准进行统计的，可以根据具体需要提取这些数据。

6.1.2.2 收集测试数据

收集测试数据是指利用测试设备选取一定的路径进行抽样测试并提取数据的过程。测试数据可以反映网络的运行质量，测试数据越多，反映的信息越全面。相比话统数据，测试数据能够更加具体地反映网络存在的问题。后面的章节中，我们会详细阐述测试数据的相关知识。

6.1.2.3 收集告警数据

告警是对设备使用或网络运行中的异常状况或疑似异常状况的集中体现。在网络优化期间，我们应该持续关注并查看告警信息，以便及时发现预警信息或已经发生的问题，避免发生网络事故。

6.1.2.4 收集参数配置信息

系统配置数据和无线参数与网络的运行性能直接相关，网络优化的重要手段就是调整系统配置数据和参数。在检查了话统数据、测试数据、告警数据之后，若存在网络问题，应该及时从配置数据和无线参数这两个方面分析原因。

6.1.3 区域划分和网络优化项目的组织架构

网络优化项目组织架构如图 6-1 所示。

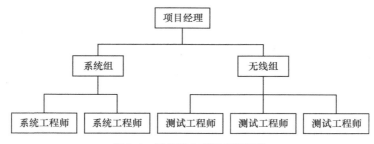

图6-1 网络优化项目组织架构

网络优化项目组织架构中不同职位的工作职责如下所述。

（1）项目经理：负责制订项目计划、安排项目进度、调动项目内部资源、指导技术等；负责审核方案、交流技术、培训等工作，掌握全面的无线网络理论知识并有丰富的无线网络测试调整优化经验，具备较强的沟通协调和组织能力，是项目现场第一技术责任人。

（2）系统组：负责收集和分析各种 KPI 报表、处理 TOPN 问题小区、收集和分析信令数据、分析调整配置参数、确定优化方案、撰写相关分析报告、优化专题专项等。

（3）无线组：负责采集、整理和分析 CQT 测试数据、DT 测试数据、信令数据、各类报表数据等，分析测试数据，处理及分析用户报告和投诉，实施 RF 优化调整并进行效果验证，撰写并提交相关报告等。

6.1.4　网络优化工具和软件准备

常见的测试终端包括 OPPO 5G Reno、vivo 5G 测试终端、华为先行者 CPE、中兴 5G 测试终端等。常见的测试软件有爱立信 Accuver、鼎利 Pionee、华为 Probe 等。5G 网络测试工具及软件配套见表 6-1。

表6-1　5G网络测试工具及软件配套

设备及软件名称	数目	备注
测试终端	1 套	—
测试软件	1 套	—
GPS	1 套	—
便携机	1 台	普通性能的便携机用于安装测试软件、采集数据并记录
高性能便携机	1 台	FTP 上传下载或 TCP 灌包便携，基本配置：HP840G2 Inteli7-5600U，64bit，8GB 内存，512GB SSD
网线	2 根	—
便携移动电源	3 个	以 500W 便携电源为例，在有车载逆变器的情况下，便携移动电源的需求数为 1。使用便携电源后须及时充电
车载逆变器	1 个	—
车辆	1 辆	普通车辆即可

注：（1）测试终端需要提前安装好驱动软件，若在测试过程中出现异常情况，可通过重启或者断开再连接的方式对异常情况进行排查；（2）SIM 卡的开户速率要求大于 1Gbit/s，建议以高于峰值的速率开户；（3）测试便携机、测试终端、GPS 都需要供电。便携机可以用电池，但电池的性能往往不能满足长时间的测试需求，如果车辆无法提供满足要求的功率，则需要购买大功率的 UPS 电池，UPS 电池的功率须满足 8 小时的测试要求。

6.2 单站验证和优化

6.2.1 单站验证的数据准备

单站验证需要做以下的准备工作：收集站点的位置信息，包括锚点 LTE 基站和 NR 基站的信息。具体信息包括站点名称、PCI、经纬度信息、站点在地图上的具体位置、站点周边的环境信息等。

测试路线规划：在进行单站测试时，由于要在站点的覆盖范围内测试，因此要提前分析周围的道路情况，为定点测试确定候选位置区域，为移动性测试选择符合测试要求的线路。

6.2.2 单站验证的小区状态检查

在单站验证前，工程师需要确认 LTE 和 5G 小区是否存在告警问题、小区的状态是否正常、LTE 和 5G 小区的 X2 口是否正常建立，其中要特别关注间歇性告警问题。基站检查清单见表 6-2。

表6-2　基站检查清单

描述	检查标准
是否存在告警问题	确认告警并记录，重要告警等需要清零
NR 小区的状态是否正常	确认小区状态是否正常，如果小区无法被激活，则须排查处理
本地小区的状态是否正常	确认本地小区状态是否存在异常，如果本地小区存在异常，则需要排查处理
时钟状态是否正常	确认 GPS 星卡的状态、时钟状态等是否正常，链路是否被激活
通道校正是否正常	确认 AAU 通道校正是否通过
收发光是否正常	确认收发光是否正常，建议收光大于 –10dBm
NG 链路是否正常	确认 NG 接口链路是否正常
链路 PING 测试	确认基站到核心网的链路 PING 大包（1400 字节）是否存在丢包、时延异常等情况
邻区是否添加	确认相邻基站的邻区是否添加
Xn 链路是否建立	确认相邻基站的 Xn 链路是否建立并且状态正常

在检查基站工作是否正常状态后，还需要检查扇区参数的配置信息，主要检查 5G 小区的频点配置、带宽配置、小区 PCI、NSA 开关、小区发射功率、邻区配置信息；同时检查 5G 小区周围的 4G 小区的 NSA 配置、NR 邻区配置、DC 能力开关、X2 配置等。

6.2.3　单站测试内容

针对单个基站进行功能测试，验证基站性能是否满足验收标准。单站测试内容包括下行峰值速率测试、上行峰值速率测试、小包业务性能测试、5G 接入功能测试、覆盖性能测试、切换性能测试等。

6.2.3.1　下行峰值速率测试

确认 5G 基站的下行峰值速率是否正常。

（1）测试内容：测试单用户单载波下行极好点速率。

（2）测试条件：UE、测试小区、业务服务器正常工作；LTE、NR 网络按照要求配置。

（3）测试区域：选择一个 5G 主测小区，在该小区内测试，在室外选择极好点测试。

（4）测试方法：在终端发起下载业务，待数据业务稳定后，连续测试 2min，记录下行平均速率，将其作为本小区的下行极好点速率。

6.2.3.2　上行峰值速率测试

确认 5G 基站上行峰值速率是否正常。

（1）测试内容：测试单用户单载波上行极好点速率。

（2）测试条件：UE、测试小区、业务服务器正常工作；LTE、NR 网络按照要求配置。

（3）测试区域：选择一个 5G 主测小区，在该小区内测试，在室外选择极好点测试。

（4）测试方法：在终端发起上传业务，待数据业务稳定后，连续测试 2min，记录上行平均速率，将其作为本小区的上行极好点速率。

6.2.3.3　小包业务性能测试

测试 PING 包时延及 PING 包成功率。

（1）测试内容：PING 包时延及 PING 包成功率。

（2）测试条件：UE、测试小区、业务服务器正常工作；LTE、NR 网络按照要求配置。

（3）测试区域：选择一个 5G 主测小区，在该小区内测试，在室外选择极好点测试。

（4）测试方法：终端在选定的测试点成功接入待测小区；终端在激活状态下采用 DoS PING 的方式发起 PING 包业务，包长 32 字节，PING 包等待回复时长不超过 2s，PING 包次数为 50 次，记录 RTT 各测试样值及统计数据；终端在激活状态下采用 DoS PING 的方式发起 PING 包业务，包长 1500 字节，PING 包等待回复时长不超过 2s，PING 包次数 50 次，记录 RTT 各测试样值及统计数据；基于统计数据记录平均 PING 包时延，即所有 RTT 样本的平均值；基于统计数据计算 PING 包成功率，PING 包成功率 =1－丢包率。

6.2.3.4　5G接入功能测试

通过该项测试，检查待测 5G 辅站变更是否正常。根据工程参数和地图，事先确定好站内切换的路线，为保证站内切换的成功率，尽量在规划的范围内测试。

（1）测试内容：附着成功率，连接建立成功率。

（2）测试条件：UE、测试小区、业务服务器正常工作；LTE、NR 网络按照要求配置。

（3）测试区域：选择一个 5G 主测小区，在该小区内测试，在室外选择极好点测试。

（4）测试方法：测试设备正常开启，工作稳定；UE 在 4G 小区发起连接请求并接入 5G 小区，UE 成功发送 5G Msg3，在 NR 侧成功发起 FTP 下载业务；关机后重新开机，重复步骤（2），统计 10 次接入的成功率。

6.2.3.5　覆盖性能测试

检验小区的覆盖情况，确认是否存在天线接反的问题以及覆盖率是否达标。

（1）测试内容：5G NR 覆盖，基于相关 5G 小区的 SS-RSRP、SS-SINR 测试样本统计。

（2）测试条件：在同一个 gNB 基站下，各小区完成 CQT 测试后进行本项测试；LTE、NR 网络按照要求配置；基于广播波束实际配置进行测试；UE、测试小区、业务服务器正常工作。

（3）测试区域：沿基站的周边道路进行绕站测试；打开终端 GPS 定位功能，在地图上记录测试轨迹。

（4）测试方法：系统根据测试要求配置，正常工作；测试车辆携带测试终端 1 台、GPS 接收设备及相应的路测系统，测试车辆应视实际道路交通条件以中等速度（30km/h 左右）匀速行驶；终端在待测 5G 辅小区上建立连接，并进行数据业务下载，在每个扇区天馈主瓣方向 120° 扇区 50m ～ 200m 内进行栅格测试（视覆盖环境酌情选择测试路线）；重复（3），对该基站上的所有 5G 辅小区进行测试。

6.2.3.6　切换性能测试

确认本小区的相邻小区切换是否正常。

（1）测试内容：基站内 5G 小区切换功能测试，终端切换是否正常，5G 小区切换成功率。

（2）测试条件：在同一个 gNB 基站下，各小区完成 CQT 测试后进行本项测试；UE、测试小区、业务服务器正常工作；LTE、NR 网络按照要求配置。

（3）测试区域：沿基站的周边道路绕站测试；打开终端 GPS 定位功能，在地图上记录测试轨迹。

（4）测试方法：系统根据测试要求配置并正常工作，在测试终端进行数据下载业务；在距离基站 50m ～ 300m 的范围内，在站内各 5G 小区间进行往返测试各 10 次，如果在本站的任意两个 5G 小区间可以双向正常切换，并且切换点在两个小区的边界处，则切换正常，小区覆盖区域合理；如果切换失败或切换点不在两个小区的边界处，各小区的覆盖区域与设计有明显偏差，则需要检查邻区配置、切换参数、天线工程参数等是否正确，须排除故障后再进行测试。

6.3　RF 优化流程

RF 优化也称射频优化，是移动通信中用来解决覆盖问题的常用方法，可解决网络中的天线接反问题、弱覆盖问题、越区覆盖问题、重叠覆盖问题、模 3 干扰问题、外部干扰问题、切换问题等。

RF 优化总体流程如图 6-2 所示。

图6-2　RF优化总体流程

在 RF 优化准备阶段，收集需要优化的基站位置信息、天馈信息等，收集优化区域内的道路信息，制订评估测试路线，准备相关测试设备。

在评估测试阶段，根据前期规划的路线，制订好相关的测试计划，在区域内进行道路测试，采集测试数据，为后期优化打好基础。

在制订优化方案阶段，首先分析采集的数据，结合收集的相关基站信息，针对网络问题制订优化方案。针对功率调整部分，可在网管上修改调整，修改前需要申请报备，修改后做好相关记录。在天馈调整部分，优化方案需要准确清晰，以便工程人员能够直

接实施。

在方案实施阶段，工程人员需要根据天馈调整方案到基站核查相关信息是否一致：若相关信息一致，则可以按照 RF 优化方案直接实施；若相关信息不一致，则需要与方案制订者进行核对，并征求方案制订者的意见，看是否需要修改方案。工程人员实施方案后，需要记录好相关数据，并对天线覆盖方向进行拍照记录。

在验证阶段，当方案实施后，需要验证 RF 优化调整的效果，看是否达到预期目标：若效果不佳，则需要制订二次优化方案，直到实现优化目标为止；若达到预期优化目标，则该问题点闭环，需要输出 RF 优化报告，RF 优化报告中必须包括前后优化效果的对比情况，例如，RSRP 强度对比、SINR 对比，并截图前后路测轨迹的对比情况。

5G 网络的室外站型主要为 Massive MIMO，与传统站型相比，5G Massive MIMO 广播信道采取窄波束轮询发射方式，天线增益较传统天线大幅提升，同时支持广播信道外包络多维调整，包括覆盖场景（控制水平波束宽度和垂直波束宽度）、数字方位角和数字下倾角，单个 Massive MIMO AAU 设备（以 64T 为例）支持的广播信道外包络形态多达上万种。加上传统手段，当前 Massive MIMO 产品常用的 RF 优化方法有以下 7 种，见表 6-3。

表6-3　RF优化方法

优化方法		成本对比	优化效果	限制因素
传统手段	机械倾角	高	同时对 SSB 和 CSI 生效	受安装条件限制
	电子倾角	RET 天线低，非 RET 较高	同时对 SSB 和 CSI 生效	目前不支持 64T，支持 8T/32T，32T 复用数字倾角参数控制
	方位角	高	同时对 SSB 和 CSI 生效	受安装条件限制
	功率	低	同时对 SSB 和 CSI 生效，可单独控制	在工程优化阶段不建议调整
广播波束	覆盖场景	低	仅对 SSB 生效，通过切换链间接改变 CSI 覆盖	8T/32T 不能支持全部的 17 种场景
	数字倾角	低	仅对 SSB 生效，通过切换链间接改变 CSI 覆盖	不支持 8T，垂直波宽 25° 场景不可调
	数字方位角	低	仅对 SSB 生效，通过切换链间接改变 CSI 覆盖	水平波宽大于 90° 场景不可调

针对 4G/5G 共用 MM AAU 的情况，在站点设计阶段，RF 参数直接继承 4G 原网的场景，建议优先进行 4G/5G 联合 RF 优化，确定 4G/5G 两张网均可接受的天线方位 / 下倾角后（一般为满足网络覆盖层需求）再单独对 5G 侧进行 Pattern 优化。

6.4　参数优化流程

参数的合理性是业务正常开展的基础，是进行优化工作的前提条件，在优化工作开展前须对相关参数进行合规性检查，避免因参数配置问题误导后续的分析工作。5G NSA 组网参数配置涉及 NR 侧参数和锚点站参数。

6.4.1　参数优化流程

参数优化流程包括以下 5 个阶段：优化参数评估核查、优化参数备份、制订参数优化方案、实施参数优化方案和验证参数优化效果。参数优化流程如图 6-3 所示。

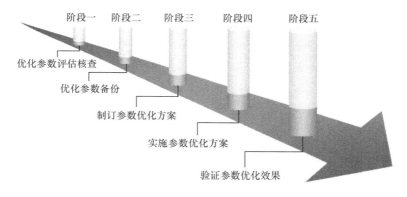

图6-3　参数优化流程

在优化参数评估核查阶段，评估现网中配置的参数，核查出优化参数配置的问题，或者优化不在集团公司要求的配置范围内的参数配置，并且需要在参数优化之前整改这些参数。

在优化参数备份阶段，在进行参数优化之前需要备份系统中配置的参数，便于后续分析及核查。

在制订参数优化方案阶段，根据路测数据或者 KPI 制订参数修改方案，并提前定好参数修改日期，提交参数修改申请报告，审批后方可进入下一个阶段。

在实施参数优化方案阶段，根据参数优化方案修改参数，尽量选择在凌晨操作，因为部分参数修改会导致设备重启，在凌晨实施对现网的影响最小。

在验证参数优化效果阶段，修改参数后，可通过路测验证效果，评估参数修改后是否达到预期目标，也可以通过网络 KPI 来观察参数优化的效果。

6.4.2 常见参数优化释义

在 5G 无线网络优化的过程中，常见的优化参数主要有覆盖类参数、功率配置参数、速率类参数、切换类参数、移动性参数等。

6.4.2.1 覆盖类参数

5G 覆盖类参数可以调整小区的覆盖情况，并根据现场需求增强覆盖或者控制覆盖，从而通过覆盖参数优化达到预期目标。例如，通过调整方位角、下倾角等加强弱覆盖区域的信号强度。覆盖类参数见表 6-4。

表6-4 覆盖类参数

参数名称（英文名称）	参数名称（中文名称）	参数含义
cbfMacroTaperType	垂直波束权重	垂直波束权重类型
coverageShape	覆盖形状（系统默认）	覆盖形状
customComBfwWideBeam	自定义的下行公共信道的波束赋形权重	自定义的下行公共信道的波束赋形权重，为一个由幅度和相位构成的权重矩阵
digitalPan	数字控制方位	数字控制方位
digitalTilt	数字控制倾角	数字控制倾角
csiRsPeriodicity	CSI-RS 发送周期	CSI-RS 发送周期
csiRsConfig16P	16-Port CSI 设置	16-Port CSI 设置，和相应的 Port 到天线的映射关系
csiRsConfig32P	32-Port CSI 设置	32-Port CSI 设置，和相应的 Port 到天线的映射关系
csiRsConfig8P	8-Port CSI 设置	8-Port CSI 设置，和相应的 Port 到天线的映射关系

6.4.2.2 功率配置参数

通过功率参数优化，可以提升用户在进行业务时的发射功率，功率配置参数见表 6-5。

表6-5 功率配置参数

参数名称（英文名称）	参数名称（中文名称）	参数含义
configuredMaxTxPower	最大输出功率	最大输出功率
pZeroNomPucch	PUCCH功控P0	PUCCH功控P0
pZeroNomPuschGrant	PUSCH功控P0	PUSCH功控P0
trsPowerBoosting	TRS功率增强	TRS功率增强
preambleRecTargetPower	前导码接收预期电平	前导码接收预期电平
pMax	上行最大发射功率	上行最大发射功率

6.4.2.3 速率类参数

速率类参数可以适当改善用户的下行速率，常见速率类参数见表 6-6。

表6-6 速率类参数

参数名称（英文名称）	参数名称（中文名称）	参数含义
endcDlNrLowQualThresh	ENDC 下行 NR leg 切换质量门限	分流承载的 NR 的下行无线质量 SINR 门限。当低于这个门限时，用户的数据将不从 NR leg 上发送
endcDlNrQualHyst	ENDC 下行 NR leg 切换质量迟滞	分流承载的 NR 的下行无线质量迟滞值
endcUlLegSwitchEnabled	ENDC 上行 NR leg 切换的开关	是否打开上行 NR leg 转换的功能
endcUlNrLowQualThresh	ENDC 上行 NR leg 切换质量门限	分流承载的 NR 的上行无线质量 SINR 门限。当低于这个门限时，用户的数据将不从 NR leg 上发送
endcUlNrQualHyst	ENDC 下行 NR leg 切换质量迟滞	分流承载的 NR 的上行无线质量迟滞值
dcDlAggActTime	激活聚合的门限	激活 DC 下行聚合，当需要传输的包时间超过该参数时，将使用 DC 下行聚合
dcDlAggExpiryTimer	去激活聚合的门限	去激活 DC 下行聚合，当 buffer 为空的时长超过该参数时，业务将回到单 NR leg

6.4.2.4 切换类参数

切换参数优化，优化锚点小区和 NR 小区与周边小区的切换带，避免 NR 小区或者锚点小区与周边小区频繁切换。常规参数有 LTE 系统内的切换门限、NR 同频的切换门限 offsetA3、timeToTriggerA3 等。切换类参数见表 6-7。

表6-7 切换类参数

参数名称（英文名称）	参数名称（中文名称）	参数含义
offsetA3	A3 门限	NR 中邻区电平高于本小区的偏置值
timeToTriggerA3	A3 实际磁滞	该事件内始终满足 A3 事件后触发 A3 测量报告
endcUlLegSwitchEnabled	上行 leg 切换开关	是否允许上行 leg 在 NR 和锚点之间切换
endcDlNrLowQualThresh	下行 NR 质差门限	NR 无线质量恶化后触发下行 Bear 切换到锚点小区

参数名称（英文名称）	参数名称（中文名称）	参数含义
endcDlNrQualHyst	下行 NR 质量变好门限	NR 无线质量变好后触发下行 Bear 从锚点小区切换到 NR
endcUlNrLowQualThresh	上行 NR 质差门限	NR 无线质量恶化后触发上行 Bear 切换到锚点小区
endcUlNrQualHyst	上行 NR 质量变好门限	NR 无线质量变好后触发上行 Bear 从锚点小区切换到 NR
endcUlNrRetProhibTimer	上行链路 NR 和锚点之间切换时间间隔	上行链路从 NR 切换到锚点后回切时间间隔

6.4.2.5 移动性参数

移动性包括 LTE 到 LTE 的切换、NR 到 NR 的切换以及 SCG 添加流程。小区之间的关系包括 LTE 的邻区关系、NR 的邻区、LTE 和 NR 的锚点关系。移动性参数见表 6-8。

表6-8　移动性参数

参数名称（英文名称）	参数名称（中文名称）	参数含义
B1Threshold	B1门限	B1事件的门限
hysteresisB1	B1迟滞值	B1事件的迟滞值
timeToTriggerB1	B1时间触发量	B1事件的时间触发量
triggerQuantityB1	B1触发选项	B1事件触发项
extGUtranCellRef	盲加小区定义	在采用系统配置 SCG 小区方式时需要设置该参数，当基于测量的 SCG 小区配置时，该参数不需要设置

锚点关系定义原则，目前一个 gNB 最多可以定义 8 个 eNB，一个 eNB 最多可以定义 64 个 gNB。

定义锚点关系的基本原则如下所述。

优先级一：共站的 LTE 基站。

优先级二：周围第一圈 LTE 基站。

优先级三：根据共站 LTE 基站的切换次数排序。

第 7 章 5G 路测数据分析方法

7.1 路测数据采集

7.1.1 簇划分和测试路线规划

移动通信网络在空间上是一个巨大的网络，由于各地市本地网用户规模、经济发展、建设投入不均衡，要对一个本地网进行全范围优化是相当耗时的，同时投资也是极大的。因此，网络优化也有主次之分。将网络划分成若干个簇，先对重点簇进行优化是各家电信运营商的既定策略。

簇优化是 5G 无线网络工程优化的重要组成部分，需要在单站优化后和全网优化前实施。当基站簇中 80% 以上的 NR 基站开通后，即可开始对该簇进行整体测试和优化工作。每个簇通常包含约 15 个 NR 站点，簇划分的主要依据是地形地貌、业务分部、相同的 TAC 区域等信息。

NR 的簇优化需要考虑以下几个因素。

行政区域划分：当网络覆盖区域涉及多个行政区域时，应该按照不同的行政区域划分簇，即簇内站点归属同一个行政区。

地形因素影响：不同的地形地貌对于无线信号的传播会造成明显的影响。山脉（阴影衰落）会阻碍信号传播，是簇划分的天然边界；水面会反射无线信号，河流容易产生波导效应，使信号传播得更远；当湖面、江面较窄时，需要考虑两岸信号的相互影响，如果交通情况允许，应当将两岸的站点划分在同一簇内进行优化；如果水面开阔，则需要关注上下游之间的信号影响，根据实际的交通情况用河道划分簇边界。

不同簇间的信号影响最小：由于优化调整是基于簇进行的，某个簇中站点的天线调

整可能会对相邻簇的信号分布造成影响，需要在簇划分时尽可能地减少簇间的相互影响，簇间边界越短越好，通常按照蜂窝形状划分簇。

不同簇的话务分布：分析现有网络的话务或者用户分布，簇边界要尽可能地避开话务热点、用户密集、用户移动的关键枢纽地区，尽量让单个话务热点包含在一个簇内。

测试工作量：在簇划分时，需要考虑测试工作量是否可以在一天之内完成。

簇划分完成后，要获取需要测试的簇列表、电子图层、专用下载服务器和相应的工程参数。在测试评估前，做好路线规划工作，测试的路线需要遍历测试簇区域内的主要交通干道，密度均匀；测试前做好线路规划，尽量减少重复路段的测试；测试必须公正如实地反映网络的覆盖和性能，保证测试数据的可用性和准确性。

7.1.2　测试方法

道路测试与定点测试不同，首先要按照规划路线测试，遍历簇内基站的所有小区，并按照顺时针及逆时针方向各测试一圈。测试时，根据测试要求启动数据下载业务，并以不大于 30km/h 的速度匀速地按照测试路线开展测试，长时间保持业务。如果存在未接通或掉话的情况，请及时停车记录问题并重新连接、开始测试。

具体测试内容包括覆盖性能测试、接入性能测试、PING 测试、保持性能测试、移动性能测试等。

7.1.2.1　覆盖性能测试

测试内容：SS-RSRP、SS-SINR 覆盖率、上下行边缘速率和小区平均吞吐量。

测试方法如下所述。

（1）NR 终端连接测试工具并放置于车内，发起下载业务并保持。

（2）测试车辆以接近 30km/h 的速度沿既定测试路线进行测试，测试路线应该为核心区域覆盖范围内能够行车的所有市政道路，要实时记录数据速率、SS-SINR、SS-RSRP。

（3）如果 LTE 锚点或 NR 辅节点数据业务掉线，则在附近停车后重新发起数据业务，待速率稳定后继续路测。

7.1.2.2　接入性能测试

测试内容：测试 EN-DC MN 锚点连接建立成功率，EN-DC NR 锚点连接建立成功率。

测试方法如下所述。

（1）测试车携带测试终端一台、GPS 接收设备及相应的路测系统，测试车应视实际道路交通条件以中等速度（30km/h 左右）匀速行驶。

（2）终端已经附着并处于 RRC IDLE 状态，由于要传送数据，所以要进行以下操作：随机接入—RRC 连接建立—DRB 建立—5G 辅站添加—ERAB 修改。

（3）终端建立连接（建立 RRC 连接与无线承载后发起下载、上传业务，经过一定的时间后再停止数据传送，终端重新进入 RRC IDLE 状态），连接时长 30s，间隔 15s，记录连接建立成功 / 失败。

（4）终端建立起无线承载，而且能传送用户面数据（能 PING 网络服务器，并能 FTP 下载和上传数据），则判定其连接建立成功。

（5）终端重新进入 RRC IDLE 状态，然后重复进行步骤（2）~步骤（4）。测试车至少跑完测试路线一圈，终端至少进行 100 次连接建立尝试。

7.1.2.3　PING测试

测试内容：PING 包成功率及 PING 包时延测试。

测试方法：NR 终端连接测试工具被放置于车内，测试车辆以接近 30km/h 的速度沿既定测试路线测试；终端发起 PING 包（1500 字节）业务，采用 DoS PING 方式记录 RTT，将其作为测试样值；重复以上操作，遍历核心区域覆盖范围内能够行车的所有市政道路，至少将测试路线走完一遍。

7.1.2.4　保持性能测试

测试内容：NR 掉线率测试。

测试方法：测试设备正常开启，工作稳定；终端已经附着并处于 RRC IDLE 状态。由于要传送数据，所以要进行以下操作：随机接入—RRC 连接建立—DRB 建立—5G 辅站添加—ERAB 修改。终端建立连接（辅站添加完成并建立无线承载后，发起 FTP 或 iperf TCP/UDP 下载、上传数据），持续 30s 后重新连接（即释放承载后间隔 15s 重新发起连接）；记录是否掉线，含锚点掉线及 NR 掉线；如果有掉线的情况，则间隔 15s 后重复发起建立连接，若连续 3 次连接建立失败，则记录终端状态并重启终端，再进行后续测试；遍历核心区域覆盖范围能够行车的所有市政道路，连接呼叫次数在 100 次以上；若发生掉话，则在附近停车后重新发起数据业务，待速率稳定后继续路测并根据信令判断掉话点是在 LTE 锚点侧还是在 NR 侧。

7.1.2.5　移动性能测试

测试内容：NR 切换测试。

测试方法：NR 终端连接测试工具被放置于车内，测试车辆以接近 30km/h 的速度沿既定测试路线进行测试；测试终端发起持续下载和上传业务，同时连接 GPS 测试；如果发生掉线的情况，则须再次发起并保持，同时记录掉线点；遍历核心区域覆盖范围内能够行车的所有市政道路，跨 LTE 小区切换、跨 5G 辅节点的变更次数在 100 次以上；分析信令，分别统计在相同的 LTE 锚点下 5G 辅载波间的切换尝试次数和成功次数，以及在不同的 LTE 锚点下，LTE 锚点切换成功率、5G 辅载波间变更切换尝试次数和成功次数，分别得到 5G 辅载波切换、变更成功率及 LTE 锚点控制面板的平均时延、5G 辅节点用户面的平均时延。

7.2　路测数据分析基础

7.2.1　路测重要指标解读

在 LTE 中，功率的测量基本上都是关于 RSRQ 和 RSRP 的。NR 中的 RSRQ 和 RSRP 与 LTE 中的 RSRQ 和 RSRP 几乎相同，但也有区别。因为在 LTE 中，RSRQ 和 RSRP 是基于小区参考信号定义的，但是在 NR 中没有 CRS，所以 RSRQ 和 RSRP 在 NR 中是基于 SSB 和 CSI-RS 信号定义的。其中 SSB 在空闲态和连接态同时发送，影响终端的接入和移动性测量；CSI-RS 仅在连接态发送，影响终端的 CQI/PMI/RI 测量等。在簇优化阶段，SSB 主要影响测试终端的服务小区选择，CSI-RS 主要影响业务信道质量评估，两者均对速率有着明显的影响，因此覆盖优化阶段需要同时考虑 SSB 和 CSI-RS 的覆盖和干扰水平。

（1）SS-RSRP 是 NR 小区同步信号在每个 RE 的平均功率，用于衡量小区下行同步信号的接收强度。

（2）SS-SINR 是 NR 小区同步信号在每个 RE 的平均 SINR 值，用于衡量小区下行同步信号的接收质量。

（3）CSI-RSRP 是 NR 小区携带 CSI 信号在每个 RE 上的平均功率，用于衡量 CSI 信号的接收强度。

（4）CS-SINR 是 NR 小区携带 CSI 信号在每个 RE 上的平均 SINR 值，用于衡量 CSI 信号的接收质量。

（5）下行 EN-DC PDCP 层速率和上行 EN-DC PDCP 层速率用于衡量上下行速率的高低，反映用户使用体验的好坏。

（6）覆盖率是 RSRP 和 SINR 结合起来满足一定门限的指标，在网络优化中用来评估该区域网络质量的好坏。5G 网络覆盖率见表 7-1。

表7-1 5G网络覆盖率

评测指标	指标定义		目标值建议
5G 网络测试覆盖率	核心城区：SS-RSRP ≥ -88dBm&SS-SINR ≥ -3dBm 的采样比例		≥ 90%
	普通城区：SS-RSRP ≥ -91dBm&SS-SINR ≥ -3dBm 的采样比例		

基于上述分析，当前 5G 覆盖优化的主要目标如下所述。

（1）提升网络覆盖率，达到优化目标值。

（2）在确保覆盖率不下降的前提下，通过降低重叠覆盖优化 SINR 值，提升上下行速率。

7.2.2 良好的 RF 环境定义

在进行单站验证和簇优化的过程中，常需要进行定点测试，检验不同场景下信号所要达到的标准，现阶段信道条件定义如下所述。

（1）极好点：SS-RSRP ≥ -70dBm 且 SS-SINR ≥ 25dB。

（2）好点：-80dBm ≤ SS-RSRP <-70dBm 且 15dB ≤ SS-SINR < 20dB。

（3）中点：-90dBm ≤ SS-RSRP <-80dBm 且 5dB ≤ SS-SINR < 10dB。

（4）差点：-100dBm ≤ SS-RSRP <-90dBm 且 -5dB ≤ SS-SINR < 0dB。

7.2.3 路测网络评估的 KPI 定义

路测中常用于评估网络的 KPI，包括覆盖性能指标、接入性能指标、时延指标、保持性能指标、移动性能指标等。

7.2.3.1 覆盖性能指标

覆盖性能指标基于测试数据，统计 SS-RSRP、SS-SINR、PDCP 层数据速率；统计边缘指标及均值计算覆盖，从而判断网络覆盖是否满足指标要求。

7.2.3.2 接入性能指标

接入性能指标包括锚点连接建立成功和 gNB 增加成功率。

锚点连接建立成功率 = 锚点业务建立成功次数 ÷ 锚点业务建立尝试次数；gNB 增加成功率 = 辅站链路成功增加次数 ÷ 辅站链路尝试增加次数。

（1）锚点业务建立尝试次数：建立尝试次数是指为了数据业务而发起的 RRC 连接请求的次数（排除其他原因的 RRC 请求次数）。

（2）锚点业务建立成功次数：建立成功次数为针对 eNB 下发的用于建立业务的 RRC 连接重配置消息，UE 回复了 RRC 连接重配置完成的次数。

（3）辅站链路尝试增加次数：如果 RRC 连接重配置消息中包含 NR 信元"Setup"信息且是第一次链路建立时的消息，则视其为辅站链路增加尝试。

（4）辅站链路成功增加次数：在尝试建立消息后，如果 UE 回复 RRC 连接重配置完成消息，则视其为辅站链路增加成功。

7.2.3.3 时延指标

时延指标可用来统计 PING 包成功率及 PING 包时延。

7.2.3.4 保持性能指标

保持性能指标可用来统计 NR 掉话率。

NR 掉话率 = 业务保持过程中 NR 异常释放次数 ÷ 辅站添加成功次数。

（1）业务保持过程中 NR 异常释放次数：NR ERAB 异常释放和 / 或 10s 以上应用层速率为 0 均被视为掉线。

（2）辅站添加成功：辅站添加请求后，UE 回复 RRC 连接重配置完成消息，则视为辅站添加成功。

7.2.3.5 移动性能指标

移动性能指标可用来统计 LTE 锚点切换成功率、NR 辅节点切换成功率以及 NR 辅节点变更成功率。

LTE 锚点切换成功率 =LTE 切换成功次数 ÷ 切换尝试次数 × 100%。

在相同的 LTE 锚点下，NR 辅节点切换成功率 = 辅节点切换成功次数 ÷ 切换尝试次数 ×100%。

在不同的 LTE 锚点下，NR 辅节点切换成功率 = NR 辅节点切换成功次数 ÷ 切换尝试次数 ×100%。

7.3　覆盖问题分析与优化

7.3.1　5G 覆盖特性分析

无线网络覆盖问题产生的原因是多种多样的，总体来讲有 4 类：一是无线网络规划结果和实际覆盖效果存在偏差；二是覆盖区无线环境变化；三是工程参数和规划参数间的不一致；四是增加了新的覆盖需求。良好的无线覆盖是保障移动通信质量和指标要求的前提，因此，覆盖的优化是非常重要的，并贯穿网络建设的整个过程。

移动通信网络中涉及的覆盖问题主要表现为弱覆盖、越区覆盖、重叠覆盖、天线接反等。本章结合覆盖优化的相关案例，主要介绍了处理覆盖问题的一般流程和典型的解决方法。

覆盖优化的主要原则如下所述。

（1）先主后次原则：优先解决面的问题，再解决点的问题，由主及次。

（2）成本优先原则：从成本和效率的方面考虑，先设置较为合理的方位角和下倾角，再通过调整 Pattern、电子倾角等参数解决覆盖问题，降低上站调整的比例。

（3）预期明确原则：对优化方案预期达到的效果和可能产生的影响要有清晰的认识，尽量借助工具进行预测验证。

（4）测试验证原则：所有的 RF 调整方案要及时进行复测验证，由于 RF 调整结果的不确定性较高，在条件允许的情况下，调整与测试可以同时进行。

（5）问题收敛原则：在 RF 优化的过程中，要避免解决一个问题后又引入新的问题。要仔细地评估优化动作的影响，确保覆盖问题的数量是收敛的。

7.3.2　覆盖优化手段：通过理想预测查找"有害小区"

理想预测是通过分析测试数据，找出网络中的"纯干扰小区"和"低效小区"，并将这些"有害小区"关闭，以测试网络的最佳性能。

（1）纯干扰小区：在测试的过程中，只作为邻区出现的小区对测试路段的贡献是纯干扰。

（2）低效小区：在测试的过程中，低效小区的占用数很少，但作为邻区出现的次数很多；作为服务小区时，RSRP 高于 −86dB，且 SINR 值低于 10dB。

以下为实际排查方法。

步骤 1：根据测试数据，统计每个小区的 RSRP、SINR 等采样点指标。

步骤 2：识别干扰小区。基于步骤 1 的数据统计结果，小区占用数大于 0 且邻区采样点 RSRP 大于一定门限的小区即为干扰小区。

步骤 3：识别低效小区。基于步骤 1 的数据统计结果，过滤占用数大于 0 且服务小区采样点小于一定门限的小区即为低效小区。

步骤 4：排查分析"有害"小区。

7.3.3　覆盖优化手段：天馈调整

7.3.3.1　调整方位角

调整方位角的目的是确保覆盖区域的小区数量不要过多，切换有序，同时满足 RSRP 的要求。每个区域主要由一个小区覆盖，覆盖距离不低于 200m，多余的天线将方向调开，在三扇区的情况下，各小区天线间的夹角要尽量大于 90°。

7.3.3.2　调整下倾角

调整完方位角后，如果仍有越区覆盖的信号，则要考虑倾角的调整，优先考虑电调；如已达到电调极限值，但仍然覆盖过远，则要考虑调整机械倾角。调整机械倾角后要进行路测验证。

7.3.3.3　建筑物遮挡造成的问题

经常发生 LTE 和 NR 安装在管塔上的不同平台上且 NR 所在的平台远低于 LTE 所在的平台高度这种情况。当覆盖方向有建筑物遮挡时，LTE 的信号可以从建筑物上方越过，而 NR 的信号被完全遮挡，造成覆盖不一致。这种情况的最佳解决方案是将 NR 天线的安装位置提升到更高的平台上。根据目前的安装情况来看，LTE 的 RRU 会安装在 LTE 的下一层平台上，如果条件允许，可以将 LTE RRU 和 NR AAS 的安装位置对调。

7.3.4　覆盖优化手段：功率调整

基站和终端的发射功率也是覆盖能力的重要因素。发射功率越大，能接收到的信号越强。但是，发射功率受限于功放的能力，在元器件的限制下，发射功率不能无限扩大。

目前，5G 基站每个通道的发射功率为 34.9dBm，SSB 的发射功率为 17.8dBm，发射功率可以根据现场优化的需要适当增加或者降低。

7.3.5　下行覆盖优化分析

下行链路是指从基站到终端侧，下行覆盖问题会导致终端无法接收到基站的信号，从而导致一系列掉线、连接失败等问题。下行覆盖问题可以通过 RSRP 和 SINR 指标进行分析排查，包括弱覆盖问题、重叠覆盖问题、越区覆盖问题、下行干扰问题、切换失败问题等。

5G 引入 Massive MIMO 实现波束赋形，通过窄波束将能量定向投放到用户位置，相比传统宽波束方案，可提升信号覆盖，同时降低小区间用户干扰。同步广播信道（SSB）以波束扫描的方式发送；业务信道（PDSCH）采用动态波束跟踪模式，因此 5G 网络覆盖相对灵活，可以通过调整赋形权值实现不同的覆盖形态，满足不同的覆盖场景和不同用户间的业务波束空间隔离，降低了干扰，更容易实现 MU-MIMO。

7.3.6　上行覆盖优化分析

上行链路是指从终端到基站侧，覆盖范围主要由终端发射功率决定，但是受到终端设备的限制，终端发射功率比基站侧小，因此需要对上行覆盖进行优化，保证上下行的覆盖范围一致。在进行上行覆盖规划时，必须合理设置基站的站间距。

除了要设置合理的基站站间距外，在优化过程中，还需要特别注意上行干扰问题，上行干扰会使上行信号淹没在干扰中，从而导致基站无法解调上行信号。

7.3.7　弱覆盖问题及案例分析

7.3.7.1　影响因素分析

弱覆盖的形成不仅与系统许多技术指标（如系统的频率、灵敏度、功率等）有直接关系，而且与工程质量、地理因素、电磁环境等也有直接关系。一般系统的指标相对比较稳定，但如果系统所处的环境比较恶劣，或者维护不当、工程质量不过关，则基站的覆盖范围可能会减小。如果在网络规划阶段考虑不周全或不完善，则基站开通后可能存在弱覆盖或者覆盖空洞的现象，使发射机输出功率减小或接收机的灵敏度降低，从而使天线的方位角发生变化、天线的俯仰角发生变化、天线进水、馈线损耗等，对覆盖造成影响。综上所述，引起弱场覆盖的原因主要有以下 5 个方面：

（1）因网络规划考虑不周全或不完善的无线网络结构引起的；

（2）由设备故障导致的；

（3）由工程质量造成的；

（4）RS 发射功率配置低，无法满足网络的覆盖要求；

（5）由建筑物等引起的阻挡。

7.3.7.2　解决措施

改变弱覆盖的解决措施主要包括调整天线方位角、下倾角等工程参数以及修改功率参数，另外可以通过在弱覆盖区域引入 RRU 拉远而从根本上解决问题。总之，改变弱覆盖的目的是在弱覆盖区域找到一个合适的信号并使之加强，从而改善弱覆盖。主要的解决方法有以下 4 种：

（1）调整工程参数；

（2）调整 RS 的发射功率；

（3）改变波瓣赋形宽度；

（4）使用 RRU 拉远。

7.3.7.3　弱覆盖的优化案例

问题描述：jiangsanchun_2 小区覆盖长江小区路段的 RSRP（部分路段低于 -100dBm）和 SINR（部分路段低于 0）都较差，存在切换失败及掉线的风险，严重影响业务的正常进行。

问题分析：此路段为弱覆盖，天线安装在单管塔上，天线基本沿着道路方向覆盖，无明显阻挡，可通过调整天线方位角及下倾角解决。

优化措施：将该路段基站 2 扇区的方位角从 200° 调整到 180° 并作为主覆盖小区，将电子下倾角从 3° 调整到 0°。

复测验证：天线调整后，路段的 RSRP 和 SINR 都有很大的提升，RSRP 达到 -90dBm，SINR 值达到 11dB，在与南环路丁字路口处可以顺利切换到优能科技 2 小区。

7.3.8　越区覆盖问题及案例分析

7.3.8.1　影响因素分析

越区覆盖很容易导致手机上行发射功率饱和、切换关系混乱等问题，从而严重影响下载速率，甚至导致掉线。天线挂高引起的越区覆盖主要是站点选择或者在建网初期只考虑覆盖引起的。为了保证覆盖，在初期，站址一般选择建在高大建筑物或者郊区的高山之上，但是这在后期带来了严重的越区现象；通常在市区内站间距较小、站点密集的情况下，下倾角设置得不够大，会使该小区的信号覆盖得比较远；站点如果设置在比较宽阔

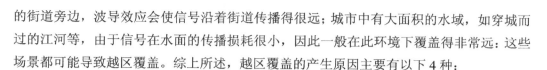

的街道旁边，波导效应会使信号沿着街道传播得很远；城市中有大面积的水域，如穿城而过的江河等，由于信号在水面的传播损耗很小，因此一般在此环境下覆盖得非常远：这些场景都可能导致越区覆盖。综上所述，越区覆盖的产生原因主要有以下 4 种：

（1）天线挂高；

（2）天线下倾角；

（3）街道效应；

（4）水面反射。

7.3.8.2　解决措施

越区覆盖的解决措施非常明确，就是减弱越区覆盖小区的覆盖范围，使之对其他小区的影响降到最低。通常最有效的措施就是调整天馈系统的参数，主要是调整下倾角的参数，在实际优化工作中，调整下倾角之前要分析路测数据，调整路测数据后再验证。调整功率等参数也能够有效地避免越区覆盖。越区覆盖的解决处理一般要经过 2 ～ 3 次的调整验证。所有的调整都要在保证小区覆盖目标的前提下进行。解决越区覆盖主要有以下 3 种措施：

（1）调整工程参数；

（2）调整 RS 的发射功率；

（3）调整天线的波瓣宽度。

7.3.8.3　越区覆盖的优化案例

问题描述：在南北支路上，jiangsanchun_3 小区在远见智能 1 和远见智能 3 小区间存在着明显的越区覆盖，造成此路段的切换次数较多，切换点 SINR 较差，下载速率较低，存在切换失败及掉线风险。jiangsanchun 优化前的信号覆盖及切换如图 7-1 所示。

问题分析：jiangsanchun_3 小区安装在单管塔上，覆盖方向旁瓣无明显阻挡，在天线的方位角及下倾角之前，为了优化建业路上的覆盖，已经对其进行了调整，天线物理参数无进一步的调整空间，建议通过修改功率参数解决。

优化措施：将 jiangsanchun_3 扇区的功率下降 3dB。

复测验证：调整功率参数 Cell Power Reduce 后，jiangsanchun_3 小区的 RSRP 从 -87dBm 降为 -91dBm，车辆从南向北行驶时，UE 从远见智能 2 正常切换到远见智能 1，此路段不会再占用 jiangsanchun_3，切换点 SINR 值从 3dB 提升到 11dB，下载速率从 15.5Mbit/s 提升到 23.5Mbit/s。

jiangsanchun 优化后的信号覆盖及切换如图 7-2 所示。

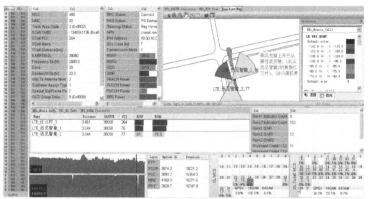

图7-1 jiangsanchun优化前的信号覆盖及切换

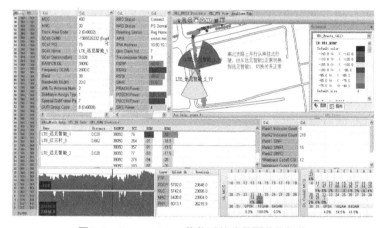

图7-2 jiangsanchun优化后的信号覆盖及切换

7.3.9 重叠覆盖问题及案例分析

7.3.9.1 影响因素分析

重叠覆盖会造成乒乓切换并导致下载速率下降，同时会导致 SINR 值下降，此问题与弱覆盖一起发生时会导致无主服小区，严重时可能导致切换失败并掉话。

重叠覆盖的影响因素见表 7-2，一般需要通过减弱邻区覆盖解决重叠覆盖问题，优化重叠覆盖时需要注意可能引起的弱覆盖。

影响因素主要有基站选址、天线挂高、天线方位角、天线下倾角、小区布局、RS 的发射功率、周围环境影响等。天线下倾角、方位角因素的影响在密集城区里表现得比较明显。站间距较小，很容易发生多个小区重叠覆盖的情况。

表7-2　重叠覆盖的影响因素

问题分类	问题原因	分析方法	优化方案
RF 参数类	天线倾角（机械 + 电子）不合理	分析是否存在倾角不合理的情况，使非目标路段受到干扰	调整天线倾角，以降低对重叠覆盖路段的干扰
	天线方位角不合理	分析是否存在方位角不合理的情况，使非目标路段受到干扰	调整天线方位角，以降低对重叠覆盖路段的干扰
Pattern 参数类	波束场景不合理	分析是否存在水平或垂直波束过宽的情况，使非目标路段受到干扰	调整波束宽度，以降低对重叠覆盖路段的干扰
	数字倾角不合理	分析是否存在数字倾角不合理的情况，使非目标路段受到干扰	调整数字倾角，以降低对重叠覆盖路段的干扰
	数字方位角不合理	分析是否存在数字方位角不合理的情况，使非目标路段受到干扰	调整数字方位角，以降低对重叠覆盖路段的干扰

7.3.9.2　解决措施

引起重叠覆盖区域复杂混乱的原因可能是多方面的，因此在进行区域覆盖优化时，要综合使用优化方法。有时候需要调整几个方面，或者由于一个内容的调整导致相应的其他内容也需要调整，这要在实际的问题中综合考虑。调整工程参数主要包括天线位置调整、天线方位角调整、天线下倾角调整、调整 RS 的发射功率等，以改变覆盖距离。

调整区域各个信号的覆盖范围是对切换区域覆盖优化的首要手段。解决的方法主要有以下 5 种：

（1）调整工程参数；

（2）调整小区的 PCI；

（3）优化邻区关系；

（4）调整切换参数；

（5）调整 RS 的发射功率。

7.3.9.3　优化案例

问题描述：在信诚路测试的过程中，车辆由南向北行驶，一开始终端占用滨江电力公司大楼 _3，随着汽车逐渐向北行驶，终端检测到诺西大楼西 _1 的信号，随后两个小区间发生乒乓切换。

问题分析：诺西大楼西 _1 与滨江电力公司大楼 _3 之间有一小段区域存在弱覆盖，两个小区在切换带区域的 RSRP 都较差，此路段无主控小区。

优化措施：将电力公司大楼 3 扇区方位角由 32°调整到 330°，电子下倾角由 4°调整到 2°，将诺西大楼 1 扇区方位角由 60°调整到 80°。

复测验证：对原先问题路段进行复测，在复测的过程中，之前的乒乓切换现象已经消除，在正常测试的过程中以及在原先的明显问题区域（滨江电力公司大楼 _3 与诺西大楼西 _1 间切换带乒乓切换点）进行定点测试的过程中，均未发生乒乓切换的现象。

7.4 PCI 优化

7.4.1 优化思路

小区 PCI 由物理层小区标识组 ID 和物理层小区标识组内的小区标识 ID 构成。小区 PCI= 3×物理层小区标识组 ID + 物理层小区标识组内的小区标识 ID。物理层小区标识组 ID 的取值范围为 0 ~ 167，用于对辅同步信号加扰，物理层小区标识组内小区标识 ID 的取值为 0、1、2，用于对主同步信号加扰。

在 PCI 的优化过程中，需要考虑基站和周边有邻区关系的 NR 小区 PCI，不可以出现 PCI 相同或者 PCI 混淆的情况，从而导致 NR 邻区添加失败。

PCI 模 3 冲突，NR 中 PSS 根据 PCI 模 3 后的值映射到 12 个 PRB 中。当小区 PCI 模 3 相同时，会影响到 UE 搜索主同步信号，需要在优化时注意避免同站内的或对打小区的 PCI 不能模 3。

PCI 模 6 冲突，在时域位置固定的情况下，下行信号在频域有 6 个频点转换。如果 PCI 模 6 的值相同，会造成下行信号相互干扰。

NR 的 PCI 模 30 冲突，PCI 模 30 导致上行 SRS 信道冲突，如果 PCI 模 30 的值相同，那么会造成上行 DMRS 和 SRS 的相互干扰，影响信道质量评估和波束管理中的波束切换和切换训练，需要考虑 PCI 模 30 的复用距离最大。

在优化时预留部分 PCI 为后续小区分裂、优化调整时使用。

而对于系统内的 PCI 问题，首先要通过控制小区覆盖调整工程参数解决，在做 PCI 规划时应尽量避免相邻小区 PCI 存在模 3 或模 6 的情况。在 LTE 同频组网时，在切换区域最好只有源小区及目标小区的信号，一定要控制好非直接切换的小区信号。解决干扰的主要方法有以下 3 种：

（1）修改小区的 PCI（避免相邻小区出现模 3 或模 6）；

（2）调整工程参数；

（3）提升主服务小区信号，降低干扰信号强度。

7.4.2　PCI 的优化案例

问题描述：终端占用滨江国家税务局 3 小区进行下载测试，在长河路口附近终端尝试切换到江边 1 小区，切换失败导致下载业务掉线、数据不能传输。终端重选到江边 1 小区，此处的 RSRP 正常（80dBm），但 SINR 值较差（-8dB 左右）。从江边 1 小区到滨江国家税务局 3 小区不能正常切换，也会发生业务掉线的情况，因此要进行小区重选。税务局优化前信号覆盖参数示意如图 7-3 所示。

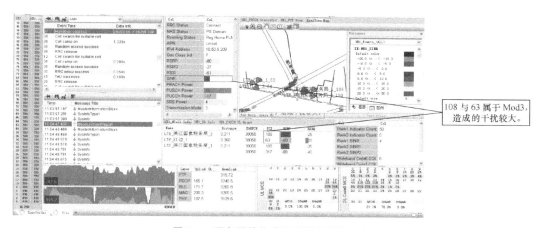

图7-3　税务局优化前信号覆盖参数示意

问题分析：第一，由于此处无线环境的 RSRP 较好，但是变量较差，因此判定小区之间存在干扰；第二，此处在滨江国家税务局 3 小区和江边 1 小区的切换带上，扫频仪扫频时发现附近没有其他小区的强信号，也不存在异系统间的干扰，因此初步怀疑是两个小区 PCI 模 3 的结果相同，在切换时存在干扰，造成二者不能正常切换；第三，切换时，由于滨江国家税务局 3 小区（PCI 为 108）和江边 1 小区（PCI 为 63）的模 3 结果都为 0，对主同步信号的加扰方式相同，造成切换时 SINR 值较差，干扰严重，从而使切换失败、业务掉线。

优化措施：结合周围站点的覆盖情况进行分析，对调江边 1 小区和江边 3 小区的 PCI。

复测验证：修改参数后，多次复测此路段小区间的切换情况，滨江国家税务局 3 小区和江边 1 小区都能正常切换，反向切换也正常。SINR 值由原来的 -8dB 提升到 10dB，业务正常进行，不会掉线。

第 8 章　5G 网络关键性能指标体系

8.1　呼叫接入类指标

8.1.1　随机接入成功率

指标定义：随机接入成功次数 / 随机接入尝试次数。

推荐范围：95% ～ 100%。

指标影响：该指标反映用户的业务接入与业务的连续性，随机接入成功率是无线网络的一个重要性能，良好的随机接入性能也使 DT 测试中的 DT 接通率在接入过程中得到保障。

8.1.2　Attach 成功率

指标定义：Attach 成功次数 /Attach 尝试次数。

推荐范围：90% ～ 100%。

指标影响：该指标反映用户的业务接入，UE 发起 EPS 附着请求的成功比例。

8.1.3　RRC 连接建立成功率

指标定义：RRC 连接建立成功次数 /RRC 连接尝试次数。

推荐范围：95% ～ 100%。

指标影响：该指标反映用户的业务接入，RRC 连接建立成功率反映小区的 UE 接纳能力。

8.1.4　E-RAB 建立成功率

指标定义：E-RAB 建立成功次数 /（E-RAB 建立成功次数 + E-RAB 建立失败次数）。

推荐范围：95% ～ 100%。

指标影响：该指标反映了用户的业务接入，E-RAB 建立反映了用户平面承载的建立。

8.2　移动性管理类指标

8.2.1　SN 添加成功率

指标定义：SN 添加成功次数 /SN 添加尝试次数。

推荐范围：95% ～ 100%。

指标影响：该指标用于了解该小区内 SN 添加成功的概率，在一定程度上反映了该小区范围内用户使用此业务时的感受。

8.2.2　系统内切换成功率

指标定义：系统内切换成功次数 / 系统内切换尝试次数。

推荐范围：95% ～ 100%。

指标影响：该指标反映了移动性管理类的用户业务质量，包含系统内切换入与切换出，反映了在 5G 系统内用户能否在移动过程中顺利切换。

8.2.3　系统间切换成功率

指标定义：系统间切换成功次数 / 系统间切换尝试次数。

推荐范围：90% ～ 100%。

指标影响：该指标反映了移动性管理类的用户业务质量，包含系统间切换入与切换出，反映了用户终端在 5G 系统与 4G 系统之间能否顺利切换。

8.3 资源负载类指标

8.3.1 下行 PRB 资源利用率

指标定义：下行信道使用的 PRB 平均个数 / 下行可用的 PRB 个数。

推荐范围：10% ～ 70%。

指标影响：该指标反映了网络下行物理资源块的负荷情况。

8.3.2 上行 PRB 资源利用率

指标定义：上行信道使用的 PRB 平均个数 / 上行可用的 PRB 个数。

推荐范围：10% ～ 70%。

指标影响：该指标反映了网络上行物理资源块的负荷情况。

8.3.3 RRC 最大连接用户数

指标定义：gNB 小区内处于 RRC 连接态的最大用户数。

推荐范围：无。

指标影响：该计数器可以反映出统计周期内基站小区激活用户数的最大容量。

8.3.4 RRC 最大 INACTIVE 用户数

指标定义：在统计周期内，该计数器统计小区级别的所有采样时刻的 RRC 连接建立最大非激活用户数。

推荐范围：无。

指标影响：该计数器可以反映出统计周期内基站小区用户数的最大非激活容量。

8.4 业务质量类指标

8.4.1 小区下行平均吞吐率

指标定义：下行总吞吐量 / 业务时长。

推荐范围：500Mbit/s ～ 1Gbit/s。

指标影响：该指标反映了业务下载速率。

8.4.2　小区上行平均吞吐率

指标定义：上行总吞吐量 / 业务时长。

推荐范围：50Mbit/s ～ 150Mbit/s。

指标影响：该指标反映了业务上传速率。

8.4.3　下行丢包率

指标定义：下行丢包数 / 下行发送包数。

推荐范围：0 ～ 10%。

指标影响：该指标反映了用户业务的使用质量，丢包率越低越好。

8.4.4　MOS 平均值

指标定义：平均意见值（Mean Opinion Score，MOS）。

推荐范围：>3.5。

指标影响：衡量通信系统语音质量的一个重要指标，MOS 值越大越好。

8.5　话统 KPI 分析方法

话统 KPI 是对网络质量的直观反映。日常话统监测是进行网络性能检测的一种有效手段。通过每日监测可以识别突发的问题小区，将问题消除在初始阶段。通过周监测可以识别网络性能的持续短板小区，有针对性地对其进行优化提升。

话统 KPI 主要包括以下几类：接入性指标、保持性指标、移动性指标、业务量指标、系统可用性指标和网络资源利用率指标。

通过对上述重点话统 KPI 的监测，可以达到以下目的：识别突发问题、提前预警风险、稳定与提升话统 KPI。目前，5G 需要重点关注的话统 KPI 见表 8-1。

网络优化前的准备工作如下所述。

（1）检查设备使用的软硬件版本是否正确，确定各基站、版本是否配套。

（2）确定是否每个基站都已进行过射频与灵敏度测试，保证每个基站都能良好工作。

表8–1　5G需要重点关注的话统KPI

指标分类	数据来源	具体的KPI
接入性指标	无线侧	RRC 连接建立成功率
		E-RAB 建立成功率
		无线接通率
保持性指标		无线掉话率（E-RAB 异常释放）
移动性指标		系统内切换成功率
		系统间切换成功率
业务量指标		上下行业务平均吞吐率

（3）各基站是否都已进行过单基站的空载和加载测试？确保单基站工作正常、覆盖正常。

（4）各基站开通后是否已进行拔测？各基站是否已检查工程安装的正确性？拔测主要是观察通话是否能够正常接入、切换能否正常进行等。

（5）在上述问题排除后，检查每个扇区实际覆盖与规划的期望覆盖的差距，如果覆盖存在异常情况，则检查天线安装的方位角、下倾角等是否与规划吻合。如果与规划吻合，而覆盖明显与规划期望覆盖不一致，或者有重叠覆盖严重等现象，则需要调整天线下倾角、方位角。调整天线需要注意不要孤立地调整单个扇区的覆盖，而要考虑周边的一整片区域，必要时，几个扇区天线可以一起调整。

网络优化方法如下所述。

（1）分析话统指标时，要先看全网的整体性能测量指标，在掌握了网络运行的整体情况后，再有针对性地分析扇区性能统计。分析扇区性能统计时一般采取过滤法，先找出指标明显异常的小区分析。这些异常情况很可能是因版本、硬件、传输、数据出了问题所导致的。如果无明显异常，则根据指标对各扇区进行统计分类，并整理出各重点指标较差的小区列表，以便分类分析。

（2）调整参数要谨慎，要考虑全面后再修改参数，例如，修改定时器时要注意不能因定时器的长度增加而造成系统负荷过大后产生其他问题。

（3）优化时如需调整天线、修改参数等，最好能实施一项措施后观察一段时间的指标，确定该项措施的效果后再进行下一步，一方面以防万一，另一方面也便于积累经验。在实际情况中，网络指标的波动很大，随机性很强，如果改参数的前一个小时指标很差，改了指标后立即就有所好转，并不能说明修改参数卓有成效，因为指标在下一个小时可能又变差了。指标的观察时间最好能在一天以上，将其与修改前同时段的指标相比后才能得到基本准确的结论（最好是将其与前一周同一天同一时段的指标比较），并且还要密

切注意这段时间的告警信息。

（4）在分析指标时，不能只关注指标的绝对数值，还应关注指标的相对数值。只有在统计量较大时，指标数值才具有指导意义。例如，出现掉线率为 50% 的事件并不代表网络差，只有在释放次数达到统计意义时，这个掉线率数值才具有意义。

（5）需要注意的是，各个指标的存在并不是独立的，很多指标都是相关的，例如，干扰、覆盖等问题会同时影响多个指标。同样，如果解决了切换成功率低的问题，掉线率也能得到一定程度的改善。所以在实际分析和解决问题时，在重点抓住某个指标分析的同时需要结合其他指标一起分析。话统数据仅是网络优化的一个重要依据，还需要结合其他的措施和方法来共同解决网络问题。

其他辅助方法如下所述。

（1）路测。路测是了解网络质量、发现网络问题较为直接、准确的方法。路测在掌握无线网络覆盖框架方面，具有话统等其他方法不可替代的特点。这些特点包括路测可以了解是否有过覆盖和覆盖空洞的情况、是否有上下行不平衡的情况、是否有光缆接反的情况，等等。特别是在进行参数调整或调整覆盖后，例如，天线调整或功率配比等参数调整后，路测都需要了解这些调整是否能达到预期效果。路测给出无线网络框架、工程安装的基本保证，而通过细致分析话统中指标，可以找到提高指标的思路，宏观话统与细致测试相结合才能有效解决问题。

（2）信令跟踪。信令跟踪一般用于解决疑难杂症。系统提供跟踪功能，可以跟踪各个接口信令，针对单个用户跟踪。在出现较为复杂的问题时，信令跟踪可以一边路测一边跟踪测试 UE 的接口，尤其是空口的信令信息，从流程上分析定位问题。

（3）告警信息。设备告警信息能实时反映全网设备的运行状态，需要密切关注。如果话统中的某个指标出现异常，很有可能是因为设备出现告警而导致的。区别不同的告警并将其与话统指标联系起来才不至于盲目地浪费时间。

OMC 平台一般都能提供基于任务设定性能的告警功能，对性能指标进行定义，超出设定阈值的指标项，向告警服务器发出性能告警，可以通过集中告警平台查看。

（4）在宏观的话统数据指导下，将上述各种方法有机地结合起来，就能很好地定位网络问题。

第 9 章　专题优化分析方法：吞吐率问题定位及优化

9.1　理论峰值吞吐率计算

9.1.1　物理层峰值吞吐率计算考虑因素

TS38.306 中定义的 5G 最大速率计算公式为：

$$data\ rate\ (in\ Mbit/s) = 10^{-6} \cdot \sum_{j=1}^{J} \left(v_{Layers}^{(j)} \cdot Q_m^{(j)} \cdot f^{(j)} \cdot R_{max} \cdot \frac{N_{PRB}^{BW(j),\mu} \cdot 12}{T_s^{\mu}} \cdot \left(1 - OH^{(j)}\right) \right)$$

$v_{Layers}^{(j)}$：最大传输层数，目前，NSA 商用终端下行最大传输层数为 4 层，上行为 1 层。

$Q_m^{(j)}$：最大调制阶数，目前，商用终端下行支持 256 QAM，调制阶数为 8；上行支持 64 QAM，调制阶数为 6。

$f^{(j)}$：缩放因子，取值为 1。

R_{max}：最大频谱效率，取值为 0.92578125（948/1024）。

$N_{PRB}^{BW(j),\mu}$：最大调度 RB 数，FR1 频段，在带宽为 100M 的情况下，最大 RB 数量为 273。

$OH^{(j)}$：开销占比，对于 FR1 频段，下行 0.14，上行 0.08。

T_s^{μ}：平均每符号时长，具体定义为 $T_s^{\mu} = \dfrac{10^{-3}}{14 \times 2^{\mu}}$。

5G 理论下行峰值速率主要与带宽、调制方式、流数、配置的子载波间隔以及帧结构相关，需要预设一些前置条件。具体预设参数如下所述。

带宽：100MHz。

子载波间隔：30kHz。

调制方式：256 QAM（每个符号可表示 8 字节数据）。

流数：4。

5G 有两种常见的帧结构：Type 1 与 Type 2。

Type 1：2.5ms 双周期，如图 9-1 所示。

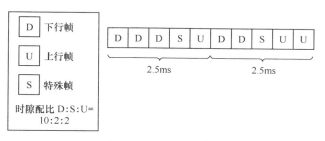

图9-1 2.5ms双周期

Type 2：5ms 单周期，如图 9-2 所示。

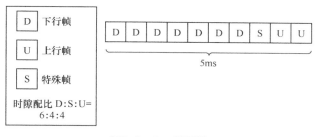

图9-2 5ms单周期

9.1.2 下行物理层峰值吞吐率计算实例

我们对 Type 1 与 Type 2 分别进行计算。

9.1.2.1 频域：PRB数目

根据 3GPP TS 38.101-1 Table 5.3.2-1，资源块（PRB）的数目为 273（一个 PRB=12 个子载波（Subcarrier））。SCS 对应 PRB 数见表 9-1。

9.1.2.2 时域：Symbol数目

根据 3GPP TS 38.211，每个时隙的占用时长为 0.5ms、OFDM Symbol（符号）的数目为 14 个（考虑到部分资源需要用于发送参考信号，此处扣除开销部分做近似处理，认为

3 个符号用于发送参考信号与控制信道、剩下 11 个符号用于传输数据）。μ 值对应子载波间隔见表 9-2。μ 值对应符号数见表 9-3。

表9-1　SCS对应PRB数

SCS (kHz)	5MHz	10MHz	15MHz	20MHz	25MHz	30MHz	40MHz	50MHz	60MHz	80MHz	90MHz	100MHz
	N_{RB}	N_{RB}	N_{RB}	N_{RB}	N_{RB}	N_{RB}	N_{RB}	N_{RB}	N_{RB}	N_{RB}	N_{RB}	N_{RB}
15	25	52	79	106	133	160	216	270	N/A	N/A	N/A	N/A
30	11	24	38	51	65	78	106	133	162	217	245	273
60	N/A	11	18	24	31	38	51	65	79	107	121	135

表9-2　μ值对应子载波间隔

μ	$\Delta f=2^{\mu}\times 15[kHz]$	循环前缀
0	15	Normal
1	30	Normal
2	60	Normal, Extended
3	120	Normal
4	240	Normal

表9-3　μ值对应符号数

μ	N_{symb}^{slot}	$N_{slot}^{frame,\mu}$	$N_{slot}^{subframe,\mu}$
0	14	10	1
1	14	20	2
2	14	40	4
3	14	80	8
4	14	160	16

Type 1：2.5ms 双周期

由 2.5ms 双周期帧结构可知，在特殊子帧时隙配比为 10：2：2 的情况下，5ms 内有（5+2×10/14）个下行时隙，则每毫秒的下行时隙数目约为 1.2857 个。

下行理论峰值速率的粗略计算：

273PRB×12 子载波 ×11 符号（扣除开销）×1.2857（1ms 内可分配到的下行时隙数）×8bit（每个符号）×4 流 /1ms=1.48Gbit/s

Type 2：5ms 单周期

由 5ms 单周期帧结构可知，在特殊子帧时隙配比为 6：4：4 的情况下，5ms 内有

（7+6/14）个下行时隙，则每毫秒的下行时隙数目约为 1.4857 个。

下行理论峰值速率的粗略计算：

273PRB×12 子载波 ×11 符号（扣除开销）×1.4857（1ms 内可分配到的下行时隙数）×
8bit（每个符号）×4 流 /1ms=1.7Gbit/s

9.1.3　上下行单用户物理层峰值吞吐率计算结果

上下行理论峰值速率见表 9-4。

表9-4　上下行理论峰值速率

下行理论峰值速率	预设参数：带宽 /100MHz、子载波间隔 /30kHz、调制方式 /256 QAM、流数 /4	Type 1	2.5ms 双周期,上下行子帧配比 3∶5∶2,特殊子帧时隙配比 D∶S∶U=10∶2∶2	1.48Gbit/s
		Type 2	5ms 单周期,上下行子帧配比 2∶7∶1,特殊子帧时隙配比 D∶S∶U=6∶4∶4	1.7Gbit/s
上行理论峰值速率	预设参数：带宽 /100MHz、子载波间隔 /30kHz、调制方式 /64 QAM、流数 /1	Type 1	2.5ms 双周期,上下行子帧配比 3∶5∶2,特殊子帧时隙配比 D∶S∶U=10∶2∶2	180Mbit/s
		Type 2	5ms 单周期,上下行子帧配比 2∶7∶1,特殊子帧时隙配比 D∶S∶U=6∶4∶4	125Mbit/s

9.2　影响吞吐率的因素

9.2.1　覆盖因素影响

NSA 组网下 5G NR 控制面锚定在 LTE 侧，对 LTE 网络存在依赖性，覆盖优化需要综合考虑 4G/5G 的协同问题。

9.2.1.1　NR继承LTE现有优化成果

NR 继承 LTE 现有优化成果如下所述。

（1）LTE 天线方位角、下倾角继承。LTE 发射功率继承。例如，LTE 发射功率相较于 15.2dBm 降低 X dB，NR 的发射功率相较于 17.8dBm 降低 X dB。

（2）LTE 邻区关系继承。

（3）LTE 切换和重选的个体偏移继承。

9.2.1.2　4G/5G协同优化原则

4G/5G 协同优化原则如下所述。

（1）4G/5G 路测数据综合分析，协同设计优化方案。

（2）以 4G 网络为基准，开展 5G 网络优化。

（3）网络结构不合理站点，综合考虑 4G/5G 协同改造。

（4）充分发挥智能天线权值优化的优势，解决网络覆盖问题。

9.2.2　切换因素影响

9.2.2.1　4G优化成果继承

4G 优化成果继承包括以下内容。

（1）LTE 的现网邻区关系继承。

（2）LTE 的系统优先级、多频点组网优先级等组网策略继承。

（3）LTE 的 A3 事件 offset、hysteresis、CIO 参数继承。

（4）LTE 切换和重选的个体偏移继承。

9.2.2.2　4G/5G协同优化

4G/5G 协同优化包括以下内容。

（1）4G/5G 路测数据结合 WNG（CXT）工具，以控制最优切换带为原则，给出最合适的天线下倾角和方位角进行覆盖优化。

（2）考虑到 4G/5G 同覆盖，灵活设置 4G/5G 小区的功率，将 4G/5G 的切换带保持一致，达到 4G/5G 同时切换来降低时延。

（3）针对拐角等特殊场景，由于 5G 衰落比较大，可以不进行协同覆盖规划。

9.2.2.3　NR锚点在LTE上

当 NR 锚点在 LTE 上时，需要具体考虑以下两种情况。

（1）当控制面在 LTE 上时，需要先在 LTE 上建立承载 MN，后经过测量事件将满足条件的 NR 小区添加为 SN，在 SN 上建立 SRB3 承载。

注意: 有 SRB3 承载的终端，NR 上的移动性相关流程在 SRB3 上完成；在没有 SRB3 的情况下，所有的信令都在 MN 侧进行。

（2）当用户面分别在 LTE 与 NR 上建立承载时，双连接的用户业务会由核心网下发到 NR 侧进行调配，可按一定的比例在 NR 及 LTE 上同时下发 SN 的添加、删除，门限优化也是切换优化的一部分。NSA 优化需要注意以下参数原则：

① MN 切换门限与 SN 变更的门限尽量满足切换 / 变更点一致；

② SN 添加、删除的门限尽量满足 NR 可提供服务的最小门限。

9.2.3 参数因素影响

NSA 基线参数中的 30 个速率相关参数见表 9-5。针对不同的场景设置合适的参数配置，可以进一步提升网络的吞吐率。

表9-5 NSA基线参数中的30个速率相关参数

序号	中文表名	英文表名	中文参数名	英文参数名
1	增强双连接功能	EnDCCtrl	Split 承载 QoS 分割模式	splitQosPartMode
2	增强双连接功能	EnDCCtrl	SN QoS 分割比例	qosSplitSNPro
3	增强双连接功能	EnDCCtrl	下行流控模式	flowControlModeDl
4	PDCP 参数	PDCP	上行 PDCP 序列号长度	snSizeUl
5	PDCP 参数	PDCP	下行 PDCP 序列号长度	snSizeDl
6	LTE 与 NR 双链接 PDCP 参数	EnDCPDCP	上行 PDCP 序列号长度	snSizeUl
7	LTE 与 NR 双链接 PDCP 参数	EnDCPDCP	下行 PDCP 序列号长度	snSizeDl
8	LTE 与 NR 双链接 PDCP 参数	EnDCPDCP	PDCP 重排序等待时间	reorderTimer
9	LTE 与 NR 双链接 PDCP 参数	EnDCPDCP	PDCP SDU 的丢弃时间	discardTimer
10	LTE 与 NR 双链接 PDCP 参数	EnDCPDCP	RLC 模式	rlcMode
11	上行 su_mimo 信息	SuMIMOUL	上行传输模式集	ulTmSet
12	下行 su_mimo 参数	SuMIMODL	下行传输模式集合	dlTmSet
13	PUSCHConfig	DMRS	UL DMRS 最大符号数	ueDmrsMaxLength
14	PUSCHTimeDomainResAlloc	DMRS	UE 专用的 PDSCH DMRS 映射类型	mappingType
15	PDSCHConfig	DMRS	UE 专用的 PDSCH DMRS 的附加符号的时域位置	uePDSCHDmrsAdditionalPosition

（续表）

序号	中文表名	英文表名	中文参数名	英文参数名
16	PUSCHConfig	DMRS	UE 专用的 PUSCH DMRS 类型	uePUSCHDmrsType
17	PDSCHConfig	DMRS	下行 DMRS 配置类型	uePDSCHDmrsType
18	CQIMeasureCfg	CSI-RS	CSI-RS 传输周期	csiRsPeriod
19	CQIMeasureCfg	CSI-RS	CSI-RS 资源的 RB 起始位置索引	csiRsRbStart
20	CQIMeasureCfg	CSI-RS	CSI-RS 资源所占的 RB 个数	csiRsRbNum
21	CQIMeasureCfg	CSI-RS	CSI-RS 所占时隙内第一个符号偏移索引	firstOFDMSymbol InTimeDomain
22	CQIMeasureCfg	CSI-RS	指定 CSI-RS 资源所占的时隙内第二个符号偏移索引	firstOFDMSymbol InTimeDomain2
23	CSIIMCfg	CSI-RS	CSI IM 符号在配置周期内偏移的时隙数	csiIMSlotOffset
24	CSIIMCfg	CSI-RS	CSI IM 资源所占的 RB 个数	csiIMRbNum
25	CSIIMCfg	CSI-RS	CSI IM 资源的 RB 起始位置索引	csiIMRbStart
26	QoS 业务类型	QoS Service Class	RLC 承载类型	rlcMode
27	QoS 业务类型	QoS Service Class	FDD PDCP SDU 的丢弃时间（ms）	discardTimer
28	QoS 业务类型	QoS Service Class	PDCP SN 的长度	sequenNumLenth
29	应用 RLC 参数	RLC Para	RLC FDD 重排序等待时间	tReorderingFdd
30	E-UTRAN FDD 小区	EUtran Cell FDD	下行流控模式	flowControlModeDl

9.3 路测速率优化分析方法

速率优化是 5G 感知优化的重中之重，与各维度的基础优化工作均紧密相关，需结合速率相关的调度次数、调制编码方式、误码率、多径层数等进行综合分析并开展优化工作。

路测速率计算公式：

吞吐率=Rank数 × 调度次数 × TBSIZE（PRB×MCS）×（1-BLER）。

速率问题优化思路如图 9-3 所示。

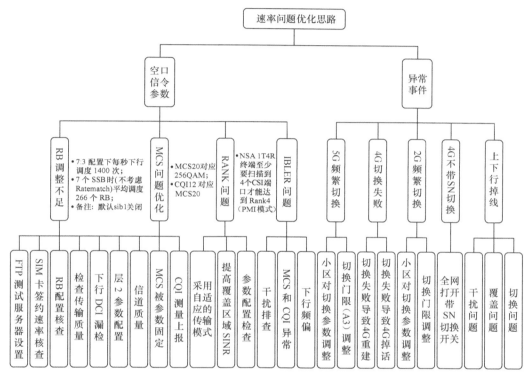

图9-3　速率问题优化思路

在速率评估测试中，低速率区域需要重点关注每秒的调度次数、调度的 RB 数，以及调度的 MCS、Rank 等影响速率的主要指标。

9.3.1　资源调度优化

调度和 RB 不足会直接使速率受限，导致整体吞吐率恶化。资源调度优化流程如图 9-4 所示。

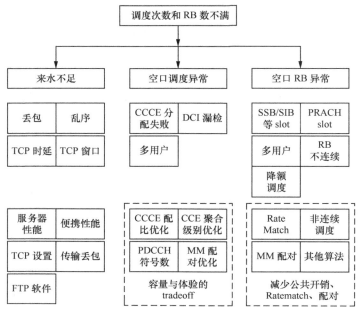

图9-4 资源调度优化流程

资源调度问题优化措施见表9-6。

表9-6 资源调度问题优化措施

问题现象	优化方法	原理
DL Grant 调度次数 小于 1550	CCE 优化	CCE 分配比例不合理
		远点 CCE 聚合级别低，导致 DCI 漏检
	乒乓切换	LTE 切换或者 NR 切换期间会导致调度速率掉底、来水不足
	GAP 优化	NSA 场景 LTE 下发 MR 测量或者开启频测量会产生 GAP，GAP 期间不调度
		NR 侧下发 MR 或者开启频测量会产生 GAP，GAP 期间不调度
	上行预调度	上行预调度打开，减小上行调度时延，改善 TCP 业务慢启动过程
	服务器性能	TCP 的窗口大小及线程大小直接决定 TCP 理论速率
	FTP 软件	服务器及便携性能影响 TCP 的报文处理能力，性能差会导致丢包乱序
	传输 QoS	传输丢包、乱序会触发重复 ACK，导致 TCP 发送窗口调整
使用 RB 小于 260	乒乓切换	刚切换到目标小区采用的保守的 RB 分配策略，不会满 RB 调度
	高温降额	AAU 温度过高会触发降额调度
	关闭 SIB1 调度	在 NSA 下不需要广播 SIB1，可以关闭 SIB1 节省开销
	SSB 宽波束	从速率提升角度建议使用宽波束

（续表）

问题现象	优化方法	原理
进一步提升数据信道 RE 资源	DMRS Type 2	4 流场景，DMRS Type 1 需要占 12 个 RE 资源，DMRS Type 2 需要占 8 个 RE 资源，DMRS Type 2 相比 Type 1 节省资源开销，但是 Type1 导频密度更高，解调性能更好
	PDCCH RateMatch	当 PDCCH Ratematching 打开时，PDCCH 符号对应的剩余资源可用于数据传输，提升资源增益
	CSI RateMatch	当 CSI Ratematching 打开时，除了 NZP 和 IM 之外的 RE 资源可用于数据传输，节省资源开销
	TRS RateMatch	当 TRS Ratematching 打开时，TRS 剩余资源全部打孔，不能用于数据传输
		当 TRS Ratematching 关闭时，TRS 剩余资源可用于数据传输，提升资源增益

9.3.2 Rank 优化

根据理论计算，在满调度、不考虑误码的情况下，Rank 3&MCS 24 的理论速率为 1.07Gbit/s。考虑网络实际调度次数和误码，平均 Rank× 平均 MCS 要大于 72。

Rank 主要和无线环境相关，路径相关性越低越好，可通过调整天线，使用基站谱效率最优 Rank 自适应算法获取信道最优 Rank。Rank 的影响因素如图 9-5 所示。

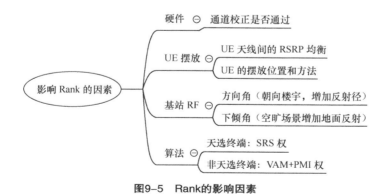

图9-5　Rank的影响因素

Rank 问题优化措施见表 9-7。

表9-7　Rank问题优化措施

问题现象	优化方法	原理
Rank 限制在 1.2 阶	检查通道校正，如果通道校正失败，则手动触发通道校正，查询确认成功	测量通道模拟发送或者接收信号并进行解调处理，获得每个发射通道与基准通道的相位、功率、时延等指标，系统按照差值在基带中进行补偿，确保所有发射通道或接收指标的一致性
	判断接收信号是否过饱和，检查终端接收的 SSB RSRP 是否大于 −50dBm。通过降低基站发送功率优化	当信号过强时，会影响后几流的多径效果，加大流间干扰，从而影响 Rank 选阶
UE 下行各天线 SSB RSRP 差异大（线路平均）	UE 位置调整	各个天线测量到 RSRP 信号尽量均衡，各天线间 RSRP 差异不超过 10dB
	检查 UE SSB RSRP，判断是否有天线间差异	
	若各流始终有较大差异，怀疑终端本身有异常，进行终端信号检测	
Rank 2 & MCS 24 阶以上	基站 RF 工程参数调整（针对站址较高、机械下倾又较小的站点，附近要有房屋楼宇）	调整方向角，朝向楼宇，增加反射
		调整下倾角，空旷场景增加房屋反射
	固定 Rank 2/3 验证	固定 Rank，不按 Rank 自适应算法调整（当固定 Rank 速率更优，则建议固定 Rank，反之，则推荐 Rank 自适应）
		建议根据验证结果，按照小区差异化配置
	非天选 Rank 探测	非天选终端根据 UE 上报的 RI 值确定 Rank，无法获得最优性能，在基站侧新增非天选 Rank 自适应方案
	天选 Rank 探测	天选终端根据 UE 上报的 RI 值确定 Rank，无法获得最优性能
切换前后 Rank 变化大	改变切换门限，提早或时延切换	尽量让 UE 驻留在 Rank 高小区
切换后 Rank 低 / 抬升慢	提升切换后 Rank 值	切换后默认 Rank 1，建议设为 Rank 2
其他 Rank 调优手段	调整权值类型，根据不同的区选择不同的权值类型（仅针对非天选终端生效）	不同的小区空口信道环境有差异，不同的 VAM 权值类型可以更好地适应不同的信道环境（仅针对非天选终端生效）

　　在日常优化中，也可以通过天线覆盖方向优化来营造多径环境，提升 Rank。4 种常见场景示意如图 9-6 所示。

　　场景一：无线环境单一，建筑物稀少，AAU 机械下倾角为 10°～ 15°，法线位置对准建筑物的最优反射面，尽量上波束覆盖建筑反射面，下波束覆盖道路，这样更容易产生多径、提升速率。

　　场景二：道路窄小，两边建筑物成群。AAU 机械下倾角 10°＋窄波束，法线位置对准建筑物的最优反射面，让波束信号在成群的建筑物之间来回反射，营造良好的多径环境，提升 Rank 与速率。

　　场景三：多车道十字路口，建筑物成群，道路空间开阔。AAU 覆盖方向尽量选择路口两边建筑物的最优反射面，不能沿路覆盖，尽可能营造多面反射，提升 Rank。

　　场景四：多车道道路，单排成群建筑，树木成荫。AAU 覆盖方向选择单排建筑物或者地面，通过建筑、地面、车流反射营造多径，从而提高 Rank 与速率。

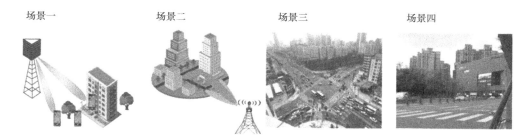

场景一　　　　　　　场景二　　　　　　　场景三　　　　　　　场景四

图9-6　4种常见场景示意

9.3.3　MCS&BLER 优化

　　影响 MCS 的主要因素如下所述。

　　（1）CQI 测量上报：影响初始的 MCS 选阶。

　　（2）空口误码：IBLER 在高误码场景中过高、不收敛，会导致 MCS 下降（一般默认设置收敛 10% 的初传误码门限）。

　　（3）移动速度：在移动速率比较高的场景中，UE 信道的变化比较快，会影响权值精度。

　　MCS 问题优化措施见表 9-8。

表9-8　MCS问题优化措施

问题现象	优化方法	原理
CQI 上报偏低（RSRP 差）	优化覆盖	覆盖差
CQI 上报偏低（SINR 差，SSB 邻区电平与服务小区电平小于 6dB）	排查干扰	NR 不同小区间的干扰

（续表）

问题现象	优化方法	原理
CQI 上报偏低（SINR 差，扫频干扰大）	排查干扰，建议移频、制造保护带	同频 LTE 小区对 NR 的干扰
CQI 不上报	SRS 资源未配置（测试软件中 SRS Information 观察，若未配置则为空）	
	CSI-RS 未调度或不支持非周期 CSI-RS	
切换后 MCS 提高慢	调整初始 MCS，切换后 CQI 外环初值可配	NR PCI 切换前后 2s，观察下行 MCS 是否有较大的变化。若有较大的变化，则可以进行切换后 MCS 优化（切换后 CQI 外环初值可配）
MCS 调整慢	信道较好时，将 AMC 固定步长值加大	高速上近点出现较多 MCS 未到最高阶，但 IBLER 低于 10%。若比例较高，则可以通过将 AMC 固定步长值加大，加快 MCS、提升速度。当信道质量变差时，还原默认 MCS，使整体吞吐量提升
SSB 波束未对齐	所有小区的 SSB 为宽波束	NR 不同小区间的干扰
MCS 波动大 & 误码率高	配置 1 个附加 DMRS	配置 1 个附加 DMRS
	极致短周期：CSI、SRS 周期配置为 5ms	高车速的信道质量波动较大，配置极致短周期提升高速性能： 1. CSI 周期配置为 5ms（非天选） 2. SRS 周期配置为 5ms
IBLER 高阶不收敛	IBLER 自适应参数排查	推荐打开，配置为 1，将下行 IBLER 配置为 1%

第 10 章　专题优化分析方法：覆盖与干扰问题定位及优化

10.1　覆盖问题定位及优化

10.1.1　5G NR 覆盖优化流程

5G 覆盖优化同 LTE 一样，整体遵循以下工作流程，严格控制优化流程和质量，确保各项工作顺利开展。整体覆盖优化流程如图 10-1 所示。

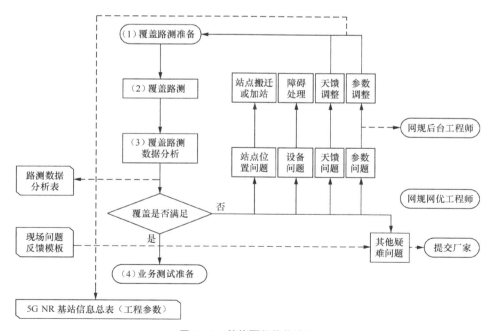

图10-1　整体覆盖优化流程

RF 调整优化通常包括测试准备、数据采集、数据分析和优化调整方案实施 4 个步骤。RF 优化详细工作流程如图 10-2 所示。

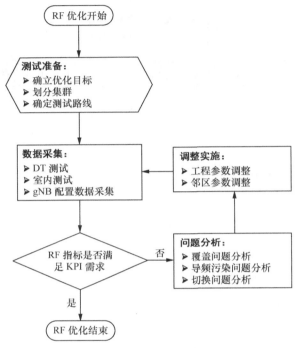

图10-2　RF优化详细工作流程

10.1.2　5G NR 覆盖问题优化原则

5G NR 覆盖问题优化整体遵循以下 5 个原则。

（1）先优化 SSB RSRP，后优化 SSB SINR。

（2）覆盖优化的两大关键任务：消除弱覆盖和消除交叉覆盖。

（3）优先优化弱覆盖、越区覆盖，再优化导频污染。

（4）在工程优化阶段按照规划方案优先开展工程质量整改，建议先进行权值功率优化，再进行物理天馈调整优化。

（5）充分发挥智能天线权值优化优势，解决网络覆盖问题。

NSA 组网模式下 5G NR 的控制面锚定在 LTE 侧，对 LTE 网络存在依赖性，覆盖优化需要综合考虑 4G/5G 协同问题。

NSA 网络优化调整的注意事项如下所述。

（1）NSA 覆盖优化涉及 4G/5G 两张网络，首先要保证锚点 4G 小区覆盖良好，无弱覆盖、越区覆盖和无主导小区的情况，业务性能提高，例如，接入 / 切换成功率良好、切换关系合理、抑制乒乓切换等。

（2）在 4G/5G 1∶1 组网下，5G RF 的覆盖优化目标是和锚点 LTE 同覆盖。具体方法：方向角、下倾角初始规划可以和锚点 LTE 小区一致，在单验 / 簇优化 / 全网优化阶段再进行精细调整；在运维优化阶段，锚点 4G 覆盖如果有调整，则 5G 同步跟进调整。

10.1.3　5G NR 覆盖问题分析及优化方法和手段

10.1.3.1　覆盖问题原因分析

信号传播示意如图 10-3 所示。

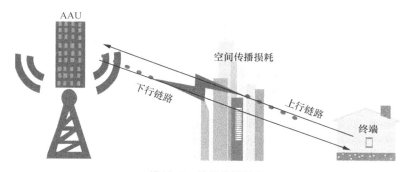

图10-3　信号传播示意

根据无线传播模型和无线网络优化经验，影响无线网络覆盖的主要因素有以下 4 个方面。

1. 网络规划不合理

网络规划不合理包括站址规划不合理、站高规划不合理、方位角规划不合理、下倾角规划不合理、主方向有障碍物、无线环境发生变化、新增覆盖需求等。

2. 工程质量问题

工程质量问题包括线缆接口施工质量不合格、天线物理参数未按规划方案施工、站点位置未按规划方案实施、GPS 安装位置不符合规范、光缆接反等。

3. 设备异常

设备异常包括电源不稳定、GPS 故障、光模块故障、主设备运行异常、版本错误、容器吊死、AAU 功率异常等。

4. 工程参数配置问题

工程参数配置问题包括天馈物理参数、频率配置、功率参数、PCI 配置、邻区配置。

10.1.3.2 覆盖问题优化方法及手段

5G NR 覆盖优化方法与 LTE 的相似度较高，即分析基础测试数据，结合网络拓扑结构、基础工程参数及参数配置对网络覆盖问题产生的原因进行深入分析后，制订相应的优化解决方案。

5G NR 覆盖优化方法主要有以下 3 种。

1. 工程参数调整

调整内容：机械下倾角、机械方位角、AAU 天线挂高、AAU 位置调整等。

2. 参数配置优化

基础参数配置优化：频点、功率、PCI/PRACH、邻区、切换门限等基础参数调整优化。

3. 广播波束管理优化

广播波束管理优化，主要涉及宽波束和多波束轮询配置以及数字电调波束权值配置优化。广播波束示意如图 10-4 所示。

图10-4　广播波束示意

（1）宽波束与多波束轮询配置优化

在一定的情况下，在功率配置方面，多波束轮询相比宽波束配置整体上有 3dB ～ 5dB 的覆盖增益，可根据具体场景需求配置使用。采用多波束扫描主要有以下几点优势。

① 精准强覆盖：通过不同权值生成不同赋形波束，满足更精准的覆盖要求。

② 降干扰：时分扫描降低广播信道干扰，改善 SS-SINR。

③ 可选子波束多：广播波束要求在前 2ms 内发完，受帧结构影响，最大波束个数存在一定的差异。中国移动 5ms 单周期帧结构下支持 8 波束配置，中国电信和中国联通 2.5ms 双周期帧结构下支持 7 波束配置。

④ 在工程优化阶段，建议采用宽波束配置方式开展覆盖优化，方便覆盖测试和优化

调整。

（2）数字电调波束权值配置优化

5G NR 采用 Massive MIMO 技术，AAU 天线通道数更多，智能天线技术更强大，可实现波束级的覆盖控制。波束信息是通过将不同通道的 RS 信号乘以不同的权值来控制的，因此可以通过波束权值配置优化，实现覆盖的优化调整。波束配置优化涉及波束时域位置、波束方位角偏移、波束倾角、水平波束宽度、垂直波束宽度、波束功率因子等，通过后台网管平台即可远程实施对前台基站的覆盖调整和优化，因此使用塔工调整工程参数的频次大幅降低。波束参数说明见表 10-1。

表10-1　波束参数说明

波束参数名称	说明
子波束索引	子波束编号，索引值与 SSB 对应
方位角	分辨率 1°，建议 –85° ~ 85° 之间配置
倾角	分辨率 1°，建议 –85° ~ 85° 之间配置
水平波宽	用于调整子波束的水平半功率角，1° ~ 65° 可配
垂直波宽	用于调整子波束的垂直半功率角，1° ~ 65° 可配
子波束功率因子	调整每个子波束的功率因子
子波束是否有效	控制子波束是否使能

相关参数配置的原则说明如下所述。

① 子波束索引：子波束索引与 SSB ID 对应，决定了波束扫描的时域位置。

② 方位角：子波束的水平方位角，需要根据预先设计好的角度进行配置。如果主要在水平维度进行波束扫描，则需要对各波束配置不同的方位角，赋予各波束在水平维度的覆盖能力。

③ 倾角：正数表示下倾，负数表示上倾，需要根据预先设计好的角度进行配置。如果需要在垂直维度进行扫描，则需要配置各波束的不同倾角，赋予各波束在垂直维度的覆盖能力。

④ 水平波宽：配置子波束的水平半功率角度。

⑤ 垂直波宽：配置子波束的垂直半功率角度。

⑥ 子波束功率因子：每个子波束可以通过子波束的功率因子调整子波束的发射功率，从而降低对邻区的干扰。

（3）其他覆盖增强优化方案

其他覆盖增强优化方案如下所述。

① PDCCH 信道可配置 Power Boosting 功能，提升信号覆盖解调能力。

② PDSCH 信道：通过传输模式配置可实现 BF 模式，提升信号覆盖和抗干扰能力。

4. 规划改造方案

针对通过优化手段无法解决的覆盖问题，可以将其及时反馈给规划建设部门，协同进行天线挂高改造、天线位置改造、新增 AAU、站址调整、新增宏站、新增室分系统或宏微协同组网等工程规划方案的设计，从根本上解决覆盖问题。

10.2 干扰问题分析与优化

10.2.1 干扰判定标准

为了降低建网成本，不同的电信运营商会选择共站址的建网方案，一方面可以减低成本，另一方面可以提高工程建设的效率。然而共站址会带来异系统干扰问题，如何消除互干扰成为设备制造商和电信运营商需要重点研究和解决的问题。

系统间干扰的抑制需要通过在不同系统之间设定合适的保护频带来实现。另外，可通过对滤波器进行优化来减少信号在工作带宽外的信号强度，从而减小系统间的保护频带，提高频谱利用率。

网络空载时，当上行 RSSI > -105Bm 时，可认为有较严重的干扰。干扰产生的原因是多种多样的。某些专用无线电系统占用没有明确划分的频率资源，不同电信运营商的网络配置不同，收发滤波器的性能、小区重叠、环境、电磁兼容（EMC）以及有意干扰都是移动通信网络射频干扰产生的原因。

不同系统之间的互干扰与干扰和被干扰两个系统之间的特点以及射频指标紧密相关。但不同频率系统间的共存干扰是由于发射机和接收机的非完美性造成的。发射机在发射有用信号时会产生带外辐射，带外辐射包括由于调制引起的邻频辐射和带外杂散辐射。接收机在接收有用信号的同时，落入信道内的干扰信号可能会引起接收机灵敏度的损失，落入接收带宽内的干扰信号可能会引起带内阻塞。同时接收机也具有非线性的特点，带外信号（发射机有用信号）会引起接收机的带外阻塞。干扰产生的原理如图 10-5 所示。

由图 10-5 可知，干扰源的发射信号（阻塞信号、加性噪声信号）从天线口被放大后发射出来，经过了空间损耗 L，最后进入被干扰接收机。如果空间隔离不够的话，进入被干扰接收机的干扰信号强度足够大时，将会使接收机信噪比恶化或者饱和失真。

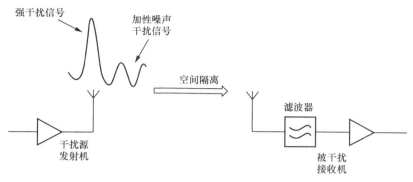

图10-5　干扰产生的原理

系统间的干扰类型主要有加性噪声干扰（杂散干扰）、邻道干扰、交调干扰、阻塞干扰。通常我们主要关注的是加性噪声干扰和阻塞干扰。

加性噪声干扰：这是干扰源在被干扰接收机工作频段产生的噪声，包括干扰源的杂散、噪声、发射互调产物等，使被干扰接收机的信噪比恶化。

邻道干扰：在接收机第一邻频存在的强干扰信号，是由滤波器残余、倒易混频、通道非线性等原因引起的接收机性能恶化产生的。通常用 ACS 指标来衡量接收机抗邻道干扰的能力。

交调干扰：接收机的交调杂散响应衰减用于衡量在有两个干扰连续波（CW）存在的情况下接收机接收其指定信道输入调制 RF 信号的能力。这些干扰信号的频率与有用输入信号的频率不同，可能是接收机非线性元件产生的两个干扰信号的 n 阶混频信号，最终在有用信号的频带内产生第三个信号。

阻塞干扰：阻塞干扰是指当强的干扰信号与有用信号同时加入接收机时，强干扰会使接收机链路的非线性器件饱和，产生非线性失真。如果只有有用信号，那么信号过强时，也会产生振幅压缩现象，严重时会阻塞。产生阻塞的主要原因有 3 个：一是器件的非线性；二是存在引起互调、交调的多阶产物；三是接收机的动态范围受限会引起阻塞干扰。

10.2.2　干扰分析总体流程

5G 系统干扰分析与 LTE 基本相同，可以通过干扰话统数据分析、现场测试，上行频谱扫描等进行排查。干扰分析流程如图 10-6 所示。

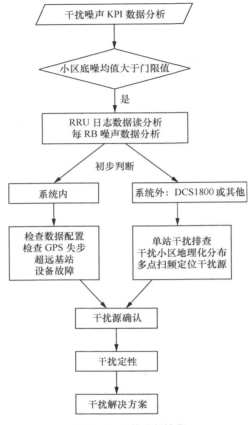

图10-6 干扰分析流程

波束级干扰性能监测，指定 1 个波束干扰监控，按照 PRB 平均统计干扰，每个 RB 是一个值，每秒上报一次；若 RB 的干扰高于 -105dBm，则认为此 RB 存在干扰。PRB 干扰统计如图 10-7 所示。

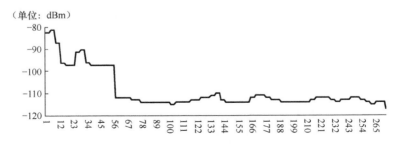

图10-7 PRB干扰统计

10.2.2.1　FFT频谱扫描

每秒随机采集一个符号整个带宽的干扰，每100kHz/200kHz总能量计算1个值。如果存在明显高于底噪10dB以上的信号，则判断其为干扰信号。FFT频谱扫描如图10-8所示，可据此分析干扰的频域特征。

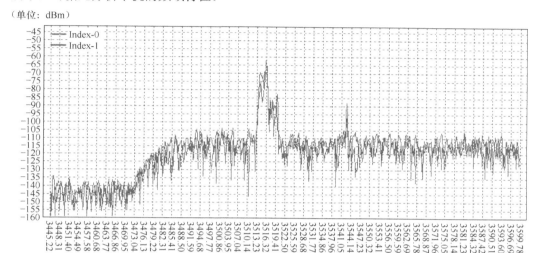

图10-8　FFT频谱扫描

10.2.2.2　反向频谱扫描

每次采集一个子帧所有符号整个带宽的干扰，每RE总能量计算1个值。通过不同的上行符号上的干扰数据判断干扰的符号级特征（时域特征）。

10.2.3　异系统干扰原因分析

根据移动 NR 频段和当前移动、联通、电信 LTE 频段的使用情况可知，当前联通D6、电信 D7 以及移动内部 D1/D2 频点均会对 100M 组网 NR 造成干扰，现阶段退频不彻底导致的同频干扰将为 NR 的主要干扰。电信运营商频段如图10-9所示。

为避免联通、电信退频不彻底对 NR 造成干扰，须开展扫频工作并进行清频处理。具体干扰影响分析如下所述。

（1）通过仿真，5G NR 与 LTE 同频组网场景时，无隔离情况，LTE → NR 小区干扰较 NR → NR 小区干扰高 6dB ～ 7dB；隔离 2 层 LTE 小区（600m ～ 800m 隔离带），LTE对 NR SINR 的干扰影响小于 1dB。

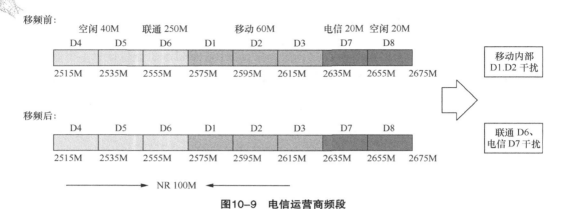

移频前：

| 空闲 40M | | 联通 250M | | 移动 60M | | 电信 20M | 空闲 20M |

| D4 | D5 | D6 | D1 | D2 | D3 | D7 | D8 |

2515M　2535M　2555M　2575M　2595M　2615M　2635M　2655M　2675M

移动内部
D1.D2 干扰

移频后：

| D4 | D5 | D6 | D1 | D2 | D3 | D7 | D8 |

2515M　2535M　2555M　2575M　2595M　2615M　2635M　2655M　2675M

联通 D6、
电信 D7 干扰

NR 100M

图10-9　电信运营商频段

（2）通过测试分析发现，在 NR 整片区域，NR 100M 相比 NR 100M（无 LTE 干扰）场景，平均吞吐量恶化约 9.7%。在 NR 边缘区域，NR 100M 相比 NR 100M（无 LTE 干扰）场景，平均吞吐量恶化约 30%。

10.2.4　异系统干扰隔离度分析

空间隔离估算是干扰判断的重要阶段，通过系统间天线的距离、主瓣指向等计算得出理论的空间隔离度后才能为干扰定性做准备，从理论上确定系统受干扰的程度。

在移动通信中，空间隔离度即天线间的耦合损耗，是指发射机发射信号功率，与该信号到达另一种可能产生互调产物的发射机输出端（或者接收机输入级）的功率比值，这个比值用 dB 来表示。

收发天线间足够的隔离度可以保证接收机的灵敏度。因为位于同一基站或附近基站等的发射机产生的带外信号或者带内强信号将使接收机的底噪抬升或者阻塞。减小干扰的关键点在于：使两基站天线应有足够的空间距离，滤除带内干扰和带外信道噪声。

10.2.4.1　水平隔离度

水平隔离度如图 10-10 所示。

水平空间隔离度计算公式：

$$I_H(\text{dB}) = 22 + 20\lg\frac{d_h}{\lambda} - (G_{Tx} + G_{Rx})$$

其中，

$I_H(\text{dB})$：水平隔离时，发射天线与接收天线之间的隔离度要求。

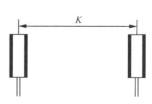

图10-10　水平隔离度

$d_h(\mathrm{m})$：发射天线与接收天线之间的水平距离。

$\lambda(\mathrm{m})$：接收频段范围内的无线电波长。

$G_{Tx}(\mathrm{dBi})$：发射天线在干扰频率上的增益。

$G_{Rx}(\mathrm{dBi})$：接收天线在干扰频率上的增益。

下面列出几个典型场景下水平隔离度的计算。

首先给出 17dB 增益，半功率波宽为 65° 的定向天线水平方向图，定向无线方向示意如图 10-11 所示。

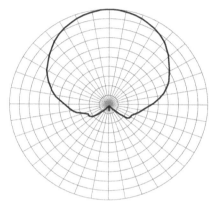

信号源：AV1481
接收机：HP8753
日期：2003/12/19
时间：下午 04：05：07

3dB 宽度：68.0
副瓣电平：
左：（-11733）=-22.9dB
右：（1.1）=-0dB
方向性系数：8.9dB
前后比：27.69dB
最大电平：-50.35dB
倾角：3.691406°

图10-11　定向天线方向示意

1. 对于定向天线

（1）天线主瓣同向的水平隔离

两天线主瓣同向示意如图 10-12 所示。

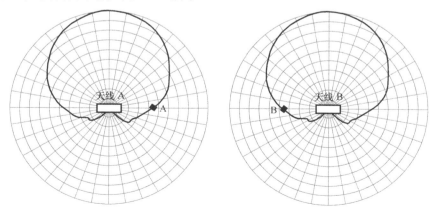

图10-12　两天线主瓣同向示意

由图 10-12 可以估算出到两天线在 0°或 180°上 Gt 和 Gr 均为 0dBi。

因此水平隔离公式为：

$$I_H(\text{dB}) = 22 + 20\lg\frac{d_h}{\lambda}$$

（2）天线主瓣非同向的水平隔离

天线主瓣同向示意如图 10-12 所示，Gt 和 Gr 的取值需要根据两个天线夹角，查看天线方向图上的增益值。在 35°夹角下，A 点的天线增益为 Gt = 17+7×（-3）= -4dB，Gr = 17+7×（-3）= -4dB。考虑到实际工程情况中一般不按负增益计算，所以 Gt 和 Gr 均取 0dBi。

因此水平隔离公式为：

$$I_H(\text{dB}) = 22 + 20\lg\frac{d_h}{\lambda}$$

2. 对于全线天线

根据天线水平波瓣图，G_{Tx} 等于干扰方向上的天线增益，G_{Rx} 等于被干扰方法上的天线增益。

10.2.4.2　垂直隔离度

垂直隔离示意如图 10-13 所示。

垂直空间隔离度计算公式：

$$I_v(\text{dB}) = 28 + 40\lg\frac{d_v}{\lambda} - (G_{Tx} + G_{Rx})$$

其中，

$I_v(\text{dB})$：垂直隔离时，发射天线和接收天线之间的垂直隔离度。

$d_v(\text{m})$：发射天线与接收天线之间的垂直距离。

$\lambda(\text{m})$：接收频段范围内的无线电波长。

$G_{Tx}(\text{dBi})$：发射天线在干扰频率上的增益。

$G_{Rx}(\text{dBi})$：接收天线在干扰频率上的增益。

下面列出几个典型场景下水平隔离度的计算。

首先给出 17dB 增益，下倾角为 8°的定向天线垂直方向图，垂直方向示意如图 10-14 所示。

（1）对于定向天线，根据天线垂直波瓣图，G_{Tx} 和 G_{Rx} 均等于 0。

（2）对于全线天线，根据天线垂直波瓣图，G_{Tx} 等于干扰方向上的天线增益，G_{Rx} 等

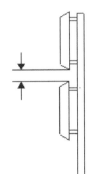

图10-13　垂直隔离示意

于被干扰方法上的天线增益。

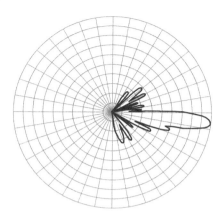

图10-14　垂直方向示意

10.2.5　系统内干扰识别及规避

10.2.5.1　干扰识别

可通过 KPI 统计每个 RB 的干扰指标，空载时在 -105dBm 以上时，则该基站存在干扰问题。

10.2.5.2　规避措施

系统内干扰的规避措施如下所述。

（1）空间隔离，规划几家电信运营商共基站的站址时必须保证站址间有足够的空间距离。

（2）退频策略，针对现网中使用的频点逐步进行退频策略，避免干扰 5G 频点。

第11章　共建共享优化专题

11.1　共建共享背景

2019 年 9 月 9 日，中国电信与中国联通签署了《5G 网络共建共享框架合作协议书》。根据合作协议，中国电信将与中国联通在全国范围内合作共建一张 5G 接入网络，共享 5G 频率资源。其中，5G 核心网由中国电信与中国联通各自建设。双方划定区域，分区建设，明确谁建设、谁投资、谁维护、谁承担网络运营成本。双方将在 15 个城市分区承建，以双方 4G 基站（含室分）总规模为主要参考，在北京、天津、郑州、青岛、石家庄 5 个城市，中国电信与中国联通的建设区域比例为 4：6；在上海、重庆、广州、深圳、杭州、南京、苏州、长沙、武汉、成都 10 个城市，中国电信与中国联通的建设区域比例为 6：4。除上述地区以外，中国电信独立承建广东省 10 个地市、浙江省 5 个地市及 17 个省及自治区（安徽、福建、甘肃、广西、贵州、海南、湖北、湖南、江苏、江西、宁夏、青海、陕西、四川、西藏、新疆、云南），中国联通独立承建广东省 9 个地市、浙江省 5 个地市及 8 个省及自治区。

11.2　共建共享方案设计原则及目标

11.2.1　目标架构

共建共享方案设计以 SA 为目标架构，过渡期控制性部署 NSA，引领推动 SA 发展与成熟，构建共建共享方案的竞争优势。

中国电信和中国联通共建共享拟达到以下 3 个目标：

（1）网络规模 / 节奏与中国移动相当；

（2）业务感知好，堪比中国移动的性能；

（3）节约投资成本。

目标架构如图 11-1 所示。

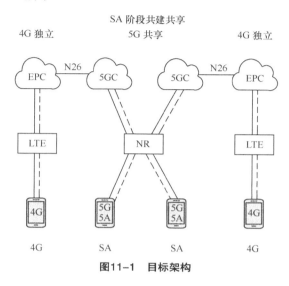

图11-1　目标架构

11.2.2　方案设计原则

共建共享方案设计包含以下 4 个原则：

（1）充分考虑网络演进能力，过渡期为 NSA 组网共建共享；

（2）尽量避免对现有用户体验影响，语音业务回本网，保障语音基础业务体验；

（3）充分发挥频率资源合力优势，通过高低频协同规划，合理布局 5G 目标网基础覆盖层和容量层，具备竞争力；

（4）5G 用户共享，4G 用户不共享；5G 用户共享网络，4G 用户仍由归属网络提供服务。

11.3　共建共享总体建设意见

11.3.1　目标网

在 2019 年建网初期，为了确保 5G 用户、政企市场和业务探索需要，建议采用 NSA 共建共享作为过渡方案，少量建设；在规模建网阶段，考虑未来垂直行业业务需求以及网络演进方向，建议将 SA 共建共享作为优选方案重点建设。

11.3.2　方案选择

方案选择应充分考虑建设场景需求，将快速建网、体验优先、成本优先等因素作为方案选择的依据按需建设。

11.3.3　业务保障

在 5G 共建共享场景下，5G 用户业务由 5G 承建方的 5G 网络提供基础保障，4G 用户业务仍由各自的 4G 网络提供基础保障。

11.3.4　设备选型

200M 频宽是共建共享保持网络竞争力的关键，是保障资源公平使用的基础，也是面向企业业务独立拓展的前提，可以将 200M 频宽作为设备选型的优选条件。

11.4　共建共享方式介绍

5G 共建共享工作的最终目标架构为 SA 组网。目前，5G 协议尚未冻结，5G NR 暂时无法与 5GC 实现直连，因此只能在过渡期间控制性地部署 NSA，通过 4G 锚点站实现与 NR 和 EPC+ 的互联。SA 共享方式组网简单，实施难度小，NSA 共享方式涉及异厂商、异系统配合，组网复杂，实施难度较大。本章节将重点介绍 NSA 组网下的共建共享方式。演进方向如图 11-2 所示。

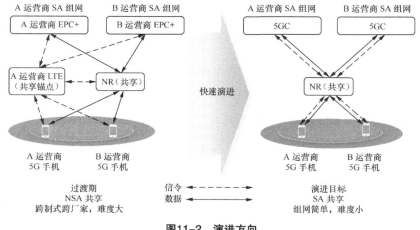

图11-2　演进方向

11.4.1　NSA 阶段锚点方案——双锚点

双锚点方案分别将独立的 4G 站点作为锚点站，5G NR 分别与双方的 4G 锚点建立 X2 接口，共享 5G NR 站分别连接到双方的核心网。选网过程由共享 NR 广播双方的 PLMN，终端基于 PLMN 选网。中国电信的 PLMN 为 46011；中国联通的 PLMN 为 46001。

双锚点方案的优点：对 4G 用户的体验无影响，可快速实现 5G NR 的共建共享。

双锚点方案的缺点：使用方 4G 与 NR 非共站建设，导致 4G/5G 覆盖一致性不足，影响 5G 用户的体验。该方案适用于承建方 4G/5G 同厂家，同时双方的 4G 站点也在同厂家区域，且双方的 4G/5G 版本需要同时升级匹配。双锚点组网方案示意如图 11-3 所示。

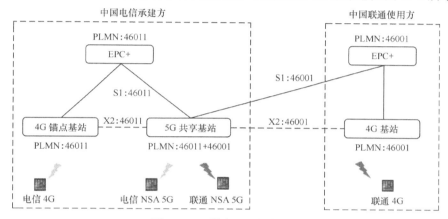

图11-3　双锚点组网方案示意

11.4.2　NSA 阶段锚点方案——单锚点 1.8G 共享载波

单锚点 1.8G 共享载波 4G 共享锚点为 1.8G 共享载波，可以利旧现网 1.8G 载波资源。承建方共享 5G NR 和 4G 锚点站。共享 5G NR 站分别连接到双方核心网。选网过程由 5G NR 和共享的 4G 站同时广播双方的 PLMN。

单锚点 1.8G 共享载波方案的优点：双方的 4G 站点可以为不同厂家的设备，利旧现网 1.8G 设备可以实现快速交付。

单锚点 1.8G 共享载波方案的缺点：使用方无 4G 网络区域，使用方占用共享锚点业务资源影响承建方感知；使用方 VoLTE 业务占用承建方共享锚点，业务感知不可控；使用方 4G 基站需要支持锚点优先级选择功能；VoLTE 返回 4G 与 5G 业务互斥；锚点与使用方 4G 配置复杂。单锚点 1.8G 共享载波方案组网示意如图 11-4 所示。

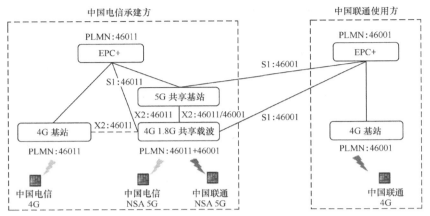

图11-4 单锚点1.8G共享载波方案组网示意

11.4.3 NSA阶段锚点方案——单锚点2.1G独立载波

单锚点2.1G独立载波4G共享锚点为2.1G独立载波,承建方和使用方各自使用不同的2.1G频点。承建方共享5G NR和4G锚点站;共享5G NR站分别连接到双方核心网。选网过程由5G NR同时广播双方的PLMN;共享锚点各自广播对应的PLMN。

单锚点2.1G独立载波方案的优点:锚点载波独立,与各自的4G基站间的互操作很简单,对4G用户的感知影响小;后续可直接演进为超级上行。

单锚点2.1G独立载波方案的缺点:独立载波共享需要对使用方的现网2.1G频点进行退网,承建方需要提前共享2.1G站点建设和改造。单锚点2.1G独立载波方案组网示意如图11-5所示。

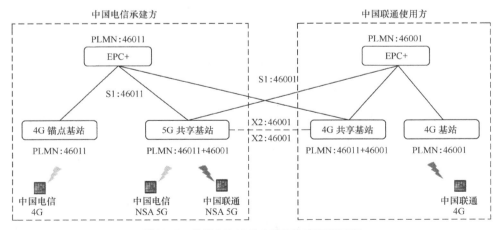

图11-5 单锚点2.1G独立载波方案组网示意

11.5　共建共享试点方案

在 5G NSA 组网条件下，开通中国电信、中国联通共享 5G 站点的关键在于，5G 共享扇区能够分别与中国电信、中国联通各自的锚点 4G 站点建立 X2 链路。因此在无线测试点方案中，合理利用中国电信、中国联通现有的 4G 共享 IP 地址段，可以快速实现 5G 共享站与双方 4G 锚点站的 IP 互通，从而解决 NSA 站点 X2 链路的建立问题。

11.5.1　无线侧总体方案

参照 4G 共享通路，利用已有条件，为 5G 站点配置 4G 共享 IP 地址段，利用中国电信、中国联通之间 IP 可以互通的条件，实现 NSA 5G 共享站点通过共享段 IP 与中国电信 4G 锚点站、中国联通 4G 锚点站的互通，从而与锚点站建立 X2 链路和 S1 链路。无线侧互联方案如图 11-6 所示。

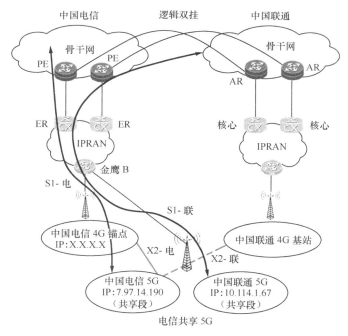

图11-6　无线侧互联方案

该方案的要点：NSA 5G 共享站点需要通过和锚点建立 X2 来建立 S1 链路。目前，设备仅支持 5G X2，只能配置 1 个本端地址（主运营商电信 5G IP），因此电信 5G IP、联通

5G IP、联通 4G 锚点 IP 均需要换为共享段 IP 后才可建立 X2 和 S1 链路。

11.5.2　承载网方案

承载网从核心层 CE 侧互联互通，利旧原电联 4G 共建共享试点的路由及 IP 段。承载网互联方案示意如图 11-7 所示。

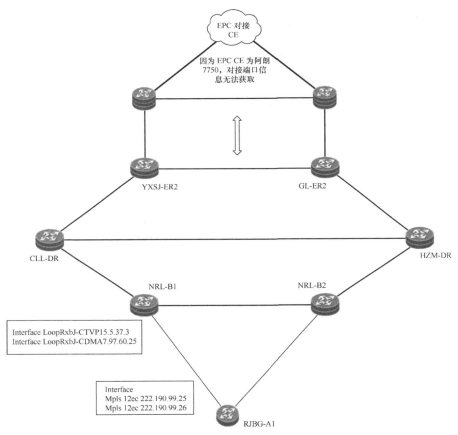

图11-7　承载网互联方案示意

该方案需要中国电信和中国联通在 IP 映射和路由上做好细致的对接配合，同时将利旧原有 4G 共建共享的 IP 段方案转变为目前传输层面快速开通的方案，由集团公司、省公司统一规划后方可大规模实施。

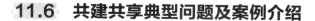

11.6　共建共享典型问题及案例介绍

11.6.1　双方核心网 MMEC ID 冲突导致基站 S1 建立失败

1. 问题描述

共享载波场景下某局点基站出现 S1 建立失败，告警提示 MMEC 冲突。

2. 问题分析

单锚点共享载波基站连接的中国联通和中国电信 MMEC ID 现网存在冲突，导致 S1 建立失败。MME 寻呼 UE 使用的标识是 S-TMSI。S-TMSI= MMEC+M-TMSI，如果 MMEC 存在冲突，那么 UE 无法区分哪一个 MME 在寻呼自己。网管截图示意如图 11-8 所示。

服务核心网的全局唯一标识	核心网的相对容量	S1 链路故障原因
460-01-23042-4, 460-01-23042-5	255	无
460-01-23042-2, 460-01-23042-3	255	无
460-01-23042-16, 460-01-23042-17	255	无
460-11-4352-1	255	无
460-11-4352-3	0	MMEC 冲突
460-11-4352-2	0	MMEC 冲突

图11-8　网管截图示意

3. 解决措施

（1）双方核心网 MMEC ID 统一规划，避免冲突。

（2）可通过打开基站的兼容性开关来规避冲突。

当开关打开时，如果共享 eNB 的不同电信运营商的 MME 配置相同的 MMEC，则可能导致 UE 被误寻呼。对单个 UE 出现误寻呼的概率为 $1/2^{32}$。

11.6.2　MOCN 改造场景，QCI 差异化调度设置导致双方体验差异大

1. 问题描述

在 5G MOCN 场景下，中国联通、中国电信在同一个位置同时进行速率测试，发现双方用户的速率差异比较大。

2. 问题分析

接受测试的中国联通用户的默认承载是 QCI6，接受测试的中国电信用户的默认承载是 QCI8。中国联通则配置了差异化调度，将 QCI8 作为 VIP 用户，导致中国电信的普通

用户可以享受 VIP 高优先级调度服务。

3. 解决措施

在共建共享之后，中国联通、中国电信的差异化配置策略必须齐平。5G 已经发布了差异化套餐，如果不差异化配置策略不齐平，则会造成用户调度策略混乱，无法提供预期的差异化服务，从而引起用户投诉。

11.6.3 TA 插花导致中国联通用户在中国电信锚点下无法正常开展 4G 业务

1. 问题描述

在中国电信承建区域，中国联通 4G 用户在中国电信共享 YQBL 灯杆 2 下无法进行 CSFB 呼叫。

2. 问题分析

在该区域，中国电信站点 XLY 搬迁 1 下挂有拉远小区 YQBL 灯杆 2，主站和拉远小区 TA 分属不同的 TALIST，两个站点跨越中国联通核心网 MME POOL 边界（当前中国电信只有一个 MME POOL，中国联通现网有 3 个 MME POOL）。根据基站配置原则，在中国电信基站侧添加核心网信息时只能配置一个 MME POOL 归属，导致拉远站 TA 插花，被叫联合附着失败，从而使 CSFB 不成功，并且经过 4 次 TAU 后，UE 将在 4G 网络去附着。附着失败示意如图 11-9 所示。

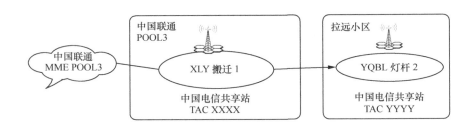

同一站点 TA 跨 POOL，导致联合附着失败

中国电信 TAC	归属中国联通 MME POOL
XXXX	POOL1
YYYY	POOL3

图11-9 附着失败示意

3. 解决措施

当前临时把该站的所有小区 TAC 配置成 YYYY（造成 TA 插花），并更改配置指向中国联通 MME POOL1，目前功能正常。

长期方案：中国电信、中国联通协同规划 TAC 和 POOL 映射关系，确保在特定场景下的功能正常。

11.6.4　中国电信共享锚点 CSFB License 配置缺失，导致语音通话未接通

1. 问题描述

在中国联通和中国电信建设的 4G 共享共建站点中，苹果手机用户占用共享小区时作为被叫无法接通。

2. 问题分析

图 11-10 所示的操作日志显示 CSFB 在 2019 年 10 月 12 日 11 点 12 分 17 秒开通。

179	8.06E+08	2019-10-12 11:12:18(565)	2019-10-12 11:12:18(305)	MOD CELLMLBHO	MOD CELLMLBHO:LocalCellId=40,MIBMatchOtherFeatureMode=HoAdmitSwitch-0
180	8.06E+08	2019-10-12 11:12:18(195)	2019-10-12 11:12:17(405)	MOD CELLALGOSWITCH	MOD CELLALGOSWITCH:LOCALCELLID=40, ULSCHEXTSWITCH=ULSchCtrlPwrUserSetOpsw-1,HOALLOWEDSWITCH=UtranFlashCsfbSwitch-1&UtranFlashCsfb

图11-10　网管操作示意

告警分析，现网在配置完成后立刻出现配置数据超出 License 限制告警。

3. 规避措施

当前，站点属于 MORAN 场景，主运营商是中国电信，从运营商是中国联通。在开通基于盲重定向的 CSFB 后，主运营商需要申请补齐 CSFB 至 UTRAN（FDD）License。

11.6.5　4G 站 MOCN 改造场景，中国电信 SRLTE 用户的 CSFB 流程异常

1. 问题描述

中国联通在进行 MOCN 改造时，发现中国电信的 SRLTE 用户在中国联通锚点上发起 CSFB 时流程异常，信令示意如图 11-11 所示，核心网发起 CSFB 后，对中国电信 SRLTE 用户未下发 RRC 释放消息，之后不活动性定时器超时触发连接释放。

2. 问题描述

出现该问题的原因是中国联通 MOCN 站点未开启 SupportDualRxCsfb 功能开关，无

法支持 SRLTE 用户的特殊 CSFB 流程。开启 SupportDualRxCsfb 开关后，中国联通用户使用的是普通 CSFB 流程，中国电信 SRLTE 用户使用的是特殊 CSFB 流程，二者的功能均正常。信令示意流程如图 11-12 所示。

36	2019-10-23 19:47:36(784)	343576	RRC_MEAS_RPRT	Received From UE	MSID=7; servRSRP=-79; serv
37	2019-10-23 19:47:47(033)	343576	RRC_MEAS_RPRT	Received From UE	MSID=7; servRSRP=-84; serv
38	2019-10-23 19:47:53(392)	343576	S1AP_UL_NAS_TRANS	Send to MME	protected-nas=27 40 AA A2 4
39	2019-10-23 19:47:53(392)	343576	RRC_UL_INFO_TRANSF	Received From UE	
40	2019-10-23 19:47:53(401)	343576	S1AP_UE_CONTEXT_MOD_REQ	Received From MME	CSFB=cs-fallback-required
41	2019-10-23 19:47:53(402)	343576	S1AP_UE_CONTEXT_MOD_RSP	Send to MME	
42	2019-10-23 19:48:19(425)	343576	S1AP_UE_CONTEXT_REL_REQ	Send to MME	cause=user-inactivity
43	2019-10-23 19:48:19(440)	343576	S1AP_UE_CONTEXT_REL_CMD	Received From MME	cause=user-inactivity
44	2019-10-23 19:48:19(440)	343576	RRC_CONN_REL	Send to UE	RelCause=other
45	2019-10-23 19:48:22(431)	343576	S1AP_UE_CONTEXT_REL_CMP	Send to MME	

图11-11　信令示意

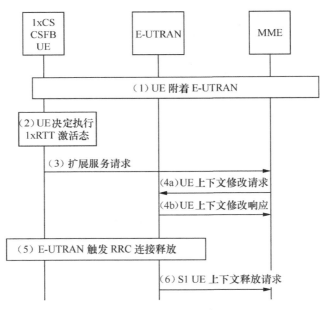

图11-12　信令示意流程

3. 解决措施

中国联通 MOCN 锚点站需要开启 SupportDualRxCsfb 开关，支持中国电信 SRLTE 用户的特殊 CSFB 流程。

第 12 章　未来网络演进及 6G

12.1　未来网络演进及 6G 技术趋势展望

中国在 5G 标准、设备、终端、业务方面走在世界前列已是通信行业内的共识。而在 6G 的发展上，中国也力求成为主导，影响和推动世界通信业的发展。目前，除中国外，美国、俄罗斯、日本、韩国等国家已陆续启动 B5G 或者 6G 技术概念的设计和研发工作，但是还远没有达到"统一 6G 定义"的阶段。例如，有的研究认为 6G 基于太赫兹频段；有的研究认为 5G+AI 2.0=6G；有的研究认为 5G + 空联网 =6G。综合来看，行业专家认为 6G 主要有以下 4 个发展趋势。

12.1.1　6G 将进入太赫兹频段

从 1G 到 5G，为了提高网络的传输速率，提升容量，移动通信永远会向着更多的频谱、更高的频段扩展。其实对于射频工程师来说，不管是毫米波还是太赫兹，他们都并不陌生，只是之前并未将其应用到移动通信领域。早在 15 年前，太赫兹技术就被评为"改变未来世界的十大技术"之一。5G 的毫米波技术并不是在 4G 显示出局限性后才开始研究的，其理论基础早在 2018 年前就已经完成。到 2020 年，5G 的毫米波的大规模商用部署仍然是一个难题。6G 是否会进入太赫兹频段，还要看 5G 的毫米波大规模商用的应用程度和带来的技术价值，但当前对太赫兹的研究是不可或缺的。

太赫兹频段是指频率为 100GHz ～ 10THz 的比 5G 高出许多的频段。从通信 1G（0.9GHz）到现在的 4G（1.8GHZ 以上），我们使用的无线电磁波的频率不断升高。因为频率越高，允许分配的带宽范围越大，单位时间内能够传递的数据量就越大，也就是我们通常所说的"网速变快了"。

目前，通信行业正在积极开拓尚未开发的太赫兹频段，已有厂商在 300GHz 频段上实现了 100Gbit/s 的通信速率。

12.1.2　地面无线与卫星通信集成的全连接世界

迈向太赫兹是为了不断提升网络容量和速率，但移动通信还有一个更伟大的梦想——缩小数字鸿沟，实现无处不在、永远在线的全球网络覆盖。5G 是一个万物智联的世界，车联网、远程医疗等应用需要一个几乎无盲点的全覆盖网络，但"全覆盖"梦想不可能一蹴而就，我们相信这将在 6G 时代得到更好的完善和补充。

通信行业的一些专家提出，6G 网络将是一个地面无线与卫星通信集成的全连接世界。将卫星通信整合到 6G 移动通信，实现全球无缝覆盖，让网络信号抵达任何一个偏远的乡村，让身处山区的病人能接受远程医疗，让孩子们能接受远程教育：这就是 6G 的未来。同时，在全球卫星定位系统、电信卫星系统、地球图像卫星系统和 6G 地面网络的联动支持下，地空全覆盖网络还能帮助人类预测天气、快速应对自然灾害等。

12.1.3　软件与开源化颠覆网络建设方式

软件化和开源化趋势正在涌入移动通信领域，在 6G 时代，软件无线电（SDR）、软件定义网络（SDN）、云化、开放硬件等技术估计会进入成熟阶段。这意味着从 5G 到 6G，电信基础设施的升级将更加便利，只需要基于云资源和软件升级就可以实现。同时，随着硬件的白盒化、模块化以及软件的开源化、本地化，自主式的网络建设方式或许成为 6G 时代的新趋势。

除此之外，我们还要看到基站小型化的发展趋势。例如，已有公司正在研究"纳米天线"，也就是将使用新材料制成的天线紧凑地集成于小基站里，以实现基站的小型化和便利化，让基站无处不在。

总体看来，6G 时代的网络建设方式或将发生前所未有的变化。

12.1.4　人工智能的网络规划和优化

随着网络越来越复杂、QoS 要求和运维成本越来越高，未来的移动网络会是一个自治系统，能够学习、预测和闭环处理问题，这已在业界达成共识。随着人工智能的发展，像无人驾驶一样的自动化网络在 6G 时代将成为现实。一个全自动化的网络意味着技术人

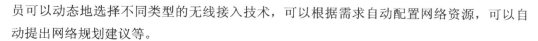

员可以动态地选择不同类型的无线接入技术，可以根据需求自动配置网络资源，可以自动提出网络规划建议等。

简而言之，网络是有意识的，网络规划和优化本身属于网络的一部分，必然会代替一部分传统的、人力的网络规划和网络优化工作。同时，分布式的网络构架更需要基于人工智能的自动化网络来满足对 QoS 越来越严苛的要求，光靠人力是无法满足网络敏捷性的需求的。

最后，无论关于 6G 的构想有多么丰富，未来的 6G 一定都是 5G 的持续演进。5G 拥有的要靠 6G 来改进，5G 没有的则要靠 6G 来扩展。

12.2　各国的 6G 研究进展

2018 年 11 月 9 日，中国移动副总裁李慧镝在第五届世界互联网大会上透露，中国移动正在全力推动 5G 商用，以 2019 年预商用、2020 年商用为目标。工业和信息化部 IMT-2020（5G）无线技术工作组组长透露，6G 概念研究也在 2019 年启动。

2018 年"两会"期间，工业和信息化部部长苗圩表示，目前，中国已经在研究 6G 的发展。他表示，未来随着移动通信使用领域的扩大，除了解决人和人之间的无线通信、无线上网的问题外，还要解决物和物之间、物和人之间的这种联系，6G 通信技术主要促进的就是物联网的发展。

2018 年 10 月，《科技部关于发布国家重点研发计划"宽带通信和新型网络"等重点专项 2018 年度项目申报指南的通知》（以下简称"《通知》"）中有 5 项涉及 5G/6G。

1. 大规模无线通信物理层基础理论与技术（基础前沿类）

针对未来移动通信的巨流量、巨连接持续发展需求以及由此派生出的大维空时无线通信和巨址无线通信两个方面的科学问题，将开展大规模无线通信物理层基础理论与技术研究，形成大规模无线通信信道建模和信息理论分析基础、无线传输理论方法体系及计算体系，获取源头创新理论与技术成果，构建实测、评估与技术验证原型系统。研究面向未来全频段、全场景大规模无线通信系统构建，建立典型频段和场景下统一的大维信道统计表征模型，研究大维统计参数获取的理论方法；围绕大维空时无线通信和巨址无线通信，开展大规模无线通信极限性能分析研究，形成大规模无线通信信息理论分析基础；研究具有普适性的大维空时传输理论与技术，突破典型频段和场景下大维信道信息获取瓶颈，解决大维空时传输的系统实现复杂性、对典型频段和场景的适应性等问题，支撑巨流量的系统业务承载；研究大维随机接入理论与技术，解决典型频段和场景下大维随机接入的频谱和功率有效性、实时性、可靠性等问题，支撑巨连接的系统业务承载；研究大规模无线通信的灵巧计算、深度学习、统计推断等理论与技术，形成大规模无线通信计算体系，解决计算复杂性和分析方法的局限性等问题。

2. 太赫兹无线通信技术与系统（共性关键技术类）

面向空间高速传输和下一代移动通信的应用需求，研究太赫兹高速通信系统总体技术方案，研究太赫兹空间和地面通信的信道模型，研究高速高精度的太赫兹信号捕获和跟踪技术；研究低复杂度、低功耗的高速基带信号处理技术和集成电路设计方法，研制太赫兹高速通信基带平台；研究太赫兹高速调制技术，包括太赫兹直接调制技术、太赫兹混频调制技术、太赫兹光电调制技术，研制太赫兹高速通信射频单元；集成太赫兹通信基带、射频和天线，开发太赫兹高速通信实验系统，完成太赫兹高速通信试验。

3. 面向基站的大规模无线通信新型天线与射频技术（共性关键技术类，部省联动任务）

面向未来移动通信应用，满足全场景、巨流量、广应用下无线通信的需求，解决跨频段、高效率、全空域覆盖天线射频领域的理论与技术实现问题，研究可配置、大规模阵列天线与射频技术，突破多频段、高集成射频电路面临的低功耗、高效率、低噪声、非线性、抗互扰等多项关键性挑战，提出新型大规模阵列天线设计理论与技术、高集成度射频电路优化设计理论与实现方法以及高性能大规模模拟波束成型网络设计技术，研制实验样机，支撑系统性能验证。

4. 兼容C波段的毫米波一体化射频前端系统关键技术（共性关键技术类，部省联动任务）

为满足未来移动通信基站功率和体积约束下高集成部署和大容量的需求，研究30GHz以内毫米波一体化大规模MIMO前端架构和关键技术以及与Sub 6GHz前端兼容的技术。针对毫米波核心频段融合分布参数与集总参数的电路建模与设计方法，采用低功耗、易集成的分布式天线架构与异质集成技术，大幅提升同等阵列规模下毫米波阵列的发射EIRP和接收通路的噪声性能。同时探索多模块毫米波核心频段分布式阵列与Sub 6GHz大规模全数字化射频前端的共天线罩集成化设计技术，探索高效率、易集成收发前端关键元器件以及辐射、散热等关键技术问题，突破大规模MIMO前端系统无源与有源测试、校正等系统级技术；最终前端系统在高频段与低频段同时实现大范围波束扫描，且保持高频段与低频段前端之间的高隔离。

5. 基于第三代化合物半导体的射频前端系统技术（共性关键技术类，部省联动任务）

针对新一代无线通信的需求，研究基于第三代化合物半导体工艺的射频前端系统集成技术及毫米波有源和无源电路设计理论与方法。探索具有完全自主知识产权适用于新一代无线通信毫米波频段的第三代半导体器件的功率密度、线性、散热等性能提升技术及使用该类器件实现高性能功率放大器、低噪声放大器、双工开关等关键有源电路的原创性拓扑结构；侧重于研究从半导体器件结构、工艺制层等方面通过创新电路架构设计提升功率放大器输出功率、效率、线性度等关键指标的设计方法；研究 GaN MMIC 中低损耗互联（传输线）以及其他高性能无源功能性器件（如功分器、耦合器等）的设计方法；提出基于 GaN HEMT 的高集成度射频集成前端的设计新理念与新方法；探索基于第三代化合物半导体芯片的集成与封装技术。研究包含多种功能电路的高集成度 MMIC 上的设计及性能优化方法，研究从封装方面提升电路性能的方法，实现毫米波芯片、封装与天线一体化，优化前端系统的整体射频性能。

（1）美国 FCC：6G= 区块链 + 动态频谱共享

美国联邦通信委员会委员杰西卡在 2018 年洛杉矶举行的美国移动世界大会上表示，6G 将迈向太赫兹频率时代，随着网络越来越致密化，基于区块链的动态频谱共享技术是未来通信技术的发展趋势。

（2）欧盟

2018 年 11 月 6 日，欧盟发起第六代移动通信（6G）技术研发项目征询，旨在于 2030 年实现 6G 技术商用。欧盟对 6G 技术的初步设想为：6G 峰值数据传输速率要大于 100Gbit/s（5G 峰值速率为 20Gbit/s）；使用高于 275GHz 频段的太赫兹（THz）频段；单信道带宽为 1GHz（5G 单信道带宽为 100MHz）；网络回程和前传采用无线方式。2019 年 9 月 1 日，欧盟已启动为期 3 年的 6G 基础技术研究项目，主要任务是研究可用于 6G 通信网络的下一代向前纠错编码技术、高级信道编码以及信道调制技术。

（3）英国电信

英国电信集团（BT）首席网络架构师尼尔·麦克雷在一个行业论坛中展望了 6G（第六代移动通信）、7G（第七代移动通信）系统。他的观点如下所述。

① 5G 将是基于异构多层的高速因特网，早期是"基本 5G"（将在 2020 年左右进入商用），中期是"云计算与 5G"，末期是"边缘计算与 5G"（三层异构移动边缘计算系统）。

② 6G 将是"5G + 卫星网络（通信、遥测、导航）"，将在 2025 年得到商用，特征包

括以"无线光纤"技术实现超快宽带。

③ 7G 将分为"基本 7G"与 7.5G。其中，"基本 7G"将是"6G + 可实现空间漫游的卫星网络"。

他解释，6G 是在 5G 的基础上集成卫星网络来实现全球覆盖。

① 6G 应该是一种便宜、超快的互联网技术，可为无线或移动终端提供令人难以置信的高数据速率或极快因特网速率——高达 11Gbit/s（即便是在偏远地区接入 6G 网络）。

② 组成 6G 系统的卫星通信网络可以是电信卫星网络、地球遥感成像卫星网络、导航卫星网络。6G 系统集成这些卫星网络的目的在于，为 6G 用户提供网络定位标识、多媒体与互联网接入、天气信息等服务。

③ 6G 系统的天线将是"纳米天线"，这些纳米天线将广泛部署于各处，包括路边、村庄、商场、机场、医院等。

④ 在 6G 时代，可飞行的传感器将得到应用——为处于远端的观察站提供信息、对有入侵者活动的区域进行实时监测等。

⑤ 在 6G 时代，在高速光纤链路的辅助下，点到点（P2P）无线通信网络将成为 6G 终端传输快速宽带信号。

（4）日本

日本三大电信运营商之一的日本电报电话公司（Nippon Telegraph and Telephone，NTT）已成功开发出瞄准"后 5G 时代"的新技术。虽然 NTT 仍面临传输距离极短的课题，不过新技术的传输速度是 5G 的 5 倍，即每秒 100GB。NTT 使用一种名为"OAM"的技术实现了数倍于 5G 的 11 个电波的叠加传输。OAM 技术是使用圆形的天线将电波旋转成螺旋状进行传输，由于其物理特性，它的转数越高，传输越困难。NTT 计划未来实现 40 个电波的叠加。

附录　缩略语

英文缩写	英文全称	中文
1G	The 1st Generation	第一代移动通信技术
2G	The 2rd Generation	第二代移动通信技术
3G	The 3rd Generation	第三代移动通信技术
3GPP	3rd Generation Partnership Project	第三代移动通信标准化伙伴项目
3GPP2	The 3rd Generation Partnership Project 2	第三代移动通信标准化伙伴项目2
3M RRU	Multi-band, MIMO, Multi-Standard-Radio Remote Radio Unit	多频段、MIMO、多模远程射频单元
4G	The 4rd Generation	第四代移动通信技术
5G	The 5rd Generation	第五代移动通信技术
5GC	5G Core Network	5G核心网
5QI	5G QoS Identifier	5G QoS标识符
16QAM	16 Quadrature Amplitude Modulation	16位正交幅度调制
64QAM	64 Quadrature Amplitude Modulation	64位正交幅度调制
8PSK	8 Phase Shift Keying	8移相键控
AAA	Authentication, Authorization and Accounting	鉴权、授权和计费
ACK	Acknowledgement	确认
ACK/NACK	Acknowledgement/Not-Acknowledgement	应答/非应答
AF	Application Function	应用功能
AGC	Automatic Gain Control	自动增益控制
ADD	Access Description Data	接入表述数据
AKA	Authentication and Key Agreement	鉴权和密钥协商
AM	Acknowledged Mode	确认模式
AMBR	Aggregate Maximum Bit Rate	聚合最大比特率
AMC	Adaptive Modulation and Coding	自适应调制编码
AMPS	Advanced Mobile Phone System	先进移动电话系统
AMS	Adaptive MIMO Switching	自适应MIMO切换
ANR	Automatic Neighbor Relation	自动邻区关系

英文缩写	英文全称	中文
AP	Access Point	接入点
AP-ID	Application IDentity	应用标识符
APN	Access Point Name	接入点名称
APS	Automatic Protection Switching	自动保护倒换
ARIB	Association of Radio Industries and Business	无线工业与商业协会
ARP	Allocation and Retention Priority	分配和保留优先级
ARPU	Average Revenue Per User	用户月均消费
ARQ	Automatic Repeat-reQuest	自动重传请求
AS	Autonomous System，Access Stratum	自治系统、接入层
ASBR	Autonomous System Border Router	自治系统边界路由器
ATIS	Alliance for Telecommunications Industry Solutions	电信行业解决方案联盟
ATM	Asynchronous Transfer Mod	异步传输模式
AUSF	Authentication Server Function	鉴权服务功能
AWS	Advanced Wireless Services	高级无线服务
B3G	Beyond 3G	后 3G
BBU	Base Band Unit	基带处理单元
BCCH	Broadcast Control Channel	广播控制信道
BCH	Broadcast Channel	广播信道
BDI	Backward Defect Indication	后向缺陷指示
BEI	Backward Error Indication	后向错误指示
BHSA	Busy Hour Session Attempt	忙时会话次数
BLER	Block Error Rate	误块率
BOSS	Business and Operation Support System	运营支撑系统
BPSK	Binary Phase Shift Keying	二相相移键控
BSC	Base Station Controller	基站控制器
CAPEX	Capital Expenditure	资本性支出
CATT	China Academy of Telecommunications Technology	中国电信技术研究院
CC	Chase Combining	Chase 合并

（续表）

英文缩写	英文全称	中文
CCCH	Common Control Channel	通用控制信道
CCE	Control Channel Element	控制信道单元
CCSA	China Communications Standards Association	中国通信标准化协会
CDD	Cyclic Delay Diversity	循环时延分集
CDG	CDMA Development Group	CDMA 发展组织
CDMA	Code Division Multiple Access	码分多址
CDR	Call Detail Record	呼叫详细记录
CFI	Control Format Indicator	控制格式指示
CG	Charging Gateway	计费网关
CGF	Charging Gateway Function	计费网关功能
CINR	Carrier-to-Interference and Noise Ratio	载波干扰噪声比
CMMB	China Mobile Multimedia Broadcasting	中国移动多媒体广播
CN	Core Network	核心网
CoMP	Coordinated Multiple Points	协作多点
CP	Cyclic Prefix，Connection Point	循环前缀、连接点
CPC	Continuous Packet Connectivity	连续性分组连接
CPE	Customer-Premises Equipment	客户端设备
CPOS	Channelized POS	通道化的 Sonet 传送包
CPRI	The Common Public Radio Interface	通用公共无线接口
CQI	Channel Quality Indicator	信道质量标示
CQT	Call Quality Test	呼叫质量测试
CRC	Cyclic Redundancy Check	循环冗余校验
C-RNTI	Cell - Radio Network Temporary Identifier	小区无线网络临时标识
CS	Circuit Switched	电路交换
CSFB	Circuit-switched Fallback	CS 业务回落
CSG	Closed Subscriber Group	闭合用户组
CT	Core Network and Terminals	核心网和终端
CW	Continuous Wave	连续波
CWDM	Coarse Wavelength Division Multiplexing	稀疏波分复用
CWTS	China Wireless Telecommunication Standard Group	中国无线通信标准组

英文缩写	英文全称	中文
DAGC	Digital Automatic Gain Control	数字自动增益控制
DAI	Downlink Assignment Index	下行分配索引
D-AMPS	Digital-Advanced Mobile Phone System	先进的数字移动电话系统
DBCH	Dynamic Broadcast Channel	动态广播信道
DC	Direct Current	直流
DCCH	Dedicated Control Channel	专用控制信道
DC-HSDPA	Dual Cell - HSDPA	双小区 HSDPA
DCI	Downlink Control Information	下行控制信息
DCS	Digital Communication System	数字通信系统
DECT	Digital Enhanced Cordless Telecommunications	数字增强无绳通信
DFB-LD	Distributed-feedback laser	分布反馈激光器
DFT	Discrete Fourier Transform	离散傅立叶变换
DL	Downlink	下行链路
DL-SCH	Downlink Shared Channel	下行共享信道
DM-RS	Demodulation Reference Signals	解调参考信号
DNS	Domain Name Server	域名服务器
DPD	Digital Pre-Distortion	数字预失真
DRB	Dedicated Radio Bearer	专用无线承载
DRS	Demodulation Reference Signal	解调用参考信号
DRX	Discontinuous Reception	非连续性接收
DS-CDMA	Direct Sequence -Code Division Multiple Access	直接序列码分多址
DSSS	Direct Sequence Spread Spectrum	直接序列扩频
DT	Drive Test	路测
DTCH	Dedicated Traffic Channel	专用业务信道
DTX	Discontinuous Transmission	非连续性发射
DWDM	Dense Wavelength Division Multiplexing	密集波分复用
DwPTS	Downlink Pilot Timeslot	下行导频时隙
E3G	Evolved 3G	演进型 3G
EAM	Electro Absorption Modulator	电吸收调制器
EARFCN	E-UTRA Absolute Radio Frequency Channel Number	E-UTRA 绝对无线频率信道号

（续表）

英文缩写	英文全称	中文
EDGE	Enhanced Data Rate for GSM Evolution	增强型数据速率 GSM 演进
E-GSM	Extended GSM	扩展 GSM
EIA	Electronic Industries Association	美国电子工业协会
EIR	Equipment Identity Register	设备标识寄存器
EIRP	Equivalent Isotropic Radiated Power	等效全向辐射功率
EMM	EPS Mobility Management	EPS 移动管理
eNB	evolved Node B	演进的 Node B
EPC	Evolved Packet Core	演进分组核心网
EPS	Evolved Packet System	演进分组系统
E-RAB	EPS Radio Access Bearer	EPS 无线接入承载
ESM	EPS Session Management	EPS 会话管理
ETSI	European Telecommunications Standards Institute	欧洲电信标准化协会
E-UTRA	Evolved Universal Terrestrial Radio Access	演进型通用陆地无线接入
E-UTRAN	Evolved Universal Terrestrial Radio Access Network	演进型陆地无线接入网
FDD	Frequency Division Duplexing	频分双工
FDM	Frequency Division Multiplexing	频分复用
FDMA	Frequency Division Multiple Access	频分多址
FEC	Forward Error Correction	前向纠错码
FFR	Fractional Frequency Reuse	部分频率复用
FFT	Fast Fourier Transform	快速傅里叶变换
FHSS	Frequency Hopping Spread Spectrum	跳频扩频
FM	Frequency Modulation	调频
FMC	Fixed Mobile Convergence	固定与移动融合
FSTD	Frequency Switched Transmit Diversity	频率切换发射分集
FTP	File Transport Protocol	文件传输协议
GBR	Guaranteed Bit Rate	保证比特率
GFP	Generic Framing Procedure	通用成帧规程
GIS	Geographical Information System	地理信息系统
GP	Guard Period	保护间隔
GPRS	General Packet Radio Service	通用分组无线服务

（续表）

英文缩写	英文全称	中文
GPS	Global Positioning System	全球定位系统
GRE	Generic Routing Encapsulation	通用路由封装（协议）
GSA	Global mobile Suppliers Association	全球移动供应商协会
GSM	Global System for Mobile Communications	全球移动通信系统
GTP	GPRS Tunnel Protocol	GPRS 隧道协议
GUTI	Globally Unique Temporary Identity	全局唯一临时标识
HARQ	Hybrid Automatic Repeat reQuest	混合自动重传请求
HI	HARQ Indicator	HARQ 指示
HPLMN	Home PLMN	归属陆地移动通信网
HQoS	Hierarchical Quality of Service	分层服务质量
HSDPA	High Speed Downlink Packet Access	高速下行分组接入
HSGW	HRPD Serving Gateway HRPD	服务网关
HSPA	High Speed Packet Access	高速分组接入
HSS	Home Subscriber Server	归属签约用户服务器
HS–SCCH	High Speed – Shared Control Channel	高速共享控制信道
HSUPA	High Speed Uplink Packet Access	高速上行分组接入
HTTP	Hyper Text Transport Protocol	超文本传输协议
ICI	Inter Carriers Interference	载波间干扰
ICIC	Inter–Cell Interference Coordination	小区间干扰协调
IEEE	Institute of Electrical and Electronics Engineers	电气与电子工程师协会
IFFT	Inverse Fast Fourier Transform	快速傅里叶逆变换
IK'	Integrity Key'	完整性密钥
IM	Instant Messenger	即时通信
IMEI	International Mobile Equipment Identity	国际移动设备识别码
IMS	IP Multimedia Subsystem	IP 多媒体子系统
IMSI	International Mobile Subscriber Identity	国际移动用户识别码
IMT Advanced	International Mobile Telecommunications Advanced	国际移动通信 Advanced
IMT–2000	International Mobile Telecommunications–2000	国际移动通信—2000 推进组
IoT	Internet of Things	物联网

英文缩写	英文全称	中文
IP	Internet Protocol	因特网协议
IPRAN	IP Radio Access Network	IP 化无线接入网
IR	Incremental Redundancy	增量冗余
IRC	Interference Rejection Combining	干扰消除
ISI	Inter Symbol Interference	符号间干扰
ISR	Idle mode Signalling Reduction	空闲模式信令节省
ITU	International Telecommunications Union	国际电信联盟
KPI	Key Performance Indicator	关键性能指标
L2VPN	Layer 2 VPN	二层 VPN
L3VPN	Layer 3 VPN	三层 VPN
LCAS	Link Capacity Adjustment Scheme	链路容量调整机制
LCID	Logical Channel Identifier	逻辑信道标识
LCR	Low Chip Rate	低码片速率
LDPC	Low–Density Parity–Check code	一种信道编码
LMDS	Local Multipoint Distribution Services	区域多点传输服务
LMP	Link Management Protocol	链路管理协议
LMT	Local Maintenance Terminal	本地维护终端
LNA	Low Noise Amplifier	低噪声放大器
LTE	Long Term Evolution	长期演进
LTE-Hi	LTE Hotspot/indoor	LTE 热点 / 室内覆盖
MAC	Medium Access Control	媒体接入控制
MAP	Mobile Application Part	移动应用部分
MAPL	Maximum Allowed Path Loss	最大允许路径损耗
MBMS	Multimedia Broadcast Multicast Service	多媒体广播多播业务
MBR	Maximum Bit Rate	最大比特速率
MCC	Mobile Country Code	移动国家号码
MCCH	Multicast Control Channel	多播控制信道
MCH	Multicast Channel	多播信道
MCS	Modulation and Coding Scheme	调制编码方式
MDSP	Mobile Data Service Platform	移动数据业务平台

（续表）

英文缩写	英文全称	中文
MGW	Media Gateway	多媒体网关
MIB	Master Information Block	主信息块
MIMO	Multiple Input Multiple Output	多输入多输出
MM	Multimedia Message	多媒体消息
MMDS	Multichannel Multipoint Distribution Services	多信道多点分配服务
MME	Mobility Management Entity	移动管理实体
MNC	Mobile Network Code	移动网号
MPLS	Multi-Protocol Label Switching	多协议标签交换
MRC	Maximum Ratio Combining	最大比合并
MS	Mobile Station	移动台
MSC	Mobile Switching Centre	移动交换中心
MSR	Multi Standard Radio	多制式无线电
MSTP	Multi-Service Transfer Platform	多业务传送平台
MTCH	Multicast Traffic Channel	多播业务信道
MU-MIMO	Multi User-MIMO	多用户 MIMO
NACK	Negative Acknowledgement	非确认
NAS	Network Access Server	网络接入服务器
NAS	Non-Auess-Stratum	非接入层
NDI	New Data Indicator	新数据指示
NEF	Network Exposure Function	网络开放功能
NGMN	Next Generation Mobile Network	下一代移动网络
NRF	Network Repository Function	网络存储功能
N3WF	Non-3 GPP Inter Working Function	非 3GPP 的互操作功能
NSSF	Network Slice Selection Function	网络切片选择功能
OADM	Optical Add-Drop Multiplexer	光分叉复用器
OAM	Operation, Administration and Maintenance	运行管理和维护
OCC	Optical Channel Carrier	光通道载体
OCG	Optical Carrier Group	光通道载体组
OCh	Optical Channel with full functionality	全功能光通道
OCS	Online Charging System	在线计费系统

英文缩写	英文全称	中文
ODU	Optical Channel Data Unit	光通道数据单元
OFCS	Offline Charging System	离线计费系统
OFDM	Orthogonal Frequency Division Multiplexing	正交频分复用
OFDMA	Orthogonal Frequency Division Multiplexing Access	正交频分多址
OMA	Open Mobile Architecture	开放移动联盟
OMS	Optical Multiplex Section	光复用段
OMU	Optical Multiplex Unit	光复用单元
OOK	On-Off Keying	开关键控
OPEX	Operating Expense	运营费用
OPS	Optical Physical Section	光物理段
OPT	Optical Termination	光纤端口
OPU	Optical Channel Payload Unit	光通道净荷单元
OSC	Optical Supervisory Channel	光监控通道
OSPF	Open Shortest Path First	开放式最短路径优先
OSS	Operation Support System	运营支撑系统
OTH	Optical Transport Hierarchy	光传送体系
OTN	Optical Transport Network	光传送网
OTS	Optical Transmission Section	光传送段
OTU	Optical Channel Transport Unit	光通道传送单元
OXC	Optical Cross-Connect	光交叉连接
PA	Power Amplifier	功率放大器
PAPR	Peak to Average Power Ratio	峰值平均功率比
PBB	Provider Backbone Bridge	运营商骨干桥接技术
PBCH	Physical Broadcast Channel	物理广播信道
PC	Personal Computer	个人计算机
PCC	Policy and Charging Control	策略和计费控制
PCCH	Paging Control Channel	寻呼控制信道
PCEF	Policy and Charging Enforcement Function	策略和计费执行功能
PCF	Policy Control Function	策略控制功能
PCFICH	Physical Control Format Indicator Channel	物理控制格式指示信道

（续表）

英文缩写	英文全称	中文
PCG	Project Co-ordination Group	项目合作组
PCH	Paging Channel	寻呼信道
PCI	Physical Cell Identify	物理小区标识
PCM	Pulse Coded Modulation	脉冲编码调制
PCRF	Policy and Charging Rules Function	策略与计费规则功能单元
PCS	Personal Communications Service	个人通信业务
PDCCH	Physical Downlink Control Channel	物理下行控制信道
PDCP	Packet Data Convergence Protocol	分组数据汇聚协议
PDN	Packet Data Network	分组数据网
PDN-GW	Packet Data Network - Gateway	PDN 网关
PDSCH	Physical Downlink Shared Channel	物理下行共享信道
PF	Paging Frame	寻呼帧
P-GW	PDN Gateway	分组数据网网关
PH	Power Headroom	功率余量
PHICH	Physical HARQ Indicator Channel	物理 HARQ 指示信道
PHR	Power Headroom Report	功率余量报告
PHS	Personal Handy phone System	个人手持式电话系统
PHY	Physical Layer	物理层
PLC	Programmable Logic Controller	可编程逻辑控制器
PLMN	Public Land Mobile Network	公共陆地移动网
PM	Path Monitoring	通道监视
PMCH	Physical Multicast Channel	物理多播信道
PMI	Precoding Matrix Indication	预编码矩阵指示
PMIP	Proxy Mobile IP	代理移动 IP
PO	Paging Occasion	寻呼时刻
PON	Passive Optical Network	无源光网络
POS	Packet over Sonet	Sonet 传送包
PPP	Point to Point Protocol	点对点协议
PRACH	Physical Random Access Channel	物理随机接入信道
PRB	Physical Resource Block	物理资源块

（续表）

英文缩写	英文全称	中文
PRS	Pseudo–Random Sequence	伪随机序列
PS	Packet Switched	分组交换
P–S	Parallel to Serial	并串转换
PSK	Phase Shift Keying	相移键控
PSS	Primary Synchronization Signal	主同步信号
PT	Payload Type	净荷类型
PTM	Point–To–Multipoint	点到多点
PTN	Packet Transport Network	分组传送网
PTP	Point–To–Point	点到点
PUCCH	Physical Uplink Control Channel	物理上行控制信道
PUSCH	Physical Uplink Shared Channel	物理上行共享信道
PVC	Permanence Virtual Circuit	永久虚电路
PW	Pseudo Wire	伪线
QAM	Quadrature Amplitude Modulation	正交振幅调制
QCI	QoS Class Identifier	QoS 等级标识符
QoS	Quality of Service	服务质量
QPP	Quadratic Permutation Polynomial	二次置换多项式
QPSK	Quadrature Phase Shift Keying	四相相移键控
RA	Random Access	随机接入
RACH	Random Access Channel	随机接入信道
(R) AN	(Radio) Access Network	（无线）接入网
RAPID	Random Access Preamble Identifier	随机接入前导指示
RA–RNTI	Random Access – RNTI	随机接入 RNTI
RB	Resource Block	资源块
RBG	Resource Block Group	资源块组
RE	Resource Element	资源粒子
REG	Resource Element Group	资源单位组
RFU	Radio Frequency Unit	射频单元
RI	Rank Indication	秩指示
RIV	Resource Indication Value	资源指示值

英文缩写	英文全称	中文
RLC	Radio Link Control	无线链路控制
RNC	Radio Network Controller	无线网络控制器
RNTI	Radio Network Temporary Identity	无线网络临时识别符
ROADM	Reconfigurable Optical Add–Drop Multiplexer	可重构的光分插复用器
RPR	Resilient Packet Ring	弹性分组环
RRC	Radio Resource Control	无线资源控制
RRM	Radio Resource Management	无线资源管理
RRU	Radio Remote Unit	射频拉远模块
RS	Reference Signal	参考信号
RSRP	Reference Signal Receiving Power	参考信号接收功率
RSRQ	Reference Signal Received Quality	参考信号接收质量
RSSI	Received Signal Strength Indicator	接收信号强度指示
RSVP	Resource Reservation Protocol	资源预留协议
RV	Redundancy Version	冗余版本
S1	S1	eNodeB 和核心网间的接口
S1–AP	S1–Application Protocol	S1 应用协议
SAE	System Architecture Evolution	系统架构演进
SAW	Stop And Wait	停止等待
SC–FDMA	Single–Carrier Frequency–Division Multiple Access	单载波分频多工
SCH	Synchronization Signal	同步信号
SCTP	Stream Control Transmission Protocol	流控制传送协议
SFBC	Space Frequency Block Coding	空频块编码
SFM	Shadow Fading Margin	阴影衰落余量
SFN	System Frame Number	系统帧号
SFR	Soft Frequency Reuse	软频率复用
SGIP	Short Message Gateway Interface Protocol	短消息网关接口协议
S–GW	Serving Gateway	服务网关
SI	System Information	系统信息
SIB	System Information Block	系统消息块
SIM	Subscriber Identify Module	用户识别卡

（续表）

英文缩写	英文全称	中文
SINR	Signal to Interference and Noise Ratio	信号与干扰加噪声比
SI–RNTI	System Information – Radio Network Temporary Identifier	系统消息无线网络临时标识
SM	Spatial Multiplexing	空间复用
SMF	Session Mangement Function	会话管理功能
SMS	Short Message Service	短消息业务
SMSC	Short Message Service Center	短消息业务中心
SMSF	SMS Function	短消息功能
SNR	Signal to Noise Ratio	信噪比
SON	Self Organization Network	自组织网络
SONET	Synchronous Optical Network	同步光网络
SP	Service Provider	业务提供商
S–P	Serial to Parallel	串并转换
SPD	Synchronization Phase Distortion	同步相位失真
SR	Segment Routing	段路由
SRB	Signaling Radio Bearer	信令无线承载
SRI	Scheduling Request Indication	调度请求指示
SRS	Sounding Reference Signal	探测用参考信号
SRVCC	Single Radio Voice Call Continuity	单无线频率语音呼叫连续性
SSS	Secondary Synchronization Signal	辅同步信号
STC	Space Time Coding	空时编码
SU–MIMO	Single User – MIMO	单用户 MIMO
TA	Tracking Area	跟踪区
TAC	Tracking Area Code	跟踪区号码
TACS	Total Access Communication System	全接入通信系统
TAI	Tracking Area Identity	跟踪区标识
TAU	Tracking Area Update	追踪区域更新
TB	Transport Block	传输块
TBS	Transport Block Size	传输块大小
TC	Technical Committees	技术工作委员会

英文缩写	英文全称	中文
TCM	Tandem Connection Monitoring	串接监视
TCP	Transmission Control Protocol	传输控制协议
TD	Transmit Diversity	发射分集
TDD	Time Division Duplexing	时分双工
TD-LTE	TD-SCDMA Long Time Evolution	TD-SCDMA 的长期演进
TDMA	Time Division Multiple Access	时分多址
TEID	Tunnelling Endpoint Indentification	隧道端点标识符
TF	Transport Format	传输格式
TFT	Traffic Flow Template	业务流模板
TIA	Telecommunication Industry Association	电信工业协会
TID	Tunnel Identifier	隧道标识
TM	Transparent Mode	透明模式
TMA	Tower Mounted Amplifier	塔顶放大器
TMSI	Temporary Mobile Subscriber Identify	临时移动用户识别号码
TPC	Transmit Power Control	发射功率控制
TPMI	Transmitted Precoding Matrix Indicator	发射预编码矩阵指示
TRX	Transceiver	收发信机
TSG	Technical Specification Group	技术规范组
TSTD	Time Switched Transmit Diversity	时间切换发射分集
TTA	Telecommunication Technology Association	电信技术协会
TTC	Telecommunication Technology Committee	电信技术委员会
TTI	Transmission Time Interval	发送时间间隔
TX	Transmit	发送
UCI	Uplink Control Information	上行控制信息
UDP	User Datagram Protocol	用户数据报协议
UDPAP	User Datagram Protocol Application Part	用户数据报协议应用部分
UDM	Unified Data Management	统一数据管理
UDR	Unified Data Repository	统一的数据仓库
UDSF	Unstructured Data Storage Function	非结构化数据存储功能
UE	User Equipment	用户设备

英文缩写	英文全称	中文
UL	Uplink	上行链路
UL-SCH	Uplink Shared Channel	上行共享信道
UM	Unacknowledged Mode	非确认模式
UMB	Ultra Mobile Broadband	超移动宽带
UMTS	Universal Mobile Telecommunications System	通用移动通信系统
UP	User Plane	用户面
UpPTS	Uplink Pilot Time Slot	上行导频时隙
UPS	Uninterruptable Power System	不间断电源系统
URL	Universal Resource Locator	统一资源定位器
USIM	Universal Subscriber Identity Module	用户业务识别模块
USSD	Unstructured Supplementary Service Data	非结构化补充业务数据
UTRA	Universal Terrestrial Radio Access	通用陆地无线接入
UTRAN	Universal Terrestrial Radio Access Network	通用陆地无线接入网
VLAN	Virtual Local Area Network	虚拟局域网
VMIMO	Virtual MIMO	虚拟 MIMO
VoIP	Voice over IP	IP 语音业务
VP	Video Phone	视频电话
VRB	Virtual Resource Block	虚拟资源块
WAP	Wireless Application Protocol	无线应用协议
WAP GW	Wireless Application Protocol Gateway	无线应用协议网关
X2	X2	X2 接口，LTE 网络中
ZC	Zadoff-Chu	一种正交序列

参考文献

1. 黄杰. 5G 移动通信发展趋势与若干关键技术研究[J]. 数字化用户，2019(16).

2. 刘海林. 5G 无线网络优化流程及策略分析[J]. 电信快报，2019(11).

3. 林延. 大数据在网络优化中大有可为[N]. 人民邮电报，2014(9).

4. 张文俊. LTE 下行吞吐率的影响因素及优化思路研究[J]. 电信快报，2015(10).

5. 陈震. 切换对 LTE 网络的影响及优化策略的研究[J]. 工业 A，2015(11).

6. 赵鑫彦. 面向 5G 网络的评估测试方法研究 [J]. 电信快报，2019(11).

7. 朱晨鸣，王强，李新. 5G 关键技术与工程建设 [M]. 北京：人民邮电出版社.

8. 龚陈宝. LTE 800M 非标带宽创新研究与应用[J]. 电信快报，2019(9).

9. 3GPP TR 38.801V14.0.0 (2017-03) [s].

10. 3GPP TS 23.501 V15.6.0 (2019-06) [s].

11. 3GPP TS 38.304 V15.3.0 (2019-03) 3rd Generation Partnership Project; Technical Specification Group Radio Access Network; NR; User Equipment (UE) procedures in Idle mode and RRC Inactive state (Release 15) [s].

12. 王强，刘海林，李新，贝斐峰，黄毅等. TD-LTE 无线网络规划与优化实务 [M]. 人民邮电出版社.